U0177710

荧光分子传感技术应用

主　编　曹　俭
副主编　瞿　祎　王　乐

華東理工大學出版社
EAST CHINA UNIVERSITY OF SCIENCE AND TECHNOLOGY PRESS
·上海·

图书在版编目(CIP)数据

荧光分子传感技术应用 / 曹俭主编;瞿祎,王乐副主编. —上海:华东理工大学出版社,2023.11
ISBN 978-7-5628-7302-0

Ⅰ.①荧… Ⅱ.①曹… ②瞿… ③王… Ⅲ.①荧光—光化学反应 Ⅳ.①O644.17

中国国家版本馆CIP数据核字(2023)第202411号

内 容 提 要

本书结合有机小分子的光化学光物理性能以及最新的研究成果,系统地介绍了荧光分子探针的传感机制和实际应用。本书内容循序渐进,通过介绍荧光分子的结构、能量发射机制、分子探针结构设计和实际应用等,引出对荧光分子传感技术的论述,有助于读者理解有机小分子荧光探针的基本机理、发展趋势及其在环境学、生物学、医学等领域的应用。

本书可作为荧光分子传感技术相关专业教材,也可供从事相关研究工作的技术人员参考。

项目统筹 / 马夫娇
责任编辑 / 宋佳茗
责任校对 / 陈婉毓
装帧设计 / 徐　蓉
出版发行 / 华东理工大学出版社有限公司
地址:上海市梅陇路130号,200237
电话:021-64250306
网址:www.ecustpress.cn
邮箱:zongbianban@ecustpress.cn
印　　刷 / 上海新华印刷有限公司
开　　本 / 710 mm×1000 mm　1/16
印　　张 / 15.75
字　　数 / 257千字
版　　次 / 2023年11月第1版
印　　次 / 2023年11月第1次
定　　价 / 88.00元

前言

荧光分子传感技术的发展已有几十年的历程，其概念和理论已成为当今探针分子合成和传感机制研究的重要组成部分，同时也为有机化学、分析化学、化学生物学和生物医学等领域的发展提供了帮助。虽然相关技术的发展十分迅速，但基本理论仍然是当前荧光分子传感研究和应用的基石，所以一本包含荧光分子传感机制研究理论和实际应用案例的教材显然对化学科学、生物科学和医学科学等众多领域的研究工作人员、学生及教学工作者大有裨益，这样一本教材有助于将荧光分子传感技术的概念融汇于相关研究和教学之中。

本书是一本内容全面、特色鲜明的教材，它可以使教师和学生理解分子探针传感的机制及其在环境学、生物学、医学等领域的应用。本书在详细介绍有机小分子荧光探针知识的基础上，通过众多生动的实例描述了如何利用先进的光谱技术阐明荧光分子的传感机制，如何利用推拉电子基团修饰改性荧光探针分子的光谱性能，如何设计探针分子对目标物的作用位点来实现高灵敏度、高选择性地识别，如何设计能广泛用于生物学、医学等领域的分子探针。本书首次根据有机小分子的光化学光物理性能，系统介绍了荧光分子探针的传感机制和实际应用，有助于理解有机小分子荧光探针的本质和发展趋势。

本书意在让研究者和学生能够熟悉有机小分子荧光探针研究的基本概念和方法，每一章都配有详细的案例说明，具备大学普通化学、有机化学和分析化学基础知识的学生能够容易地理解。本书总结了大量的本领域文献，将这些文献的成果归纳分类，使读者能够系统地理解荧光分子传感技术的应用和发展。

作为一本入门书籍，本书包括6章内容，从基本原理入手，逐步展开，系统地介绍了有机小分子传感的概念，通过介绍荧光分子的结构、能量发射机制、分子探针结构设计和实际应用等，引出对荧光分子传感技术的论述。对文献的归纳、总结、分类，使得探针分子传感机制、探针分子结构的修饰改性和实际应用之间的关系易于理解，有助于将相关技术应用于其他有意义的研究体系之中。

本书整理于荧光分子传感技术应用的课程和讲座，在此感谢课题组成员及其他参与其中的老师和学生。他们通过不断提问和探索，协助了本书的成形。

曹　俭

2023年6月

于上海工程技术大学

目录

第3章 有机小分子功能荧光染料 032

第4章 荧光分子传感器检测基团 088

第 5 章 荧光分子传感器 169

第1章 绪 论

1.1 超分子化学概述

超分子化学(supramolecular chemistry)的概念在 20 世纪 70 年代被提出。不同于建立在共价键基础上的分子化学,超分子化学建立在分子有序体和非共价分子间作用力概念的基础上,是用于描述如何控制分子间价键的理论[1]。

分子之间通常以弱相互作用组合,而超分子化学提出将分子之间的弱相互作用转变成有选择性和方向性的强相互作用,这种强相互作用的强度与以共价键力形成的分子内化学键的强度相当,能形成超分子体系。利用超分子化学的概念可以进行分子识别和分子装配等实际应用。

所谓分子识别是指受体分子有选择地结合底物分子,形成超分子体系,通过分子信息储存及超分子信息读取来表示分子识别的状况。分子信息可以储存在底物和受体分子的络合点处,也可储存在底物周围的受体分子的 σ 键中。超分子信息读取的方式表现为超分子体系的形成和分解,整个超分子体系所体现出来的动力学选择性和热力学稳定性与体系所处的环境有关。

由于分子之间的识别不能任意进行,需要合适地相互匹配,匹配的概念最早是 Fisher 于 1894 年提出的,他以“锁”与“钥匙”的形象来描述分子识别[2]。华东理工大学朱为宏课题组于 2011 年报道了化合物 BN[3],借用“锁”与“钥匙”的例子,形象地描述了分子识别的概念(图 1-1),无色的底物 BN 在紫外光照射下关环,形成红色化合物 c-BN,最大吸收波长由 365 nm 移到 526 nm,等吸收点在 374 nm 处,紫外光停止照射后,c-BN 恢复到无色的 BN 结构。如果底物 BN 和 BF_3 反应,则把 BF_3 形象地比作“锁”,形成 BN_BF_2,“锁”住

BN，用紫外光照射后，没有光致变色效应。在 BN_BF_2 中加入 Et_3N 作为“钥匙”，把“锁”的结构打开，BN_BF_2 回到无色 BN 结构，再用紫外光照射，可关环形成红色化合物 c－BN。在图 1－1 中以 BT 为参照物，将 BN 中的噻唑换成 BT 中的噻吩后，由于缺少了“锁”的搭扣，将不再产生“锁”与“钥匙”的关系。

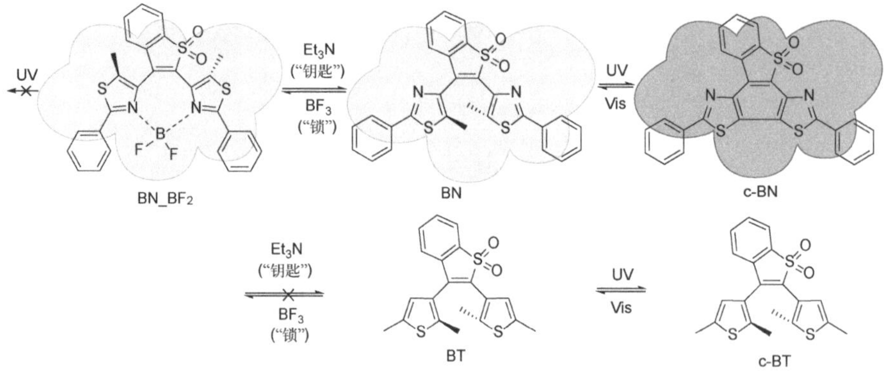

图 1－1 “锁”与“钥匙”

分子识别过程伴随着能量的变化，从热力学和动力学的角度研究认为，受体分子与底物络合所需自由能的大小决定识别过程的发生，络合所需自由能的大小主要受以下条件的影响：(1) 受体分子和底物之间相应络合位置上的作用力和立体形状互补；(2) 两者接触区域大小导致两者相互包含；(3) 多个相互作用位点和整个范围的强络合；(4) 溶剂分子、底物和受体分子三者相互作用而表现出两两几何匹配的疏水或亲水区域的介质效应。

在分子识别研究领域，实际应用价值较高、表现形式较复杂的是生物分子识别。比如图 1－2 中关于小分子和 DNA 之间的相互作用的研究可以帮助设计新的有效药物来治疗许多疾病[4]。

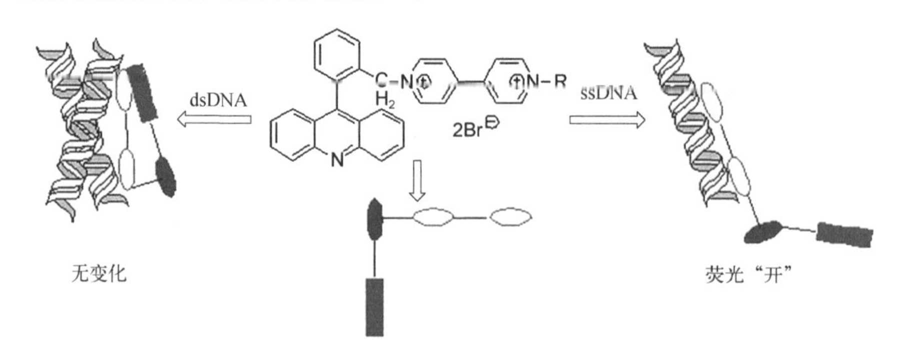

图 1－2 有机化合物与 DNA 之间的相互作用

1.2 荧光概述

荧光(photoluminescence)的发光机制是光致发光,物质的分子吸收辐射后由激发单重态最低振动能级降到基态,同时发射出荧光。自然界存在着许多荧光物质,荧光的初期发展进程如表 1-1 所示。

表 1-1 荧光的初期发展进程

时 间	内 容	研究者
16 世纪	发现植物提取液和矿物的荧光现象	
19 世纪中期	探究确定产生荧光的条件和原理	
1852 年	发现叶绿素和奎宁的荧光波长比照射光波长更长,证实荧光是发射光	Stokes
1867 年	以桑色素为荧光试剂,用荧光法检测铝	Goppetsroder
19 世纪中期	研究物质的浓度与荧光强度的关系	Stokes
1924 年	测定荧光量子产率	Wawwillous
1926 年	测定荧光寿命	Gaviola

有机物的分子结构是荧光发生的内在因素,产生荧光的分子中大多数含有 $\pi \rightarrow \pi^*$ 跃迁的刚性共轭体系,$\pi \rightarrow \pi^*$ 跃迁引起有或没有精细结构的宽发射带。有机分子络合金属离子后也会产生荧光,而某些金属离子可能由于 f 轨道的跃迁,出现窄荧光峰谱带。荧光强度和荧光寿命是荧光表征的两个重要参数,分子或络合物的结构及其所处的环境决定了荧光的强度,荧光寿命通常是指激发光停止后约 10 ns 内持续发光的时长[5]。

存在的物质有确定的结构,研究表明物质本质上有能级存在,能级与物质结构有关,荧光光谱可以用于物质结构的表征,因为物质的能级不随发射和吸收而改变,相同能级间隔的荧光光谱的波长是一样的。图 1-3 为分子发光机理能级图,图中显示分子吸收能量后的振动弛豫、无辐射跃迁和辐射跃迁过程[6]。

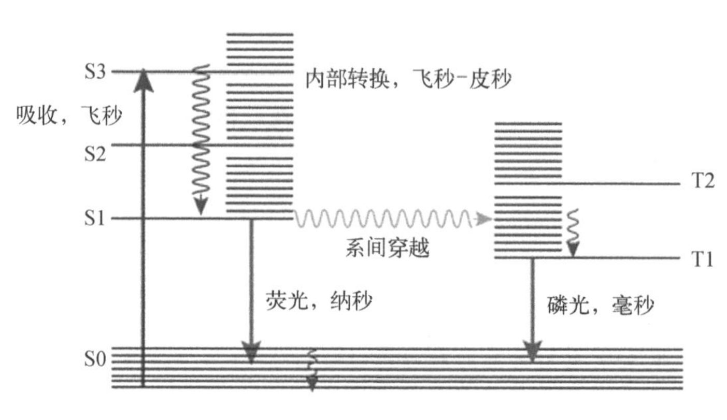

图 1-3　分子发光机理能级图

荧光光谱法中荧光强度与物质的浓度直接相关，与光源功率没有直接关系，所以通过增强光源功率或放大荧光信号可提高荧光灵敏度。荧光光谱法的灵敏度可达 10^{-9} g/L 以上，适合分析微量试样。荧光光谱能提供许多光谱参数，这些参数对于在分子水平上研究物质有重要意义。其中荧光量子效率（荧光效率）是一个重要的参数指标，溶液的荧光强度与该物质的吸光程度和荧光效率有关。荧光效率是荧光物质发出荧光的光量子（简称量子）数与吸收的激发光的光量子数的比值，即：

$$荧光效率\ \varphi=\frac{发出荧光的光量子数\ E_m}{吸收的激发光的光量子数\ E_x}$$

理想状态下分子结构不变，荧光光谱也不变。一定的分子结构对应一定的荧光光谱，荧光光谱可以作为分子结构的表征谱图之一。荧光光谱对分子的共轭结构、分子结构中的取代基和环境因素如溶剂极性、pH 值及淬灭效应等非常敏感，从这一角度考虑，荧光光谱适合于分析测试研究，并且分子本身具有更广泛的研究前景。

1.2.1　荧光与物质结构的关系

物质能否产生荧光取决于其分子结构：能够产生荧光的物质的分子结构必须具有吸收光量子和发射荧光量子的能力。一些物质的分子结构具有较强的吸光能力，但发射荧光量子效率低，使得荧光强度不够大；而另一些物质的分子结构能发射荧光，但是吸光能力差。从物质的分子结构出发，可以大致判断荧光物质和非荧光物质，还可以把非荧光物质改造为吸光能力强和发射荧光量子效率高的结构。提高荧光光谱的分析应用效能，是研究荧光分子传感技术的内在研究动力。

1. 荧光量子效率

荧光量子效率用来表示物质的荧光强度，物质的荧光量子效率由激发态失活的各个过程的相对速率所决定。k_f 表示荧光过程的速率常数，k_c 表示第一激发单重态无辐射(内转换和外转换)过程的速率常数，k_x 为系间跨越速率常数，则发射过程的荧光量子效率：

$$\varphi_f = \frac{k_f}{k_f + k_c + k_x} \tag{1-1}$$

式(1-1)表示物质的分子结构和分子所处环境两种因素对荧光量子效率的影响。其中分子结构决定 k_f 的大小，而分子所处环境对 k_f 影响较小。分子所处环境对 k_c 影响很大，而分子结构对 k_c 影响很小。k_x 受分子结构影响较大，也受分子所处环境一定的影响。由式(1-1)可见，当 k_f 远大于 k_c 和 k_x 时，φ_f 趋近于1，荧光量子效率就高；反之，当 φ_f 趋近于零时，荧光就弱。k_f 表示第一激发单重态和基态之间以辐射形式发生的跃迁效率的量度。这种跃迁主要是 $\pi^* \rightarrow \pi$ 过程，所产生的是常见的荧光。研究表明，荧光产生机理如下：(1) 荧光发射所需的激发能较低。当物质受到激发能高于 250 nm 的紫外辐射时，激发态便可预离解或离解失活从而失去能量，导致无发射产生。因此低能激发后的 $\pi^* \rightarrow \pi$ 和 $\pi^* \rightarrow n$ 过程的跃迁能发射荧光。而 $\sigma \rightarrow \sigma^*$ 跃迁需很高的激发能量，因此由 $\sigma^* \rightarrow \sigma$ 跃迁产生的发射荧光很少。(2) 荧光发射来自波长较长的低能吸收。分子长波长吸收带的最大摩尔吸光系数 $\varepsilon_{最大}$ 可作为 k_f 的定性量度。$\varepsilon_{最大}$ 减小时，k_f 相应减小，则激发单重态的寿命相应增加。$\pi \rightarrow \pi^*$ 跃迁的摩尔吸光系数约比 $n \rightarrow \pi^*$ 跃迁的摩尔吸光系数大 10^3 倍。$\pi \rightarrow \pi^*$ 跃迁的寿命($10^{-9} \sim 10^{-7}$ s)比 $n \rightarrow \pi^*$ 跃迁的寿命($10^{-7} \sim 10^{-5}$ s)短。相比之下 $\pi \rightarrow \pi^*$ 类型跃迁的量子效率高、寿命短。因此 k_f 值越大，越易发生荧光。荧光发射需要较低的激发辐射能量，所以应是 π, π^* 型或 n, π^* 激发态辐射失活产生的荧光。但 π, π^* 型比 n, π^* 型的荧光量子效率高，所以 π, π^* 型的化合物更易产生荧光。(3) 系间跨越跃迁的速率常数 k_x 比 $\pi \rightarrow \pi^*$ 激发态的 k_f 值小，据式(1-1)，$k_f > k_x$，对荧光量子效率是有利的。因为激发单重态与三重态两者的振动能级重叠不大，系间跨越跃迁概率小，并且单重态与三重态之间的能量差较大，要使 $\pi \to \pi^*$ 激发态改变电子自旋就需要较大能量。

2. 共轭结构

物质通过 $\pi \to \pi^*$ 跃迁过程吸收辐射并发射强烈荧光，因此分子结构中具有共轭双键，尤其是具有刚性结构、平面结构和稠环结构的 π-电子共轭体系的分子更有利于发射荧光。分子的结构共平面性越大，其 π-电子离域性也越大，即 π-电子的共轭度越大，荧光量子效率也越大。荧光光谱的波长也将向长波方向移动，波长的红移表明第一激发单重态的能量降低。含有低能 $\pi \to \pi^*$ 跃迁的芳香族和稠环结构的杂环化合物、脂肪族及脂环族等化合物都能发射荧光。

分子结构中有利于提高 π-电子共轭度的结构因素，能使荧光波长向波长较长的方向移动并提高荧光量子效率。分子立体异构现象对荧光强度有显著的影响。分子的平面结构增大，荧光增强。若分子形成聚集体则破坏了平面性，荧光减弱或者成为非荧光物质。在最新的研究中，有文献表明有机小分子在聚集态时发射荧光，为此研究者提出了聚集态发光理论，目前聚集态发光机制在不断探索研究中。

3. 结构刚性效应

分子结构刚性效应，即具有 π-电子共轭体系分子的平面性增加，π-电子的非定域性就增加，其荧光效率和荧光强度也将增大。如果 π-电子共轭体系分子具有刚性平面结构，分子就不致发生形变，而保持大的平面结构，即保持了大的 π-电子共轭度。刚性的增加还可以降低内转换的速度，减少系间跨越跃迁以及碰撞去活化等无辐射过程的可能性。因此，结构刚性效应可使分子的平面性增大，增加了 π-电子的共轭度，同时减少了分子的内转换和系间跨越跃迁。式(1-1)中的 k_c 和 k_x，以及分子内部的振动等无辐射失活的能量损失，增强了荧光效率。另外分子刚性结构的增强还可以使一些不发生荧光或荧光很弱的物质转化为强荧光物质。

4. 取代基的影响

在分子的共轭结构上进行不同的基团的取代，对荧光强度和荧光光谱的波长将产生以下影响：(1) 增强荧光的基团：$-NH_2$，$-OH$，$-OCH_3$，$-NHR$ 等给电子基团，可增大最低激发单重态与基态之间的跃迁概率。(2) 减弱荧光甚至淬灭荧光的基团：$-COOH$，$-NO_2$，$-N=N-$，$-SH$ 及卤素等吸电子基团，其荧光减弱的原因各不相同：有些基团发生预离解，有些基团有“重原子效应”而影响系间跨越跃迁的速度，这个效应与原子光谱中随着原子序数的增加而 $\Delta s=0$ 的选择逐渐失效的情况类似，当重原子引入 π-电子体系中时，系间跨越速度增加，从而减弱荧光。(3) 对分子荧光影响不明显的基团：$—SO_3H$，$—O^-$ 和烷基等，因为这些基团与 π-电子体系作用较小，取代基改变了荧光效率，使最大吸收峰发生位移，荧光峰也相应改变。双取代物和多取代物对离域 π-电子激发的影响较难预测。如果取代基之间形成氢键，而且分子平面性增加，有利于荧光增强。抗磁性物质能发射荧光，顺磁性物质的荧光减弱或不发射荧光。因顺磁性物质分子中有不成对的电子自旋，系间跨越速度增大。

给电子基的氧或氮原子的 n 电子受激发后参与母体结构的 π 键，形成大共轭体系，导致光谱波长红移。含有给电子基的有机分子在碱性极性溶剂中释放出 H^+，例如$—OH \rightarrow —O^-$，使分子带负电，增强荧光；在酸性极性溶剂中分子被质子化，例如$—NH_2 \rightarrow —NH_3^+$，使分子带正电，减弱荧光。

吸电子基的 n 电子跃迁是禁阻的，不能参与母体结构的 π 键共轭。在吸电子基中硝基的吸电子能力最强，减弱荧光也最强，而氟离子和不饱和的氰基（ —C≡N ）表现出诱导效应和共轭效应协同作用的效果，使荧光增强，有文献把氰基归于给电子基类[7]。磺酸基对荧光的影响更复杂，磺酸基能增加水溶性，有利于在生物体系中的应用。

取代基体积的大小影响分子共轭效应的大小[8]。其他影响因素还有取代基的数量、所处位置、重原子效应和芳香环中的杂原子等。

1.2.2 荧光与溶液浓度的关系

物质在溶液中的浓度通常也会影响荧光强度。根据比尔定律，透射光的强度 $I=I_0e^{-\varepsilon bc}$，式中，ε 为荧光分子的摩尔吸光系数；εbc 为其吸光度 (A)；I_0 为入射光的强度。因吸收而减弱的比强度（单位时间吸收的光量）可表示为：

$$I_0-I=I_0(1-e^{-\varepsilon bc})$$

因而发射的荧光强度 I_F 与 I_0-I 和荧光效率 φ 成比例，即

$$I_F=(I_0-I)\varphi=\varphi I_0(1-e^{-\varepsilon bc}) \tag{1-2}$$

$$I_F = \varphi I_0 \left[\varepsilon bc - \frac{(\varepsilon bc)^2}{2!} + \frac{(\varepsilon bc)^3}{3!} - \cdots \right] = \varphi I_0 \left[\varepsilon bc - \frac{(\varepsilon bc)^2}{2} + \frac{(\varepsilon bc)^3}{6} - \cdots \right] \tag{1-3}$$

当溶液为稀溶液时，被吸收的总激发光能不超过5%，即 $\varepsilon bc = A \leqslant 0.05$ 时，式(1-2)括号内第二项以后各项可忽略不计，则式(1-3)可改写为：$I_F = \varphi I_0 \varepsilon bc$。当 I_0 为一常数，且浓度 c 很小时

$$I_F = Kc \tag{1-4}$$

从式(1-4)可以看出：荧光强度与荧光物质的浓度成正比，但是荧光强度与溶液浓度呈线性关系仅限于极稀的溶液。当溶液浓度 $c_{最大} > 0.05/\varepsilon bc$ 时，荧光强度与溶液浓度不再呈线性关系。这是因为物质先吸收能量再发射荧光，而物质的 ε 及 b 是确定的，由式(1-2)可看出：当 c 增大时，$e^{-\varepsilon bc}$ 变小，荧光强度 I_F 增大；当 c 很小时，c 与 I_F 呈线性关系，当浓度继续增大，$e^{-\varepsilon bc}$ 趋近于零，则式(1-2)变成了 $I_F = \varphi I_0$，说明此时荧光强度与溶液中各组分的浓度无关。所以当荧光物质浓度增大到某一限度后，溶液浓度再增大，荧光强度也不再增加。

溶液浓度与荧光强度测定的关系是低浓度时成正比，高浓度下曲线斜率变小甚至正负符号改变，这主要是自吸收和自淬灭两个因素所导致的。在极稀溶液中，入射光 I_0 照射产生荧光均匀分布于溶液中；在较浓溶液中，液池前部的溶液强吸收则发生强的荧光，而后部的溶液不易接收入射光，则不发生荧光，所以荧光强度反而降低。

自吸收是指荧光发射的波长和该物质的吸收峰重叠，导致荧光强度降低乃至淬灭的现象。荧光光谱的短波长一端常和其吸收光谱长波长一端重叠。当溶液浓度较大时，液池前部所发射的荧光通过后部溶液时，短波长的荧光被自吸收，因而降低了荧光强度。如果物质中含有能吸收入射光和荧光的杂质，该杂质的存在也会导致荧光强度降低或淬灭，此种作用称为内滤光效应。

自淬灭是单重激发态分子在发射荧光之前与未激发的物质分子碰撞而引起的，通常在浓度大于1 g/L时发生。除碰撞原因之外，在高浓度的溶液中，水分子的氢键或强的极化作用下分子形成二聚体或多聚体。它们与单体不同，不会产生荧光或产生的荧光很弱。二聚体对于荧光的淬灭作用可能是电子能在二聚体分子间来回转移而延长了分子在发射荧光之前的寿命所致。物

质分子与溶剂分子的相互作用也会引起荧光猝灭。

引起溶液中荧光猝灭的原因很多，机理也很复杂。下面讨论几种导致荧光猝灭作用的主要类型。

(1) 碰撞猝灭是荧光猝灭的主要原因。碰撞猝灭是指处于单重激发态的荧光分子与其他分子发生碰撞后，激发态分子以无辐射跃迁方式回到基态，因而产生猝灭作用。碰撞猝灭还与溶液的黏度有关。在黏度大的溶剂中，猝灭作用较小。此外，碰撞猝灭随温度升高而增加。

(2) 能量转移。这种猝灭作用是由于其他分子与处于单重激发态的荧光分子作用后，发生能量转移，使其他分子得到激发。

(3) 氧的猝灭作用。溶液中的溶解氧常对荧光产生猝灭作用。这可能是顺磁性的氧分子与处于单重激发态的荧光物质分子相互作用，促进形成顺磁性的三重态荧光分子，即加速系间窜跃所致。

(4) 自猝灭和自吸收。当荧光物质浓度较大时，常会发生自猝灭和自吸收现象。

1.2.3 荧光与其他影响因素的关系

荧光的产生及其强度主要取决于分子结构，但在荧光发射过程中还受到无辐射失活过程的环境因素的影响(k_c 和 k_x)，如温度、溶剂种类、溶液的 pH 值及猝灭效应等诸多因素的影响。

1. 温度与溶剂种类对荧光的影响

(1) 温度升高荧光效率下降的主要原因是分子内能的转移作用。

图 1-4 位能曲线表明：激发态分子受到额外热能时，沿位能曲线上升则转换至基态位能曲线，激发能转换为基态振动能，继而通过碰撞将能量转移给其他分子，无辐射失活过程概率增大。随温度上升荧光效率下降的另一个原因是激发态分子和溶剂分子间发生某些可逆的光化学过程。

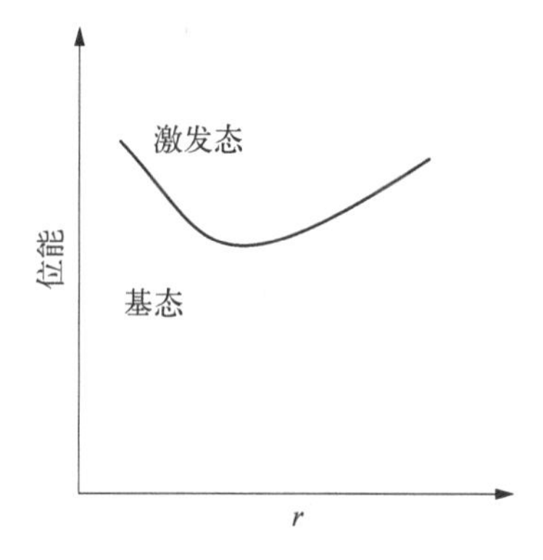

图 1-4 位能和 r(温度变化速率)的关系

(2) 荧光强度和荧光光谱的位置，在不同的溶剂中有显著的改变。

溶剂的极性对荧光有较大的影响，通常荧光强度随着溶剂极性的增强而增强。如果溶质激发态的极性比基态大，溶剂极性增大，对激发态有稳定作用。随着溶剂极性的增加，$n \rightarrow \pi^*$ 跃迁的吸收峰蓝移(蓝移效应是由于未成键电子对的溶剂化作用的增加，降低了 n 轨道的能量。极性溶剂分子和溶质分子间形成氢键。处于 S_0 态的键比处于 S_1^* 态的键更强些，结果增加了 $n \rightarrow \pi^*$ 电子跃迁的能量而使吸收峰移向较短的波长)。而溶剂极性的增强往往使 $\pi \rightarrow \pi^*$ 跃迁的能量降低，从而使荧光增强。

如果溶剂含有 Br、I 等重原子以及—NO_2 或—N═N—取代基，则对荧光是不利的，重原子核心周围的磁场促进了电子自旋的反转，使形成三重态的速率增加，从而导致荧光减弱(磷光增强)。

如果溶质分子在溶剂中离解或与溶剂形成化合物，荧光强度和荧光峰的波长都会改变。

混合溶剂对荧光产生重大作用。如一种溶质分别在两种不同的溶剂中均不发生荧光，但是在这两种溶剂的混合物中，有可能发生很强的荧光。因此，除选择适宜的溶剂外，还要求溶剂应达到足够的纯度。

2. 溶液的 pH 值对荧光的影响

溶液的 pH 值对荧光的影响较大，质子化很容易对 π-电子体系产生影响。分子的酸式或碱式的光谱有显著的差别，由于弱酸或弱碱分子和离子的电子构型不同，因而分子和离子的荧光光谱和荧光强度呈现显著差异。大多数芳香化合物有酸性或碱性取代基时，受 pH 变化的影响较大，如果弱酸或弱碱只有分子或离子能吸光和产生荧光，其荧光强度与 pH 的关系可绘制成曲线，由曲线上的半荧光强度求得该弱电解质的离解常数 pK_a。

分子的激发态也参与酸碱平衡，但其 pK_a 值与基态的 pK_a 值相差较大。当 pH 值大大偏离 pK_a 值时，溶质分子和溶剂分子之间发生明显的质子交换，溶质把能量传递给溶剂，使荧光淬灭。也有一些溶质在酸性或碱性溶液中发生水解，发生环的破裂或链的断开，使荧光强度改变，这是不可逆的化学变化引起的荧光强度的变化，与 pH 值对荧光强度的影响有所区别。pH 的变化对金属络合物的荧光影响很大，可使络合物的组成改变或使其离解。

3. 溶解氧对荧光的影响

溶液中的氧分子对荧光的影响有以下几个方面：(1) 物质发生氧化导致荧光淬灭；(2) 处于基态的三重态能级的氧分子和激发单重态的溶质相碰撞，形成了单重激发态的氧分子和三重态的溶质分子，导致荧光淬灭；(3) 氧分子的顺磁性作用促使激发态溶质分子发生系间跨越跃迁而转换成三重态。研究表明，溶解氧几乎对所有的有机荧光物质都有不同程度的淬灭作用，对芳香烃尤为显著。溶解氧的淬灭作用随着溶剂的介电常数减小而增加。其他顺磁性气体对荧光淬灭也有相同的作用。

第2章 荧光分子探针基本原理

2.1 荧光分子探针(传感器)

荧光分子探针(传感器)是一种特殊的受激响应结构系统,其特有的受体结构在特定的刺激条件下(如黏度、温度、特定化学及生物物质等)能够改变荧光团的发光性质(如发射波长、荧光强度、寿命等),并且将产生的微观变化通过光学介质传递给人类感知系统。

2.1.1 荧光分子探针(传感器)的基本模型

完成荧光分子探针的整个传感流程,所设计的传感器必须具备下列基本结构:受体基团(acceptor unit)、信号单元(signal unit)以及二者之间的连接体(spacer)(图 2-1)。受体基团和信号单元通过共价键或金属配位键相连。当受体基团与待测物结合之后,会影响分子的光物理性质,并且通过信号单元的光谱变化表现出来,从而实现对待测物的检测。

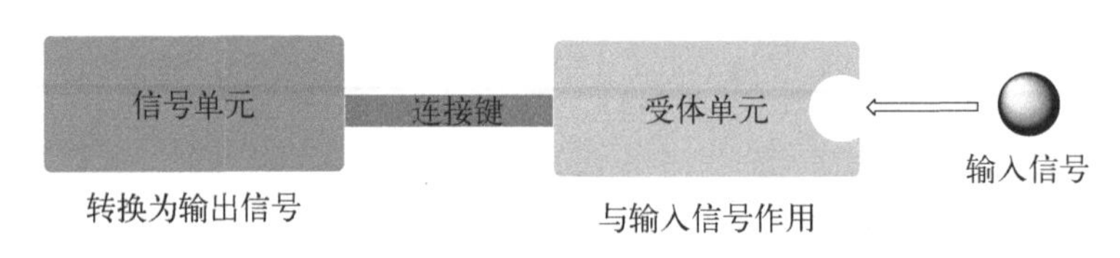

图 2-1 荧光分子传感器的基本结构

荧光分子探针是众多分子器件中的一种。例如 Fe^{3+} 荧光传感器是通过一个荧光团和一个离子受体基团结合构造成的,离子受体基团能选择性络合 Fe^{3+} 形成 Fe-荧光团络合物,从而引起荧光强度的变化。到目前为止,各种材料例如有机荧光染料、金纳米簇、金属有机结构体(MOFs)，以及还原氧化石墨烯(rGO)被利用来做 Fe^{3+} 的荧光传感器。

分子识别和分子荧光技术是荧光分子探针技术应用所要具备的两个基本条件，目标分子被探针分子的识别部位(或称识别点)结合后通过传导机制将自身信息转换为可检测的荧光信号，随后通过解读荧光谱图判别所检测目标分子的信息。由于荧光分子探针技术能在单分子水平上进行在线和原位检测，能准确得到目标分子信息，并且有高灵敏度和低检测限，可用于医学上碱基和蛋白质的检测，所以荧光分子探针技术在生物学、医学、环境学等许多领域有广泛应用，对荧光分子探针技术的探索在不断进行[9]。图 2-2 表示了荧光分子探针中化学传感器(chemosensors)和化学计量型荧光探针(chemodosimeters)的区别。

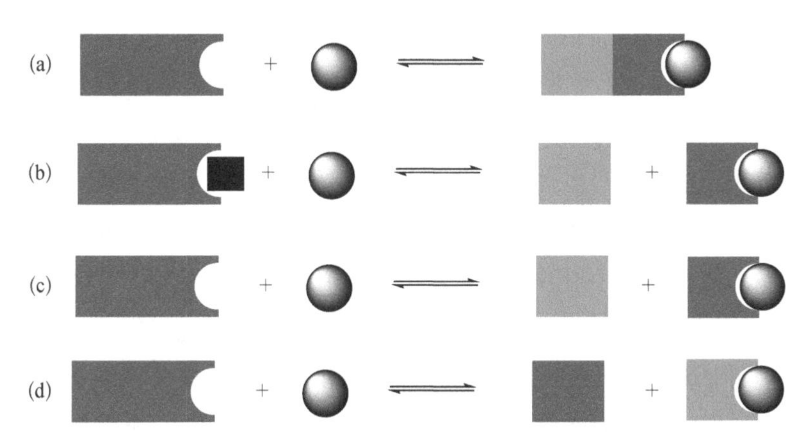

图 2-2　化学传感器(a)(b)和化学计量型荧光探针(c)(d)的作用原理

chemodosimeters 通常可理解为探针分子与目标分子发生反应，探针分子结构发生不可逆化学变化导致分子间共价键断裂，图 2-2(c)中，目标分子以共价键和探针分子中的一个或多个原子结合，随后一起脱离 chemodosimeters。图 2-2(d)中，目标分子与 chemodosimeters 配位结合并分离成两部分，与目标分子配位结合的部分发射荧光达到检测分析的目的[10,11]。chemosensors 指的是探针分子和目标分子之间可逆的相互配位作用，产生实时(real time)的、可测量的信号[12-14]。图 2-2(a)中，探针分子两个单元以共价键连接，随后配位一个选择性底物，发出光学响应。图 2-2(b)中，探针分子两个单元不以共价键连接，加入的目标分子和配位识别部分配位，探针分子中的荧光团(信号单元)

被目标分子替换释放出来，游离在溶液中发光[15,16]。

2.1.2　荧光分子传感器的特点与发展

与传统检测方法相比，荧光分子传感检测技术具有以下优点：

(1) 具有较高的灵敏度和良好的选择性。

(2) 可以实现原位、实时检测。

(3) 具有很好的时间、空间分辨性和较大的信噪比。

(4) 成本低，设计的灵活性高。

这些优点可以大部分甚至全部集成在荧光传感器分子上，这使其在阴阳离子检测、生物分子检测、活体成像、环境监测等许多领域有着非常重要的潜在应用价值。

近年来，荧光发光材料在检测、成像领域的应用已受到广泛的关注与认可。2008 年，诺贝尔化学奖授予了钱永健教授等人，以表彰其在绿色荧光蛋白及大量其他颜色的荧光蛋白体系的研究。这些多色的荧光蛋白标记技术让科学家能够用不同颜色对多种蛋白和细胞进行标记，从而实现了同时对多个生物学过程进行追踪的工作[17]。在临床医学中，钱永健与其合作者也成功地在肿瘤切除的模拟手术中对肿瘤和包裹在肿瘤中的神经末端进行了双色标记。

2014 年，诺贝尔化学奖授予在超高分辨率荧光显微镜工作中作出重大贡献的三位科学家：Eric Betzig、Stefan W. Hell 和 William E. Moerner。超高分辨率荧光显微镜同时在多个课题组被科学家们提出，它的诞生超越了普通光学显微镜的物理识别极限，哈佛大学的庄小威教授与前面的几位科学家同时开展了研究工作。与前面几位不同的是，庄小威课题组提出了使用有机小分子这种成本低、结构简单、尺寸较小的发光材料作为荧光蛋白这些发光大分子结构的替代品。图 2－3 为化合物 1 Cy5 和化合物 2 的形成及结构[18]，TCEP

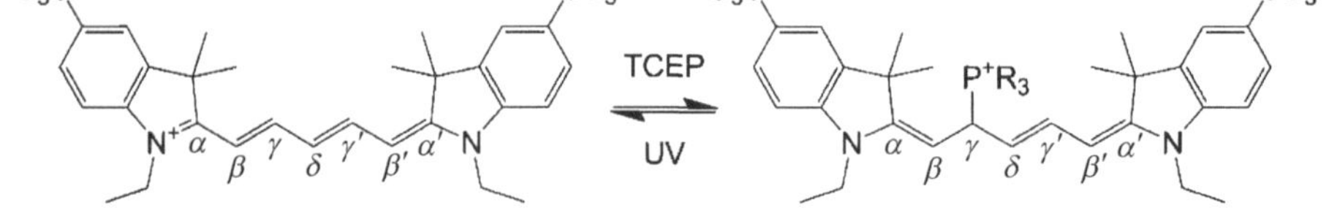

图 2－3　化合物 1 和化合物 2 的结构式

与荧光染料1的γ位处发生1,4-加成反应，生成共价化合物2，在这个过程中发生荧光淬灭。用紫外光去照射，共价化合物2就会发生解离，重新变成荧光染料1的状态，TCEP对荧光染料1的淬灭是可逆的(图2-4)。

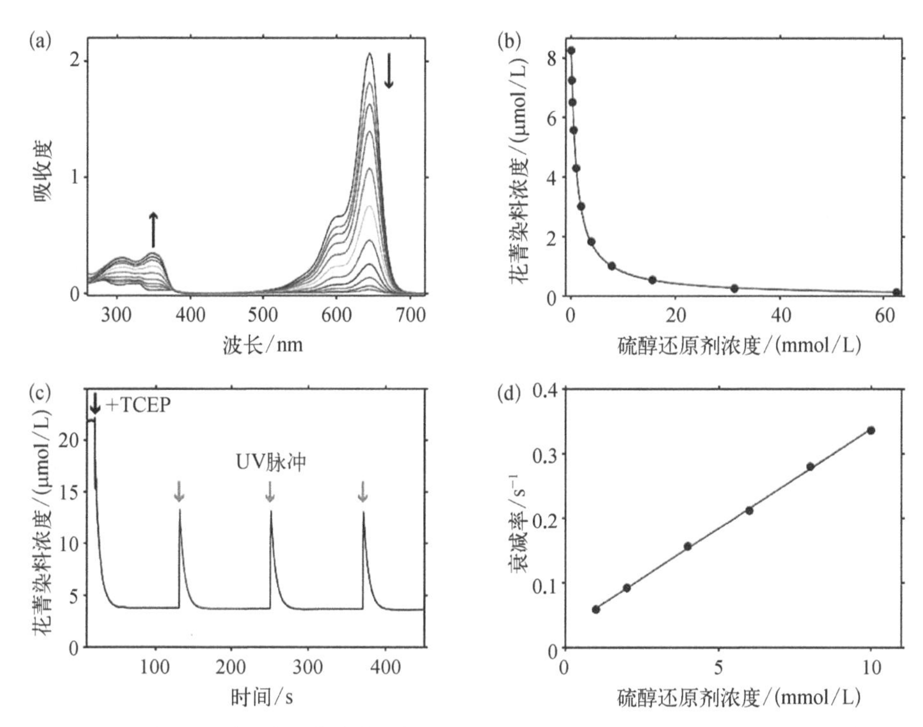

(a) Cy5随TCEP加入的吸收光谱变化；(b) Cy5随TCEP加入在650 nm处的吸收光谱线性变化；(c) Cy5加入TCEP后随时间变化的吸收光谱强度；(d) Cy5加入TCEP后随时间变化的吸收光谱强度线性变化

图2-4　TCEP对Cy5的淬灭是可逆的

2.1.3　分子探针的荧光团作为分析工具的应用

因为荧光检测的高敏感性和高选择性，随着空间和时间分辨方法的进步，以及光学纤维遥控传感的发展，建立在这个基础上的分析技术的应用日益广泛。当一个分析物是荧光的，通过荧光光谱仪在适当的激发和观察波长下，可实现荧光检测。许多领域的应用被报道，如空气、水、油、食物和药物污染的分析；工业过程的监控；临床监控；犯罪学等。分子探针荧光团作为分析工具主要的、直接的方法有：(1) 衍生化，即分析物和一个试剂反应产生一个荧光化合物，通常和液相色谱联合应用于荧光检测。这个方法通常被用在生物化学和临床化学。(2) 通过分析荧光化合物的构成进行离子和分子识别。(3) 分析物和荧光化合物的碰撞导致荧光淬灭。这个方法特别适用于气体的检测，例如氧气(溶解在水中或血液中)、SO_2、H_2S、NH_3、HCl、Cl_2、氯碳化合物等。所以荧光免疫检测是生物化学和生物医学应用中重要的方法之一。

2.1.4 最终时间和空间分辨

最终时间和空间分辨能力可达到飞秒、飞升、飞摩尔和单分子检测。自从激发态寿命第一次被 Gaviola 在 1926 年使用相位荧光计检测起已经有了很大的进步。通过脉冲和相位荧光计以及使用高重复率的皮秒激光和微通道板光电倍增管，可实现几十皮秒的时间分辨。这样的时间分辨容易被光电倍增管所限制，但不是被激光脉冲的宽度(50～100 fs，即钛：蓝宝石激光)所限制。通常时间分辨用条纹相机能被减少到几皮秒。要得到一个更好的时间分辨(100～200 fs)，需要大力发展荧光转换的最新技术，而若想得到更好的空间分辨，共聚焦或者双光子激发荧光光谱仪是一个较有前景的发展方向。

2.2 荧光分子探针(传感器)的作用原理

荧光分子传感原理很复杂，科研工作者经过探索研究，已经揭示了一些机理，并得到了实验验证，且在研究领域不断深入发展。

2.2.1 分子激发态反应动力学

光化学反应中，分子激发态的特点是能量高、寿命短、初始反应速度快，针对不同的分子激发态，分子激发态反应动力学的研究也有不同的方法。

激发态能量为中等微扰(perturbation)，测定方法为竞争(competitive)测定，属于光化学稳态反应动力学研究的范围，可用荧光淬灭法，采用斯顿-伏尔莫公式即式(2-1)来分析研究。

$$\frac{F_0}{F}=\frac{\gamma+k_q[Q]}{\gamma}=1+k_q\tau_0[Q] \tag{2-1}$$

以 F_0/F 为 Y 轴，以$[Q]$为 X 轴作图，可得一线性直线。通过直线斜率和激发态寿命可以得出 k_q 值(淬灭速度常数)，k_q 值可以判断在激发态淬灭过程中，激发态分子和淬灭剂分子两者之间的反应效果。如图 2-5 所示，如果激发态分子和淬灭剂分子之间为碰撞淬灭(collisional quenching)，则图中线性关系的斜率随温度的升高而增加，两者之间受扩散过程控制。如果两者之间发生能量共振转移，则为静态淬灭(static quenching)，图中线性关系的斜率随温度的升高而减小，激发态分子和淬灭剂分子之间的轨道重叠度减小[19]。

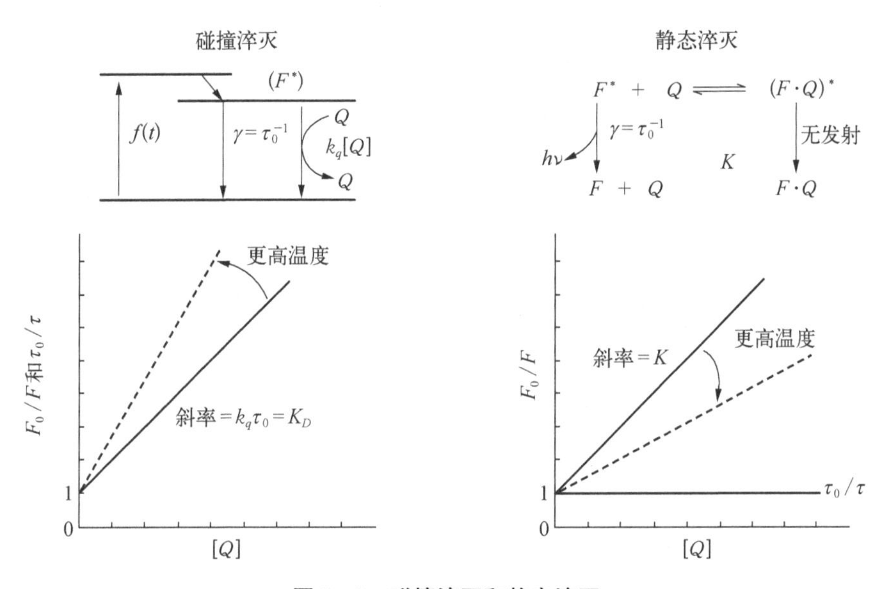

图 2-5　碰撞淬灭和静态淬灭

激发态能量为强烈微扰，测定方法为实时测定，属于光化学瞬态反应动力学研究的范围，可采用闪光光解法来分析研究。闪光光解技术以激光为激发光源，以脉冲氙灯为检测光源，时间分辨能力达到飞秒级别[20]。

在实验方法上，分子动力学过程用时间分辨光谱表征，慢于纳秒尺度的磷光发射、三重态能量转移等过程用纳秒时间分辨光谱技术研究，纳秒量级的荧光发射、内转换等超快过程用光源为飞秒激光器的时间分辨光谱技术研究。

2.2.2　分子激发态能量转移

激发态与基态或激发态与激发态之间能量能够发生迁移。在凝聚介质(刚性和液体溶液)中研究的是电子能量转移过程，过程的转移时间在飞秒(10^{-15} s)到毫秒(10^{-3} s)之间，距离在 1～100 Å 之间。能量转移反应为 D^* +

$A \longrightarrow D+A^*$，其中 D^* 表示能量给体(donor)，A 表示能量受体(acceptor)。有如下几种机制：

(1) 辐射机制：A 的吸收带与 D^* 的发射带有较大重叠，A 吸收 D^* 发射的光，按照辐射机制进行的能量转移与给体和受体之间的直接相互作用无关，不受介质黏度影响，D^* 的荧光寿命不改变。

(2) 无辐射机制：包括库仑转移机制和电子交换转移机制，如图 2-6 所示，库仑转移机制又称为 Förster 理论[图 2-6(a)]，是偶极-偶极能量转移过程。激发态分子产生跃迁偶极距，通过库仑能量转移极化基态分子成激发态，这种能量转移过程是长程能量转移，其 D^* 和 A 之间的距离可达几个纳米，Förster 能量转移有两种不同的形式，分别是通过空间传输能量和通过共价键传输能量。Förster 能量转移机理不同于分子内电荷转移机理和光致电子转移机理，它的相互作用发生在分子内或分子间的两个发色团之间。两个发色团各自拥有独立的吸收和发射性质，在它们之间完成能量转移必须具备两个条件：一是给体的发射光谱与受体的吸收光谱要相互重叠，而且重叠的部分越多，能量转移的效率就越高；另一个是给体、受体之间的距离在一定范围之内[21]。

电子交换转移机制又称为 Dexter 理论[图 2-6(b)]。该能量转移过程要求前线轨道重叠，A 的 LUMO 轨道接受 D^* 的 SOMO 轨道的电子，同时 A 的一个 HOMO 轨道电子跃迁到 D^* 的 SOMO 轨道上，生成 A^* 和 D，这要求 D^* 和 A 之间的距离小于 1 nm，是短程能量转移。

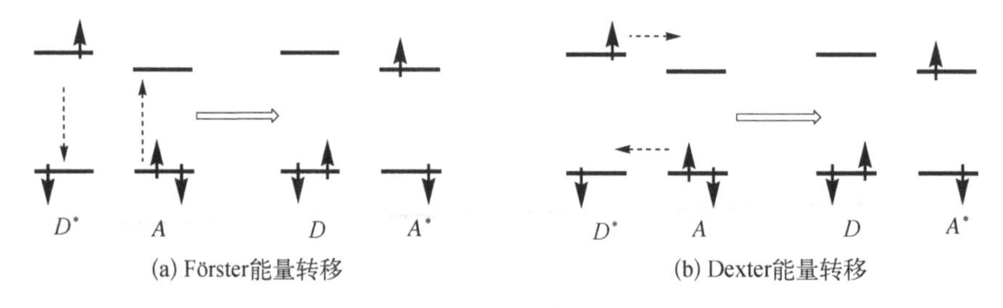

图 2-6 无辐射机制

能量转移过程需要符合自旋守恒定律，当 $E_{D^*} > E_{A^*}$ 时，$D^* \rightarrow A$ 被允许，当 $E_{D^*} < E_{A^*}$ 时，$D^* \rightarrow A$ 禁阻[22]。

(3) 超交换机制：能量转移通过键进行超交换相互作用，一般要求 5 个 σ 键的距离。超交换机制不同于 Dexter 理论和 Förster 理论，因为根据 Dexter

理论中转移速率常数与距离 R_{DA} 呈指数衰减的原则，不可能有能量给体和受体之间前线轨道的直接重叠，不符合 Dexter 模型；而根据 Förster 理论中转移速率常数与距离 R_{DA} 成反比的原则，速率常数大于 Förster 公式计算的速率常数，不适用 Förster 模型。某些文献中报道的含有双发色团的分子，如果连接给体和受体发色团的桥是刚性的，那么通过键进行超交换作用的影响就较大。

(4) 激子转移机制：能量给体和受体之间发生强耦合或强相互作用，激发态在整个体系上呈离域状态分布，称为激子态，引起的能量转移称为激子转移。许多染料的二聚体和生物蛋白大分子中存在这种机制的能量转移。

2.2.3 荧光共振能量转移

荧光共振能量转移(fluorscence resonance energy transfer, FRET)遵循无辐射机制，分子中存在能量给体和能量受体，在光照下，激发态的能量给体通过偶极-偶极作用以无辐射机制将能量转移给基态的能量体。

图 2-7 中给体通过 FRET 过程回到电子基态，而受体可能会发射荧光(也有可能荧光猝灭)。FRET 过程受以下条件影响：受体和给体之间的距离、给体发射和受体吸收之间的光谱重叠范围、给体发射偶极和受体吸收偶极之间的相对定位，其中受体和给体之间的距离要大于两者的碰撞距离(达到长程能量转移)，才能符合无辐射能量转移机制产生 FRET 过程[23]。

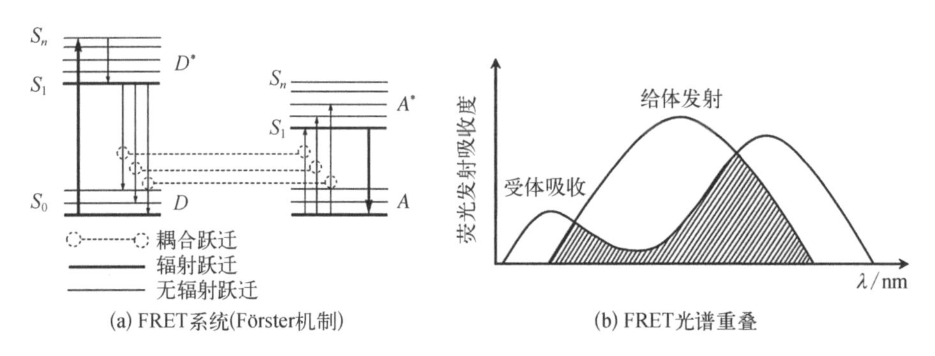

图 2-7 FRET 系统(Förster 机制)和 FRET 光谱重叠

Acikgoz 组[24]报道了 BODIPY 染料分子的荧光动力学机理。在水凝胶结构基础上，BODIPY 染料分子与聚乙二醇共价络合，在不同浓度下，采用皮秒时间分辨光谱技术进行实验。由于水凝胶结构能吸收大量水而膨胀，不分解不变形，BODIPY 染料之间的距离就能可控变化，能观察到定位于水凝胶网络的高浓度给体染料分子荧光寿命从 2.03 ns 变到 7.14 ns。计算表明，受水凝胶网络限制的 BODIPY 染料分子服从 Förster 能量转移。如果水凝胶是干的，给体和受体的距离最小为 4.59 nm，由于染料分子的偶极-偶极相互作用，近距离引起荧光强度减小，能量转移效率是 72%。当水凝胶膨胀分离增加时，FRET 效率减少到 2%，相应地，在 BODIPY 染料之间有 10 nm 的分离，引起荧光强度增加。而在稀释的水凝胶样品中，染料分子的距离比 Förster 距离更大，稀释样品的能量转移效率更低。

FRET 型探针的设计比 PET 型探针和 ICT 型探针简单，更适合应用于生物大分子及超分子组装结构的研究。如图 2－8 所示。通过共价键传输能量的分子，有传输速度快、损失小的特点。设计的探针一般由两个或多个荧光团相连，当受体识别检测物之后，传输能量受阻或者增强会使荧光性质发生变化。

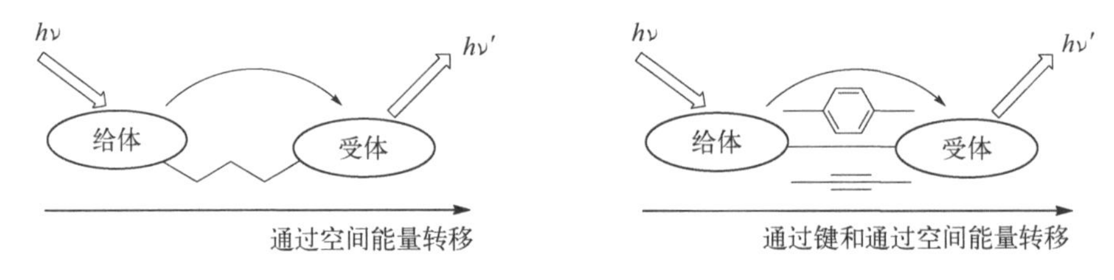

图 2－8　FRET 型化学传感器的工作原理

另一个 FRET 模型如图 2－9 所示，近红外荧光探针 15 具有吲哚和罗丹明 B 这一对给受体荧光团[25]，该化合物与铜离子发生络合反应生成化合物

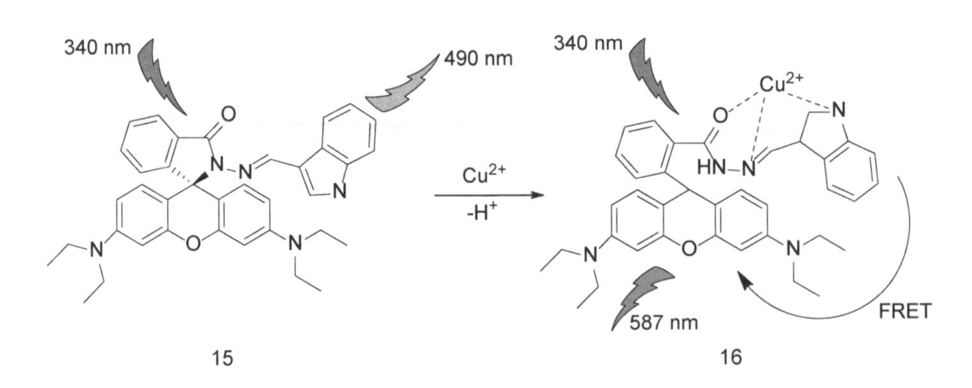

图 2－9　基于 FRET 机理的荧光探针 15 与铜离子发生络合反应生成化合物 16

16。这一识别过程中，由于 FRET 作用的调制，探针 15 可以在 490 nm/587 nm 双通道里输出比率荧光信号，并且可以直接观察到颜色和荧光的改变。

2.2.4　分子激发态电子转移

1. 分子激发态电子转移机制

电子转移过程是指电子由给体向受体转移的过程。电子转移发生在各种体系中，过程的转移时间在飞秒(10^{-15} s)到秒(s)之间，距离在几埃(Å)到几十埃之间。根据状态电子转移分为基态电子转移和激发态电子转移，如图 2-10 所示，激发态比基态更容易发生电子转移。

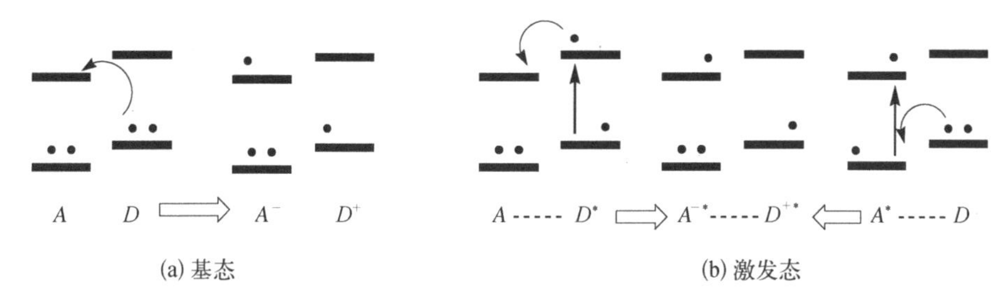

图 2-10　基态与激发态的电子转移

2. 电子转移反应动力学理论模型

电子转移反应动力学理论的经典模型为 Marcus 理论模型，式(2-2)为 Marcus 理论电子转移反应速率常数公式：

$$k_{el} = \frac{1}{2\pi}\sqrt{f/\mu}\exp\left[-\frac{(\lambda + \Delta G_0)^2}{4\lambda kT}\right] \tag{2-2}$$

Marcus 理论是 Marcus 于 20 世纪 50 年代后期创立的经典理论[26]，在 1984 年由 Miller 等验证了理论中电子转移反应反转区的存在，实验中化合物为“给体-桥-受体”结构，其中电子给体不同，电子受体(联苯)和桥(甾族化合物骨架)相同[27]，见图 2-11(Rudolph A. Marcus 获 1992 年诺贝尔化学奖)。

Marcus 模型的缺点是没有考虑量子隧道效应，不适用于高温低频和低温高频的条件，适用于电子转移因子 $\kappa_{el}=1$，$\Gamma_n=1$ 的情况(Γ_n 为核隧道效应因子)。量子力学模型适用于所有情况，当考虑量子隧道效应时，电子转移的动力学研究采用量子力学模型，但是计算上比较困难，只用于低温高频 $h\nu \gg kT$

的情况，而非经典模型适用于 $\kappa_{el}<1$ 的非绝热电子转移反应。

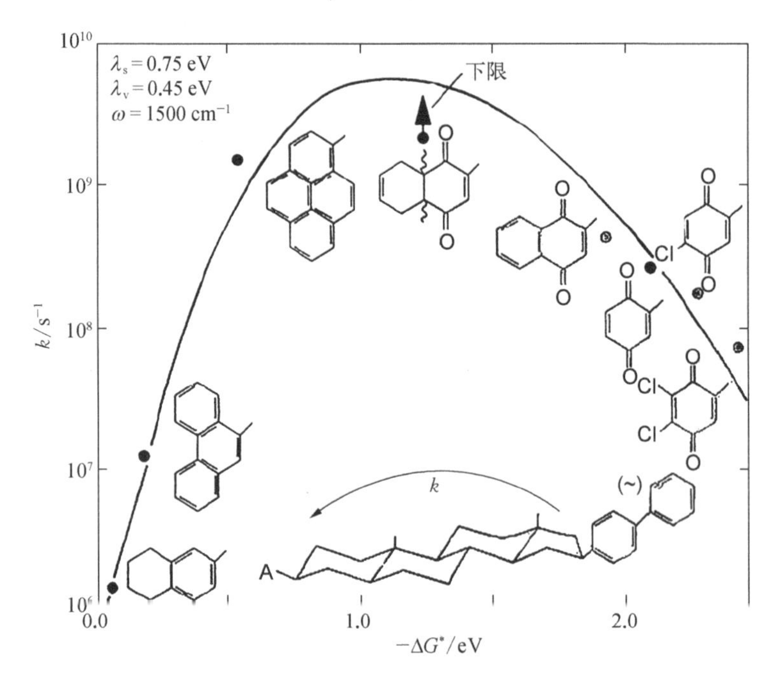

图 2-11 Marcus 理论的实验验证

2.2.5 光诱导电子转移

光诱导电子转移(photoinduced electron-transfer，PET)过程即为电子受体(或给体)受光照激发与电子给体(或受体)发生的电子转移，分别形成阴、阳离子自由基。阴离子自由基中电子受光照激发留出的空轨道被阳离子给出的电子占据，受光照激发的电子无法直接跃迁回到原轨道而导致荧光淬灭，分子处于“关”响应(turn-off)状态。当电子给体结合被识别的底物后，受光照激发，电子给体形成的阳离子自由基的给电子能力下降，氧化电势升高，不能还原电子受体形成的阴离子自由基，PET 过程被禁阻，阴离子自由基中受激电子跃迁回基态而发射荧光，分子处于“开”响应(turn-on)状态。

如图 2-12 所示，(a)中没有结合的识别基团的 HOMO 能级作为电子给体，有效淬灭探针的荧光；(b)中在底物配位情况下，由于和阳离子物种的静电作用，识别基团的 HOMO 能级下降，PET 过程禁阻[28]。

PET 过程的发生可由以下几种方法判断：

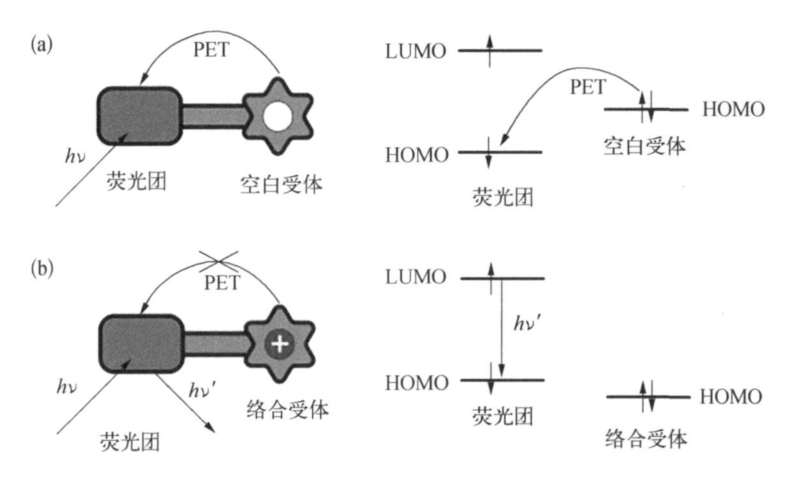

图 2－12　荧光分子探针 PET 机理

（1）由荧光猝灭判断电子转移，如式（2－3）：

$$D^* + A \rightarrow [D^{g+} A^{g-}] \rightarrow D^{g+} + A^{g-} \rightarrow \qquad (2-3)$$
$$\downarrow$$
$$D + h\nu$$

其中$[D^{g+} A^{g-}]$为激基复合物（exciplex），可在长波长处观察到发光。

（2）由光照前后体系电导变化判断电子转移。测定光照前后溶液的电导率可以判断是否发生了分子间的光诱导电子转移，因为根据有机溶液的介电常数，溶液在光照前电导率小，光照后电子转移生成离子自由基，溶液电导率增加。

（3）通过荧光淬灭常数判断电子转移。电子在给体和受体之间的转移与两者的距离有关，而距离与体系中物质的扩散过程有关，猝灭常数与扩散常数接近，可通过扩散常数判断电子转移，扩散常数由德拜方程（Debye 方程）获得：

$$k_{\text{diff}} = 8RT/3\,000\eta(1/\text{mol} \cdot \text{s}) \qquad (2-4)$$

（4）由氧化还原电位判断电子转移，Rehm－Weller 公式为

$$\Delta G = E(D/D^+) - E(A^-/A) - \Delta E_{0,0} - e_0^2/\alpha\varepsilon \qquad (2-5)$$

$E(D/D^+)$为电子给体氧化电位，$E(A^-/A)$为电子受体还原电位，$\Delta E_{0,0}$与光照有关，$\Delta E_{0,0}$ 的引入使 $\Delta G<0$ 更容易实现，从而由 Marcus 理论可判断，随着 ΔG 作为负数的绝对值增大，电子转移速率先增大后降低。

在荧光分子传感器的调控模式中有一类开关型输出模式，即 Fluororescent Switch。这种荧光探针的识别过程具有两种明显的始末状态，即荧光“开”响应和荧光“关”响应。这种荧光探针的传感机理基本上都是基于光致电子转移机理的。光致电子转移机理的实现，需要荧光团、受体及连接体这三个部分。通过具有一定长度的连接体，将吸收光能和发射荧光的荧光团和能够与客体结合并产生信号的受体连接起来，使荧光团与受体可以实现前线轨道上的电子传递，从而实现光致电子转移机理。基于 PET 机理的化学传感器的基本工作原理如图 2－13 所示。

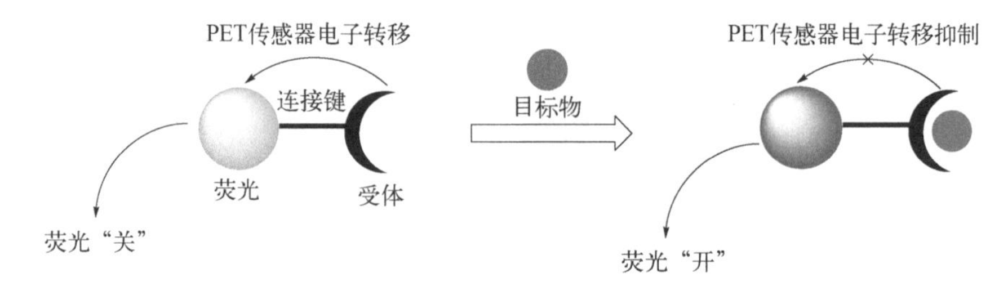

图 2－13 基于 PET 机理的化学传感器的工作原理

PET 过程一般分为两种过程，分别是 d－PET(donor-excited PET)过程和 a－PET(acceptor-excited PET)过程。

d－PET 过程即电子给体向荧光团的 PET 过程(图 2－14)，受体的 HOMO 轨道介于荧光团前线轨道之间，受体向荧光团的电子转移，受体被还原，荧光团被氧化，且没有荧光发射。a－PET 过程就是荧光团向电子受体的反向 PET 过程(图 2－15)，受体的 LUMO 轨道位于前线轨道之间，荧光团的电子向受体传递，受体被氧化，荧光团被还原，因此没有荧光发射。

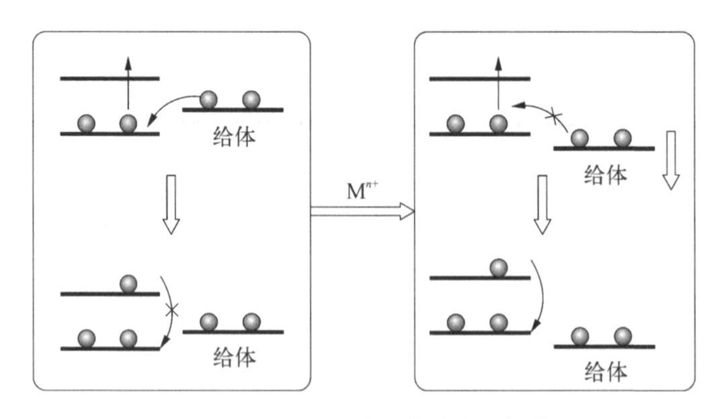

图 2－14 d－PET 型传感器的前线轨道理论

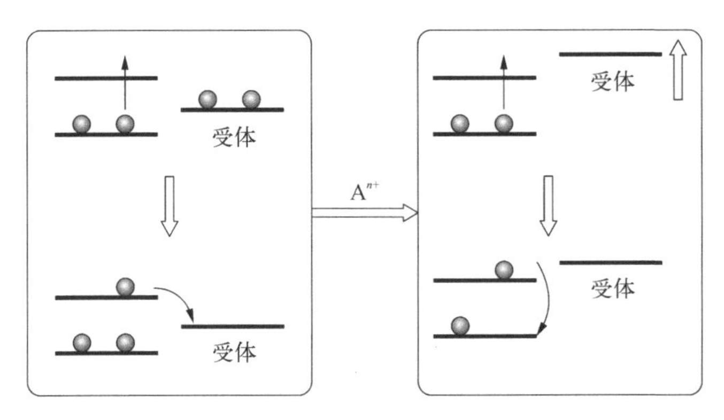

图 2-15　a-PET 型传感器的前线轨道理论

PET 探针机制很早就被报道出来，近年来，Ken-Tsung Wong 等[29]设计合成了基于螺芴的 PET 探针 9(图 2-16)。探针 9 与 NOC9 发生作用时生成化合物 10，荧光增强，这是由于 PET 过程受到抑制而表现出较强的荧光。探针 9 以螺芴为中心，将电子给体与荧光团组合起来，这一实验为 PET 型荧光探针的结构设计提供了新的策略。

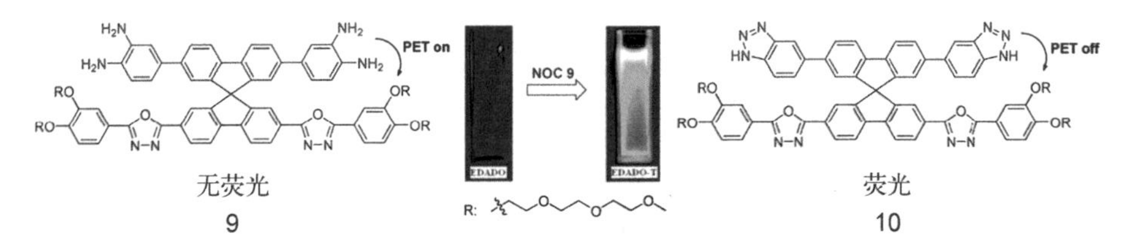

图 2-16　探针 9 和化合物 10 的转化过程

2.2.6　分子内电荷转移

荧光染料在吸收一定波长的光之后被激发到激发态，这时整个共轭体系会发生电荷分离，给电子端的高密度电子云向受体端的低密度电子云扩散，形成了分子内一端带正电、一端带负电的电荷转移态，即 ICT 态。在激发条件下，分子内电荷密度分布随激发强度的增加逐渐向分子两端聚集，同时分子的 π 体系部分的电荷密度下降，引起分子的极化和分子激发态偶极矩有很大程度的变化，通过辐射衰变产生荧光，如图 2-17[30]所示。

分子被激发时，分子内电荷转移表现为：(1) 激发局域(locally excited, LE)态，荧光峰比较尖锐，在 300～400 nm 处，不随溶剂极性变化而变化，LE 态峰由 ICT 体系中推电子部分贡献；(2) 分子内电荷转移(intra-molecular

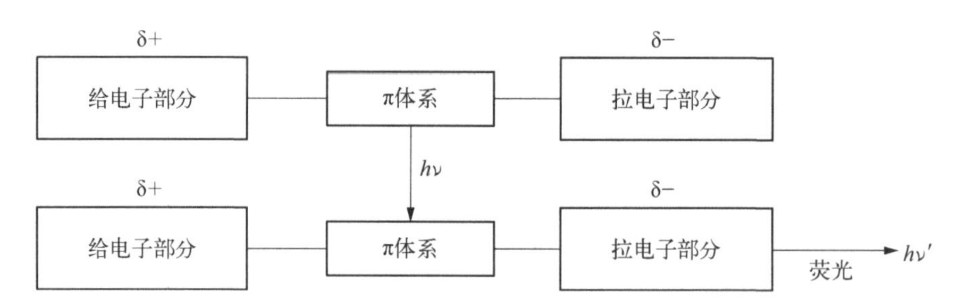

图 2-17 ICT 共轭体系发光机理

charge transfer, ICT)态,ICT 态荧光峰表现出扁平状宽峰,由整个 ICT 体系贡献,在推拉电子部分之间有电子跃迁,整个分子结构中电子云分布较稀疏,偶极距受溶剂极性影响,在极性溶剂中能稳定存在;(3) 扭转分子内电荷转移(twisted intra-molecular charge transfer, TICT)态,TICT 态可以认为是由电荷转移到电子转移的一个中间态,分子中强推、拉电子基团使分子具有强电荷转移能力,能引起电子转移,使分子结构中的推拉电子部分扭曲成正交平面,等同于电子给体通过 σ 体系与电子受体作用的 PET 过程,分子发生自去耦现象,引起分子内荧光自淬灭。

Hu 组[31]研究了在溶液和聚集态下由推电子和拉电子基团组成的 BODIPY 衍生物的光谱性能,由于 LE-TICT 的跃迁,荧光团有溶致变色效应,通过改变溶剂极性,发射从可见到近红外是可调的,在非极性溶剂中,荧光团的荧光光谱和 LE 态发射有关;在极性溶剂中,荧光团的荧光光谱和 TICT 态的弱红外发射有关,不良溶剂(水)大量加入荧光团的溶液中,导致 BODIPY 分子聚集,AIE 过程增强了 TICT 发射。在溶液的 TICT 过程中,分子内旋转降低了发射效率,颜色红移;而在聚集态的 AIE 过程中,分子内的旋转被限制,周围环境极性减小,发射效率增加,颜色蓝移。

如图 2-18 所示,曲线 1 到 8 分别代表 dioxane/water: 100-40/0-60, DMABE[*p*-(dimethylamino) benzethyne,4-二甲氨基苯乙炔]的荧光最大发射波长在 355 nm 随溶剂比例变化的梯度变化。

此发射为荧光团的 LE 态发射。随着溶剂极性变大,光谱轻微红移,荧光量子产率有很大下降。与 DMABE 不同,DMABN(*p*-dimethylaminobenzonitrile,4-二甲氨基苯甲腈)在荧光光谱上产生两个带,对应于 LE 态的 350 nm 的发射有溶剂诱导的小程度 Stokes 位移。DMABN 在二氧六环溶液中的 425 nm 的宽峰是 ICT 峰,随着溶剂极性变大,光谱红移[32]。

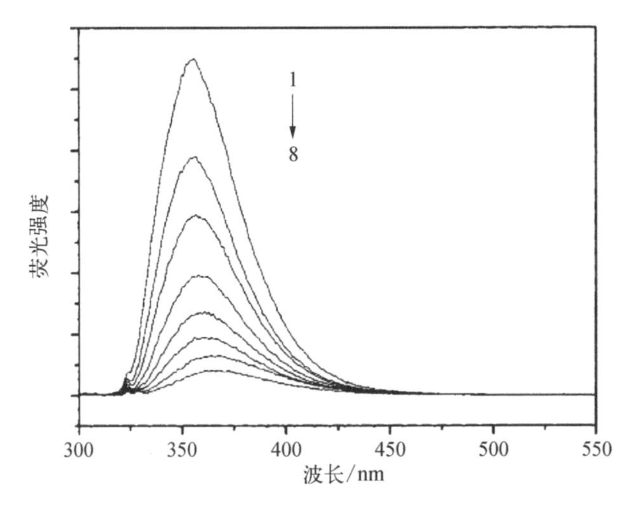

图 2-18　DMABE 在混合溶剂(dioxane-water)中的荧光光谱

分子内电荷转移是复杂共轭有机分子中存在的一种普遍现象，现阶段主要的电荷转移理论有：扭转分子内电荷转移模型(twisted intra-molecular charge transfer，TICT)、平面分子内电荷转移模型(planar intra-molecular charge transfer，PICT)、重杂化分子内电荷转移模型(rehybridizated intra-molecular charge transfer，RICT)等。一些简单的分子内电荷转移分子只有受体或者给体中的一个，图 2-19 是 ICT 型化学传感器的结构。

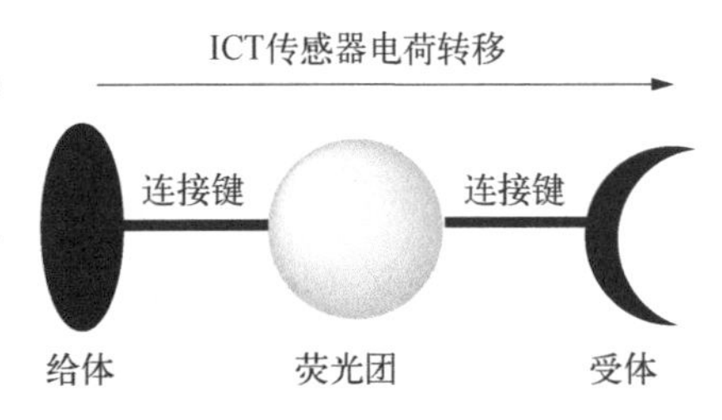

图 2-19　ICT 型化学传感器的结构

ICT 型化学传感器对被测物质的检测，主要是针对给体或者受体而进行特别设计得到的。给体和受体的推、拉电子能力在识别过程中会发生变化，从而引起电荷转移程度的改变，进而使荧光发射波长产生移动(图 2-20)。比率

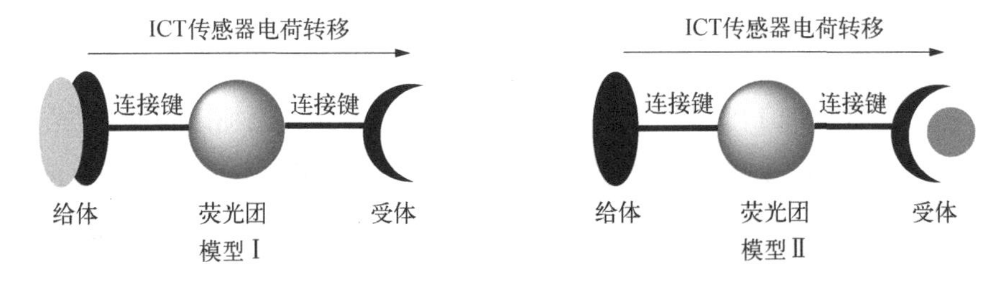

图 2-20　ICT 型化学传感器的工作原理

型荧光探针，即可以同时在两个不同的波长处发生荧光变化的探针，就是利用 ICT 的机理设计得到的。比率型探针对位于两个不同波长的荧光发射强度进行比值计算，计算出的比值不会受到探针实际浓度变化的影响。

通过探针与被分析物的反应直接改变荧光团的共轭状态，可以最大限度地改变光谱特性。如李振教授等人[33]利用氰化物特殊的亲核性，设计合成得到了比率型荧光比色探针 11（图 2－21），该探针是通过 π－共轭键相连接设计而形成的 ICT 探针分子。加入阴离子 CN^- 后，打断了探针分子拉电子部分与荧光团主体部分的共轭，缺少了拉电子部分的 ICT 作用，导致峰位置发生很大的蓝移，其荧光光谱和吸收光谱蓝移均达到了 90 nm。

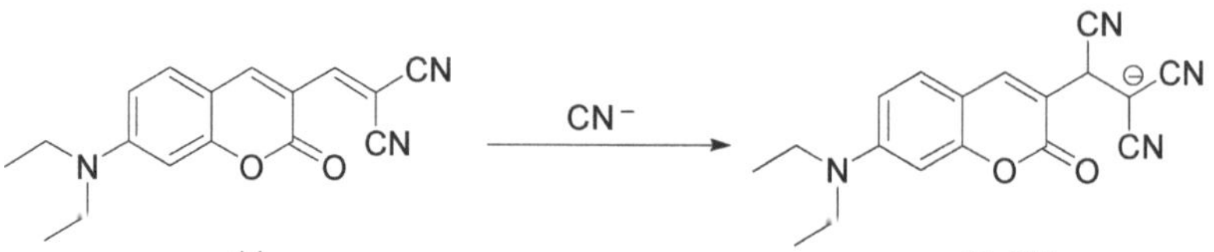

图 2－21　荧光探针 11 的结构及其识别过程

通过同样的设计策略，可以用 7－氨基香豆素来合成 α，β－不饱和酮并作为中间体，再通过 Michael 亲核加成反应，最终合成得到荧光探针 12（图 2－22）[34]。该探针是一个快捷的比率型荧光探针，可用于谷胱甘肽的检测，其不饱和结构可以与谷胱甘肽发生快速的亲核加成反应。

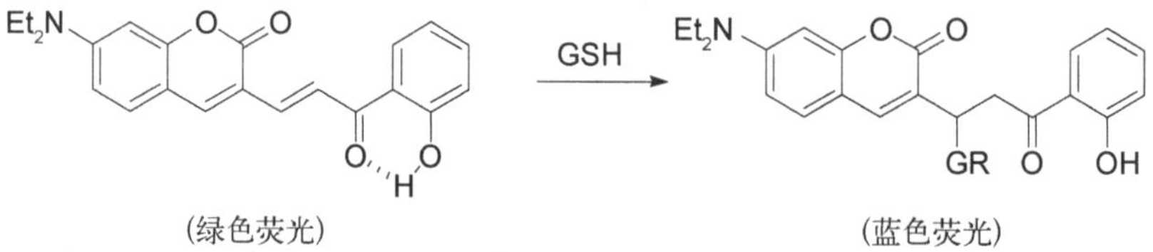

图 2－22　荧光探针 12 的结构及其识别过程

强 ICT 性质的 1，8－萘二甲酰亚胺可作为小分子荧光团加以利用，荧光探针 13 和荧光探针 14 是通过在其 4 位引入给电子单元而衍生出来的新的氮杂冠醚（图 2－23）。该荧光探针与钙离子有很强的亲和力，可以选择性识别钙离子[35]。

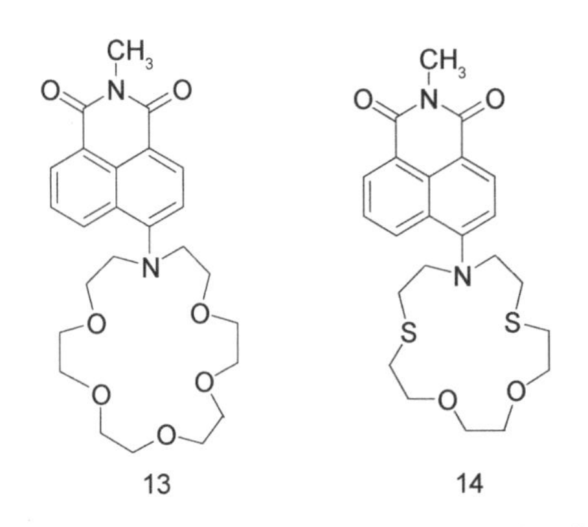

图 2-23　荧光探针 13 和荧光探针 14 的结构

2.2.7　激基缔合物与激基复合物

激基缔合物是分子的基态和同类分子的激发态碰撞后发生电荷转移，按比例形成的激发态络合物。随着溶液浓度的增加，激基缔合物的荧光在长波处出现强发射峰，与原发光峰同源，互为依存，可看到等发光点，并且受溶剂极性影响小，有更大的稳定性，对能量传递、淬灭、三重态湮灭等过程有很大影响，在光化学反应中能影响反应机理和产物结构。激基复合物是不同种分子的基态和激发态碰撞形成的络合物，极性强，受溶剂介电常数的影响大，在长波长处的发射峰在弱极性溶剂中存在。

Mula 组[36]报道了激基复合物在长范围电子能量转移（EET）中作为桥联，激基复合物的构成影响给体中心的结构变化，随后引起连接键的第二次改变。因为激基复合物的荧光寿命是前体局域激发态的荧光寿命 7 倍多，所以结构改变可以保证第二次光化学反应通过激发态的辐射或者非辐射失活，因此，激基复合物可被用于提高 EET。BODIPY 分子激发单线态失活机理如图 2-24 所示，^{1*}Bod～PhNHR 经过短范围能量转移很快失活，而形成^{1*}Bod～PhNHR～XBod 后为长范围能量转移，提高了荧光寿命。

2.2.8　光诱导质子转移

质子转移是重要的超分子核重排之一，在光诱导氧化还原反应中发生，在生化过程的某些步骤如酶水解反应、呼吸过程中有重要意义。激发态分子质子转移的推动力取决于 pK_a 值的范围，含不稳定质子的激发态分子的 pK_a 值上下波动差可达 8 个数量级。理论上可用 Förster 循环来估算 pK_a 值，但受

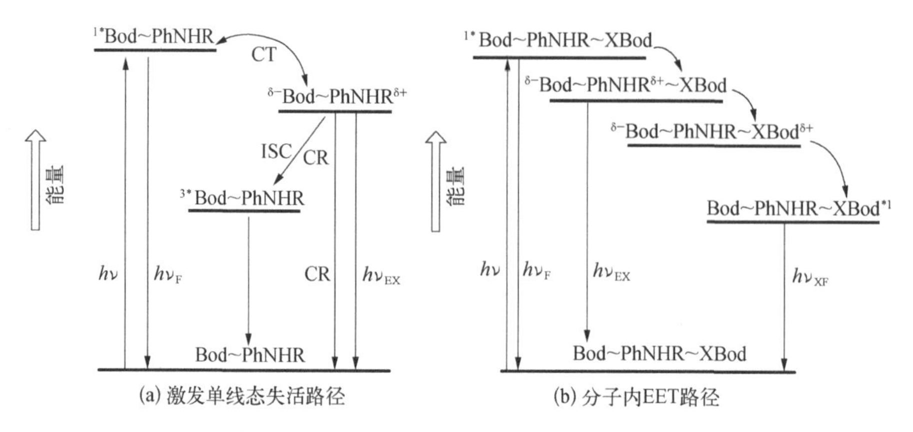

图 2-24 BODIPY 分子激发单线态失活机理

该理论局限性的影响。

Ding 组[37]报道了光脱羧反应研究。如图 2-25 所示，S_{CT}($^1\pi\pi^*$)是分子内质子转移的前体状态，引发超快脱羧反应。分子内质子转移(激发态)和脱羧过程用不同步的协调方法进行。S_{CT}/S_0 的交叉、电子转移、基态可逆质子转移对最终产物的形成起到了重要作用。

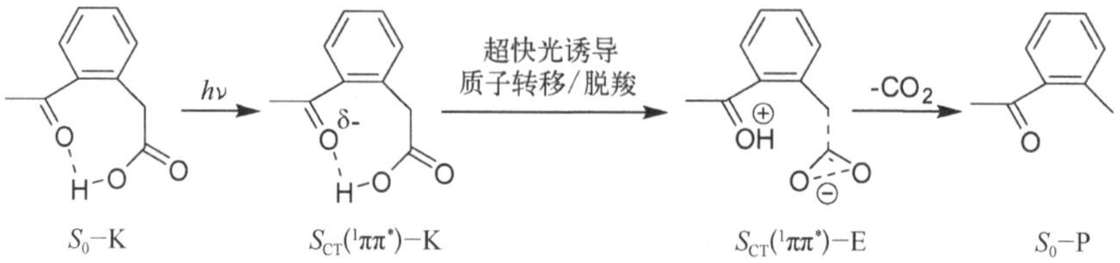

hν　超快光诱导质子转移/脱羧　$-CO_2$

S_0-K　S_{CT}($^1\pi\pi^*$)-K　S_{CT}($^1\pi\pi^*$)-E　S_0-P

图 2-25 分子内质子转移

激发态分子内质子转移(excited state intra-molecular proton transfer，ESIPT)，是指当探针分子受光激发后，发生在激发态分子内部邻近的质子给体和受体之间的质子转移的反应。ESIPT 效应是生物过程中质子的基本转移方式，广泛存在于自然界中。该机理是 1974 年 Frolov 教授通过在醇溶液中观察到了 3-羟基黄酮的双荧光现象而发现的，Sengupta 和 Kasha 针对这种现象提出了 ESIPT 理论。

2.3 荧光分子探针结构及各部分的作用

荧光分子探针由三部分组成(图 2-26)，即报告器部分(reporter)、桥联部分(relay)和接受器部分(或称分子识别部分,recognize)[19,38],这三部分也称为3R。接受器部分用于识别目标物种,通过桥联部分将目标物种的信息传递到报告器部分,报告器部分以某种表现形式(如荧光增强)将目标物种信息表示出来。

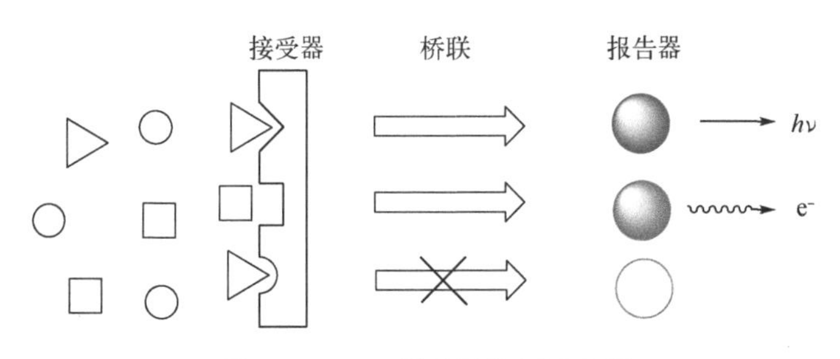

图2-26 3R结构及作用示意图

第3章 有机小分子功能荧光染料

有机小分子功能染料结构稳定，修饰容易，因其特定结构而大多数都有荧光信号，所以可作为荧光分子传感器的荧光信号源（荧光团），表3－1为目前可以作为荧光分子传感器的荧光信号源的名称和分子结构式。

表3－1　有机小分子功能荧光染料的名称和分子结构式

序　号	荧光团种类名称	荧光团代表性结构
1	香豆素类	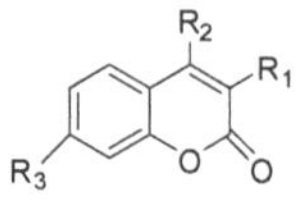 R_2, R_1, R_3, O, O
2	噻嗪类	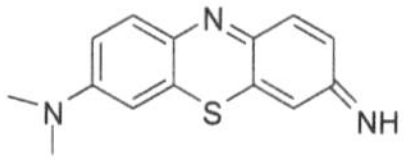 N, S, N, NH
3	噁嗪类	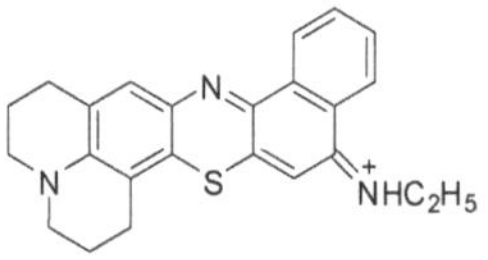 N, N, S, $\overset{+}{N}HC_2H_5$
4	芘、苝类	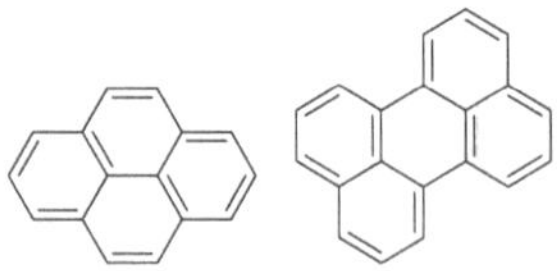
5	萘酰亚胺类	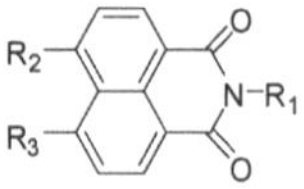 R_2, R_3, O, N－R_1, O

续　表

序　号	荧光团种类名称	荧光团代表性结构
6	呫吨类	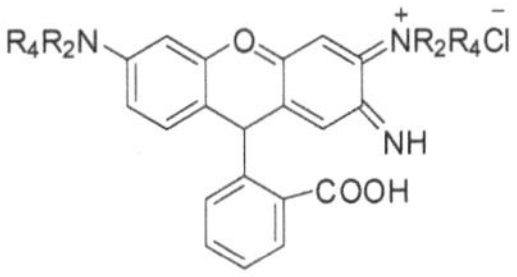 R_4R_2N $\overset{+}{N}R_2R_4\overset{-}{Cl}$ O NH COOH
7	花菁类	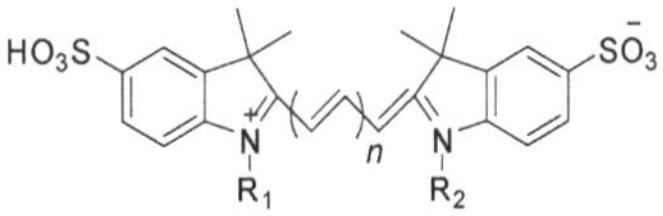 HO_3S $S\overset{-}{O}_3$ $\overset{+}{N}$ R_1 N R_2 *n*
8	四吡咯基类	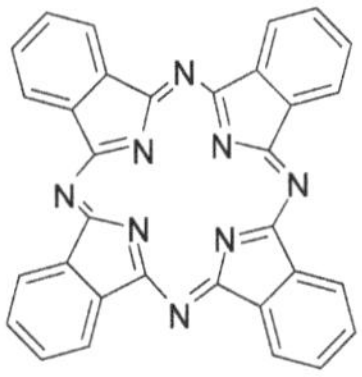 N N N N N N N N
9	稀土配合物类	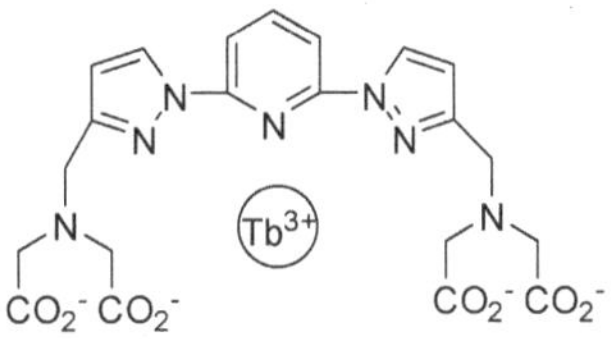 N N N N N N N Tb^{3+} CO_2^- CO_2^- CO_2^- CO_2^-
10	量子点型类	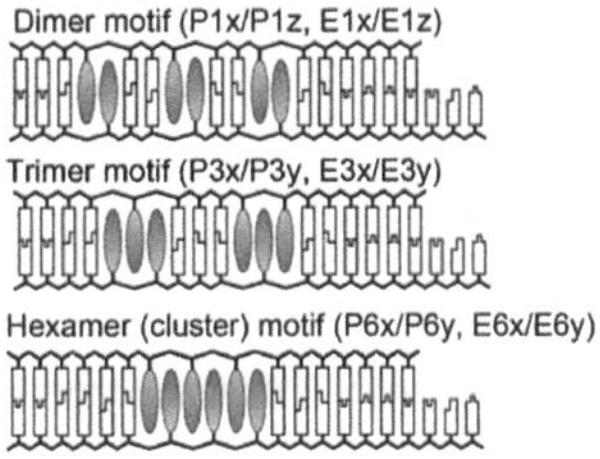 Dimer motif (P1x/P1z, E1x/E1z) Trimer motif (P3x/P3y, E3x/E3y) Hexamer (cluster) motif (P6x/P6y, E6x/E6y)
11	罗丹明(Rhodamine)类	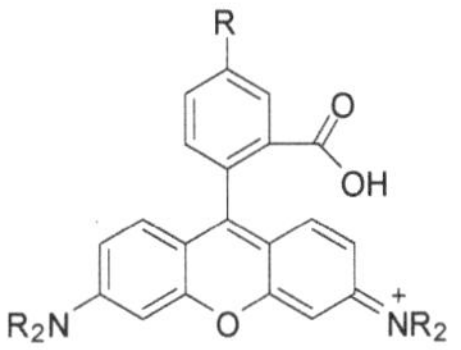 R O OH R_2N O $\overset{+}{N}R_2$
12	氟化硼二吡咯(BODIPY)类	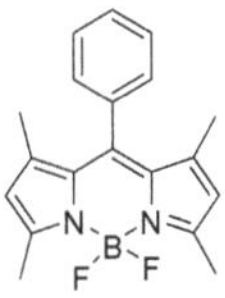 N B N F F

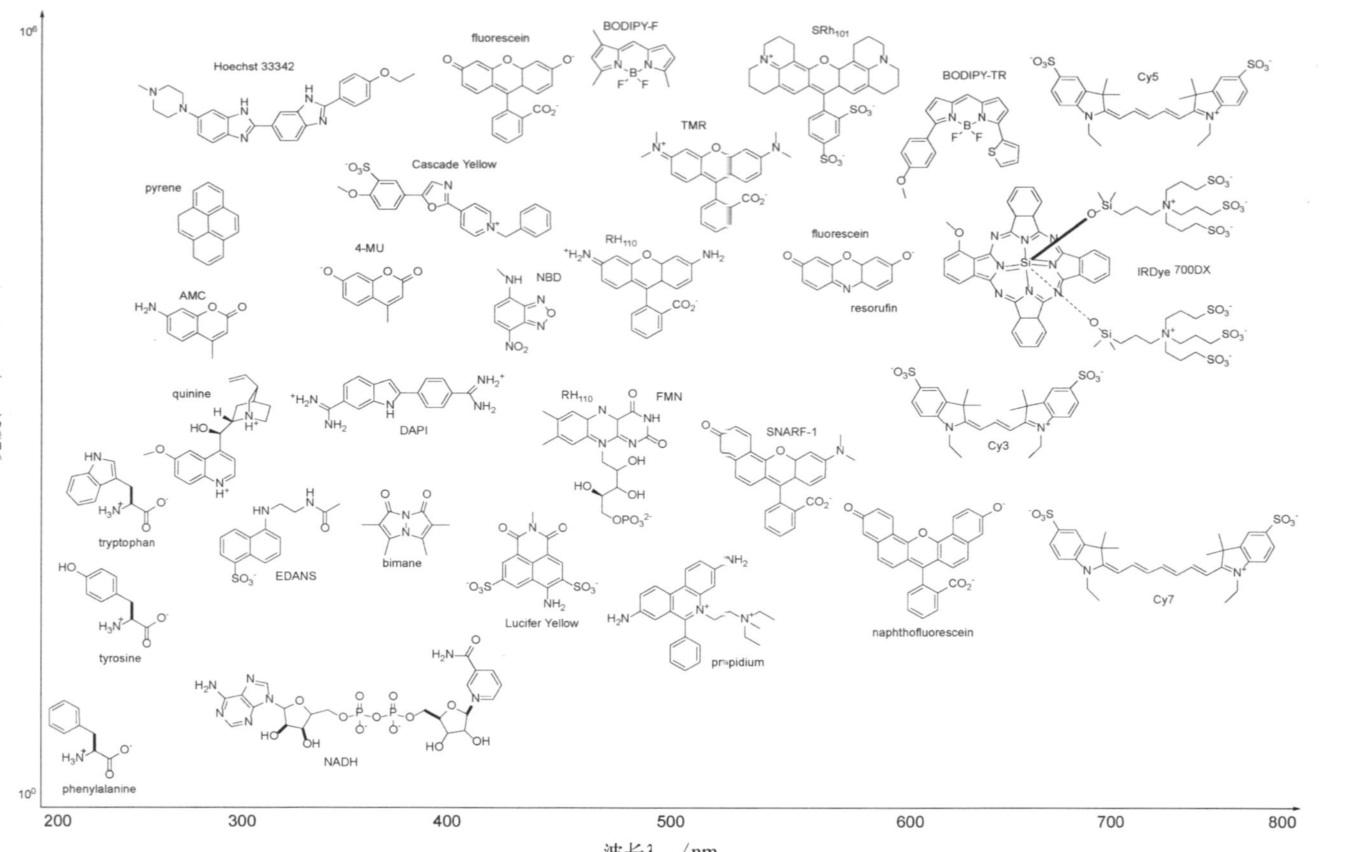

图 3－1　常见荧光团一览图[39]

3.1　氟化硼二吡咯甲川类

在众多的荧光分子探针中，氟化硼二吡咯甲川类染料（Boradiazaindacenes-difluoro-bora-dipyrro-methenes，Boron-dipyrrolemethene，缩写为 BODIPYs，BDPs，BODIPY）是应用较为广泛的一类荧光基团，其结构为通过硼桥键和甲川桥键所固定的两个吡咯环，整体在同一个刚性平面上，从而有很强的荧光发射性。除了具有较好的光稳定性、较高的摩尔吸光系数和荧光量子效率高等优势外，通过修饰其结构可将吸收、发射波长调至近红外区域，同时其结构不容易受到 pH 等外界因素的干扰。BODIPY 染料由 Treibs 和 Kreuzer 在 1968 年首次报道[40]，图 3－2 中为 BODIPY 染料最基本的结构，每个吡咯碳原子都有可能受到亲电进攻，从而增加合成的难度。

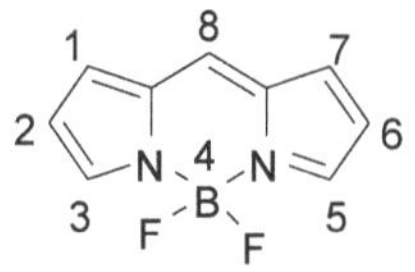

图 3－2　BODIPY 的结构

在发现 BODIPY 染料的随后十年中，因为向该染料结构中引入活性基团或对其进行修饰有一定的难度，所以 BODIPY 染料并没有引起研究者的广泛关注，也没有相关的文献报道。直到 1977 年，Pardeon 等[41]对含有不同取代基的 BODIPY 染料的光谱性质进行了系统的研究。1985 年，研究者在 BODIPY 染料母体结构 2 位上引入磺酸基，合成了磺酸钠盐形式的水溶性染料，从而认识到 BODIPY 染料结构可以引入合适的基团。1988 年报道了 50 余种新型的 BODIPY 染料，其中有两种发射波长大于 600 nm，1995 年发现发射波长大于 700 nm 的 BODIPY 染料。

目前报道的 BODIPY 染料荧光分子探针的优点如下：(1) BODIPY 染料有高的消光系数[70 000～80 000 $(mol/L)^{-1}cm^{-1}$]，能容易地用官能团修饰；(2) 通过简单地修饰，吸收峰能移到比可见光与近红外光波长更长的波段，保持宽的吸收有效截面；(3) BODIPY 染料在电荷的重新分配上内部不对称，在激发下产生 S_0-S_1 跃迁，增加了在 meso－C 上的电荷密度，而在其他位置相应的电荷密度降低，电荷密度能精确地定位在 meso－C 上，使之成为电荷注入的最理想的位置；(4) 通过对激发态的定向观察，能够更准确地设计拉电子基团和推电子基团的取代位置；(5) BODIPY 核有相对温和的氧化还原电势，这是设计建立在电子转移过程上的荧光开关的必要条件；(6) BODIPY 染料对光热稳定,受环境如溶液 pH 等因素影响小。

由于具有上述优点,BODIPY 染料衍生物作为荧光探针的研究近年来有了很大进展[42,43]。在最近的几年里,文献报道了大量 BODIPY 类衍生物的化学传感器,研究人员将 BODIPY 染料和不同识别基团组合,设计合成了各种荧光分子探针。BODIPY 类衍生物作为一种重要的分析工具逐渐进入环境学、生命科学等领域。但是,研究发现基于 BODIPY 染料的荧光探针还有一些关键问题需要解决:一是要能适用于近似生物环境的水溶液体系,并且有高选择性和高荧光量子产率;二是荧光波长最好可以近红外,因为在分子影像领域应用中,对生物体进行实时、原位测试时,近红外波长能减少对细胞的损伤,同时能减少背景荧光的干扰。

研究者从各个角度探索与 BODIPY 染料有关的有机分子,试图在众多的研究结果中找到 BODIPY 类有机荧光分子探针之间的某种联系,进而探索设计荧光分子探针的一些思路。

1. 溶剂极性对 BODIPY 类荧光分子探针的影响

研究发现 BODIPY 染料的最大吸收峰很少受取代基 R 的电子性能影响,发射波长也很少受其影响。但是图 3-3(a)的 BODIPY 染料在 THF 溶液中有强且尖锐的 627～641 nm 吸收带,最大发射峰在 636～652 nm。因为受螺旋荧光团的限制,BODIPY 核的刚性增加,激发态的非辐射衰退减少,荧光量子产率增加,吸收和荧光光谱向红移,图 3-3(b)显示了在 365 nm 激发下发射的长波长荧光。

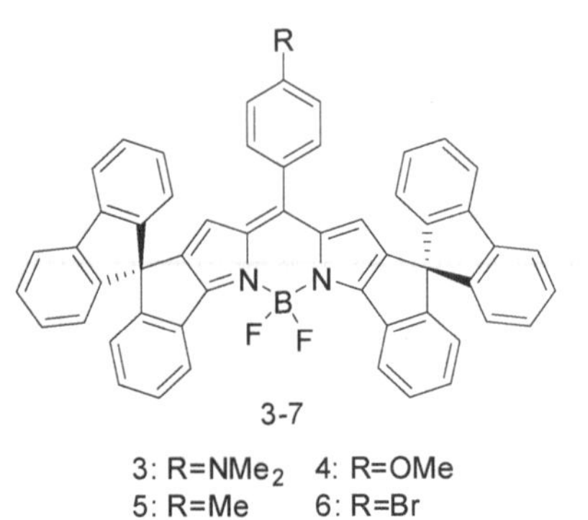

(a) 分子结构

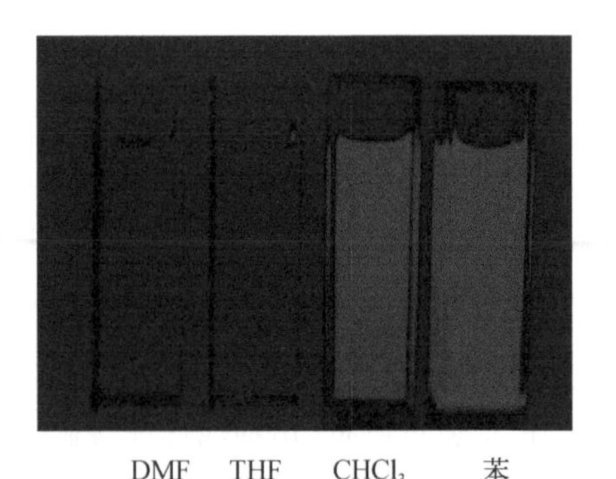

(b) 不同溶剂中的荧光发色

图 3-3 BODIPY 荧光分子探针

进一步分析表明，化合物3在所有溶剂中的吸收峰和荧光峰的位置很少受溶剂的介电常数影响，而荧光量子产率在每个溶剂中都有变化，当使用介电常数高的DMF时，化合物3的荧光量子产率是非常低的($\Phi_F=0.06$)，而在介电常数相对低的溶剂，如氯仿和苯中，表现出了高的荧光量子产率(分别是0.73和0.78)，这是因为在极性大的溶剂DMF中，从N,N-二甲基氨基苯基到BODIPY核的PET过程更容易发生，所以可能是PET机理导致了荧光猝灭。

另外，分子中电子转移的可行性研究表明，从电子给体(N,N-二甲基氨基苯基)到电子受体(BODIPY核)的难易程度可通过Rehm-Weller公式进行评价，结果表明，电子转移按下列顺序进行得更容易：在DMF中>在THF中>在$CHCl_3$中，在THF中发射峰明显消失($\Phi_F=0.16$)[图3-3(b)]，所以荧光激活的临界值应该在$CHCl_3$和THF之间[44]。

Sunahara组[45]报道了图3-4的系列BODIPY化合物，BODIPY化合物遵从PET机理：电子从给体转移到受体，荧光团的荧光被猝灭。

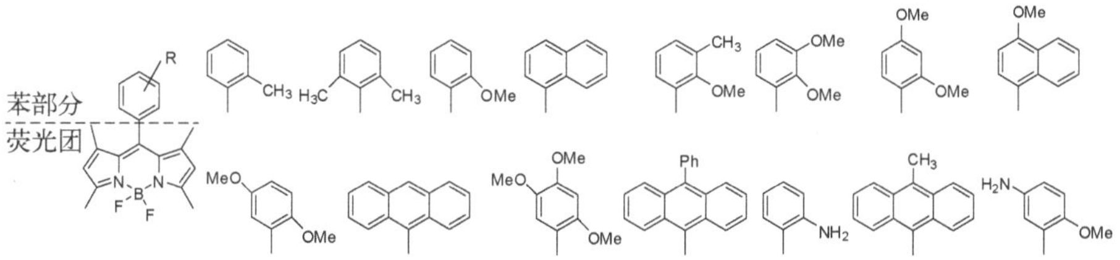

图3-4　BODIPY化合物的结构式

在B3LYP/6-31G level上计算荧光量子产率和R位置的HOMO能级之间的联系，得到在DMSO中荧光激活的临界值在$-0.21\sim-0.20\ E_h$。在己烷中，所有衍生物的荧光最强，导致临界值无法测定，说明在己烷中通过PET过程猝灭荧光需要一个更高的HOMO能级；在其他溶剂中，随着溶剂介电常数的下降，荧光激活临界值的位置处于更高的HOMO能级，BODIPY的荧光被PET过程猝灭。荧光团和猝灭剂之间的电子转移程度可以从自由能(ΔGeT)的变化上判断，在循环伏安曲线实验中，当溶剂极性下降(从DMSO到CH_2Cl_2)，电子给体的氧化势增加，BODIPY荧光团的还原势下降，说明在弱极性溶剂中很难氧化电子给体和还原荧光团。研究表明，氧化还原势影响ΔGeT和电子转移速率，荧光激活临界值受溶剂极性影响的主要原因是ΔGeT发生了变化，ΔGeT值在弱极性溶剂中向正值变化，而在弱极性溶剂中荧光的

淬灭需要更负的 ΔGeT 值,根据 Rehm-Weller 公式,PET 过程自由能变化不但受 R 部分的给电子能力的影响,而且受还原势和荧光激发能的影响,电子转移过程在高极性溶剂中更容易发生。

研究表明 BODIPY 衍生物的 R 部分有高的 HOMO 能级作为 PET 的电子给体,BODIPY 荧光团的 2,6 位的乙烯基容易被还原,BODIPY 荧光团的还原势由于引入乙烯基数值向正值变化。基于 PET 过程的受溶剂极性影响的 BODIPY 衍生物可作环境敏感荧光探针。

2. BODIPY 类荧光分子探针的有关机理分析

作为探针分子,BODIPY 染料的受体部分是探针分子的重要部分,它直接影响对底物分子的选择性和检测限等参数。Erten-Ela 组[46]设计了图 3-5(a)的 BODIPY 染料敏化剂 8 结构、图 3-5(b)的轨道模拟图和图 3-5(c)的实验谱线。

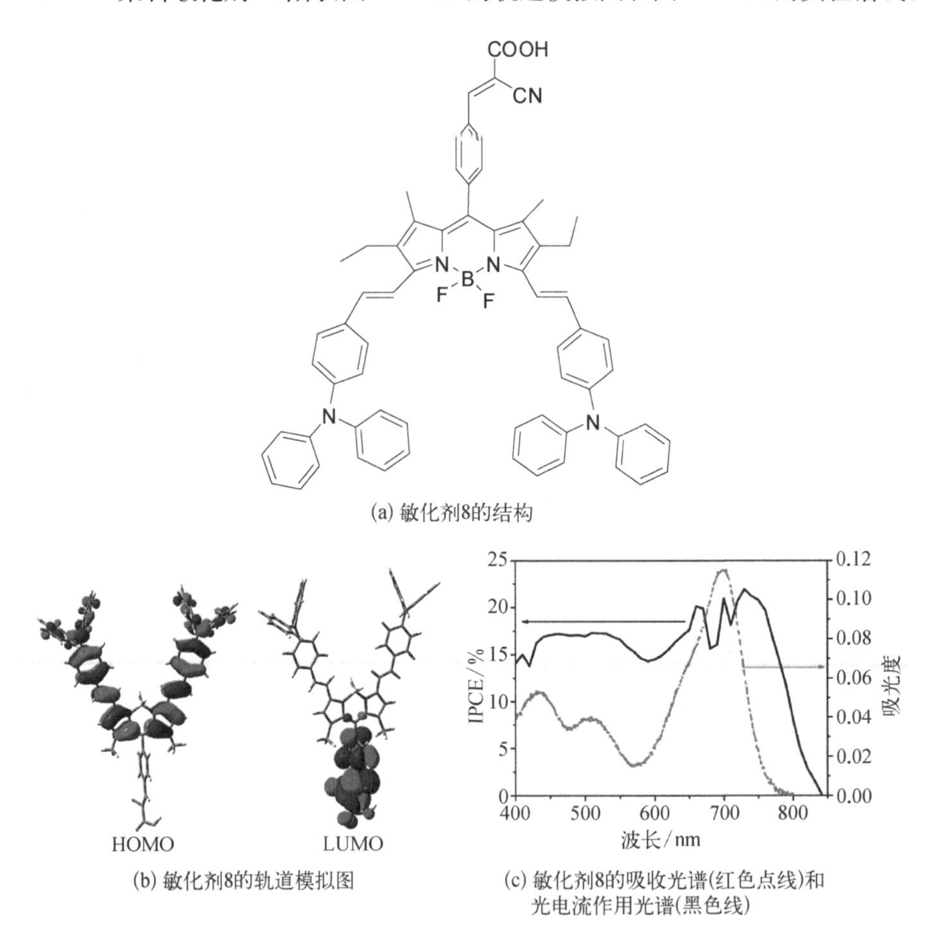

图 3-5　BODIPY 染料敏化剂 8 的结构及性能

敏化剂 8 的 DFT 计算支持激发态电荷的定向移动，HOMO 轨道由 BODIPY 和苯乙烯基的 π 骨架组成，有明显的二苯基氨基的 π 电子的贡献[图 3-5(b)]。而 LUMO 轨道被限制在固定基团的 π 系统里，图中可观察到 $\pi-\pi^*$ 类型垂直方向的激发使电子密度从 BODIPY 核移动到苯乙烯基的 π 骨架和下垂的羧基部分上。敏化剂 8 在氯仿溶液中有相当宽的吸收峰，如图 3-5(c) 所示，在短波长处两个增加的跃迁是这种染料全色的表现。

Yuan 组[47]报道了图 3-6 中的 BODIPY 化合物 9，在 BODIPY 和罗丹明之间的 FRET 过程构成罗丹明两个状态的同分异构体，时间分辨纳秒荧光实验证明从激发态 BODIPY 到罗丹明的分子内能量转移。由于 PET 过程，BODIPY 的光谱为弱发射；加入一种特殊离子后，PET 部分被限制，505 nm 的发射增强；用另一种离子处理可使无色的罗丹明螺旋内酰胺状态变为红色的开环形式，吸收光谱出现新带和在长波长处强的荧光带；加入所有离子后，诱导 PET 过程减少，FRET 过程转向开的状态。

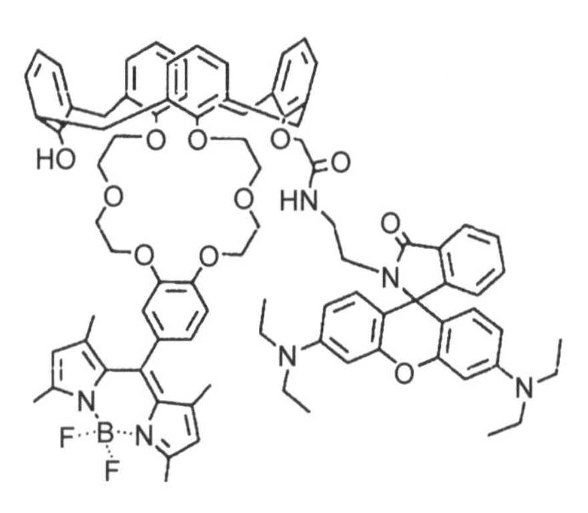

图 3-6　化合物 9 的结构式

向化合物 9 的乙腈溶液中加入 Hg^{2+}，在 585 nm 处出现罗丹明的特征吸收峰，这是由罗丹明离域的呫吨部分变成开环胺形式引起。Cu^{2+}/Zn^{2+} 的响应时间要长很多，其他离子没有响应。化合物 9 的 505 nm 处吸收峰为 BODIPY 特征峰，加入 Hg^{2+} 后，在 505 nm 处下降，585 nm 处上升，等吸收点在 541 nm 处，Hg^{2+} 诱导罗丹明基团形成开环状态，585 nm 处是典型的罗丹明发射带。除了加入 20 eq 的 Ba^{2+} 在 505 nm 处有 15 倍的荧光增加，其他离子没有响应。这表明化合物 9 能作为荧光比值探针。紫外灯下观察到加入 Hg^{2+} 后化合物 9 的发射从亮绿到橘色。化合物 9 对 Ba^{2+} 有高选择性，氧杂-冠-6 环上氧原子的孤对电子通过 PET 机理淬灭 BODIPY 部分的发射，加入 Ba^{2+} 后，受体抓住 Ba^{2+} 导致氧对 BODIPY 部分的给电子能力减少，PET 过程部分被禁阻，引起荧光增加。加入 Ba^{2+} 是 PET 机理，加入 Hg^{2+} 是 FRET 机理，同时加入 Ba^{2+}/Hg^{2+}，PET 过程被禁阻，FRET 被打开，绿色发射被有效淬灭，红色发射更强，这些现象能用组合循环圈理论分析。

3. BODIPY 类荧光分子探针的结构研究

探针分子的结构关系到波长位置、荧光量子效率、颜色变化等，Burgess 组[48]报道的探针分子的芳基部分被限制旋转，它们的吸收和荧光在长波长处更强烈，量子产率更高，作为荧光标签应用更广泛。

Kolemen 组[49]合成图 3-7 中系列 BODIPY 染料的 3,5 位有甲基，化合物 10 中 meso(内消旋)位芳基取代是正交的。化合物 11 中苯基加强了从推电子基团到拉电子基团和束缚电子的终端羧基的电荷转移，二苯基氨基苯基电荷给体的对甲氧基能提高激发态电荷转移。为了减少聚集诱导失活，化合物 12 中包含了两个癸基链在 meso 位苯基取代。氰酸衍生的拉电子基团被接到 BODIPY 核的 2 位，含氰基的异乙炔基和 BODIPY 荧光团能完全结合。

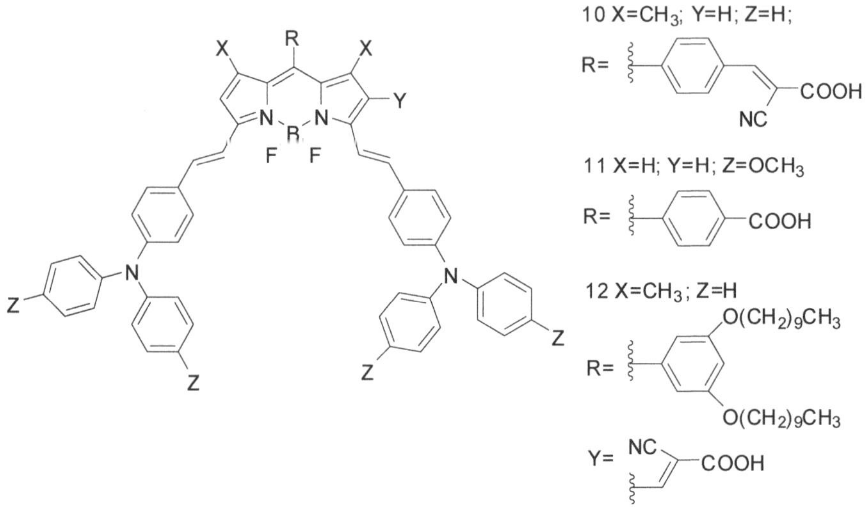

图 3-7 Kolemen 组合成的敏化剂结构

理论计算表明，在激发时电荷重定位在 meso 位碳原子上是有意义的，这是 BODIPY 的特点，化合物 10 和化合物 11 利用了这个特点，在 meso 位上连接了电子接受/束缚基团。化合物 12 的束缚基团在不同的位置上，强迫电子流动到一个交替的位置，电荷转移的效率明显要低。数据表明，含氰基酸衍生束缚基团比简单的羧酸基团作为拉电子基团和束缚基团更有利。

不对称硼化合物因为容易分解和转化，合成的产率很低。Haefele 组[50]报道了图 3-8 中荧光探针的氟原子被各种功能取代基取代，二吡咯亚甲基上连接合适的取代基，构成结构对称的 B* - BODIPY(16rac)。接着在吡咯单元上引入甲酰基，通过和氟的氢键作用，稳定了结构，并使结构不对称。结构对映体在室温日光下能稳定转化，硼原子成为手性中心，与选择性识别基团连接后，在手性环境中能够用作荧光手性的识别。

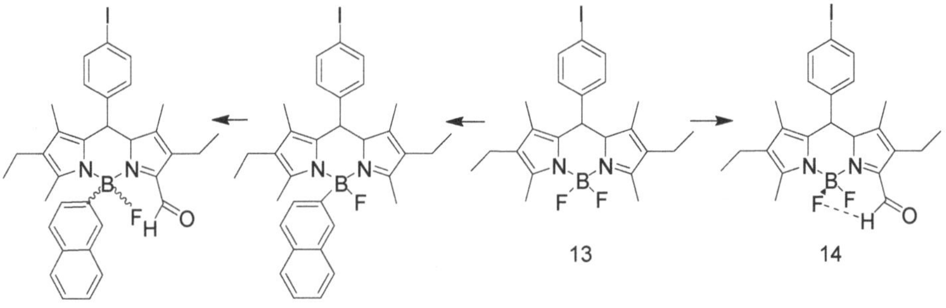

图3-8　B*-BODIPY外消旋化合物的合成

BODIPY类荧光染料是一个有发展前景的荧光团，荧光量子产率高，在生物细胞中能产生有效的图像。前期一些报道提到BODIPY作为检测氟离子的荧光团，在发射波长上荧光减弱及灵敏度不高。另有报道科研小组设计了6-羟基吲哚基BODIPY，BODIPY-OH，通过控制酚/酚盐转换表现出有意义的光谱位移[51]。因为在BODIPY单元中合并了6-羟基吲哚，形成大的共轭，在644 nm波长处被激发，阴离子形式的荧光团在676 nm波长处的荧光较强（在近红外区），而在同样条件下，中性形式的荧光团基本没有荧光。这个现象能够用来设计比色和高开关比例的近红外荧光增强探针。

3.2　DCM　类

DCM(dicyanomethylene-4*H*-pyran chromophores)染料因为有优良的光物理性而受到化学家的关注，DCM是典型的给体-π-受体体系（图3-9），有来自ICT过程的宽的吸收峰。DCM有长波长发射（红光）、量子产率高等优点。

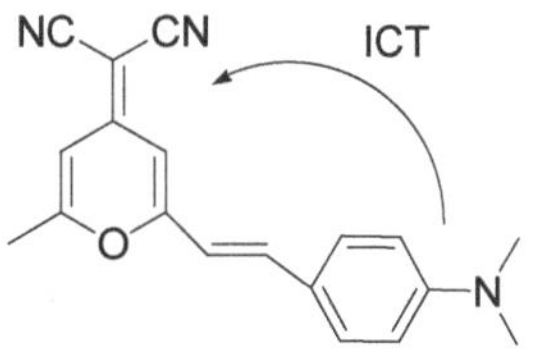

图3-9　DCM荧光团中ICT过程的原理图

1989年，Tang[52]等首先将DCM染料作为荧光掺杂材料引入有机电致发光二极管中。迄今为止，由于有好的光电性能和容易修饰的结构，许多 DCM 染料衍生物已经被合成并应用于荧光探针、逻辑门和光伏传感器等领域。

焦磷酸盐阴离子(PPi)在生物能量学和代谢过程如细胞信号传导和蛋白合成中有广泛的应用。通常金属化合物比水容易能络合阴离子，因此金属离子化合物作为 PPi 的络合基的应用成为最常用的方法。Zhu 组[53]发展了金属化合物基荧光探针 DCCP - Cu^{2+}(图 3 - 10)，该研究对 PPi 在长波长处荧光增强，量子产率高。游离 DCCP 发射带在 650 nm 处，有来自 DCM 荧光团(λ_{em}=595 nm)的 ICT 过程。DCM 中引入一个苯环单元导致 55 nm 的红移。Cu^{2+} 加入 DCCP 中引起了荧光强度下降，原因是 Cu^{2+} 被受体 DPA 抓住，降低了氨基的给电子能力，禁阻了 ICT 过程。加入 PPi 后，DCCP - Cu^{2+} 和 PPi 形成 1∶1 络合物，络合常数 K_a 为 $4.6\times10^5(mol/L)^{-1}$，荧光强度恢复，相比之下其他阴离子恢复的荧光可以忽略，DCCP - Cu^{2+} 对 PPi 有更高的灵敏度和更好的选择性。

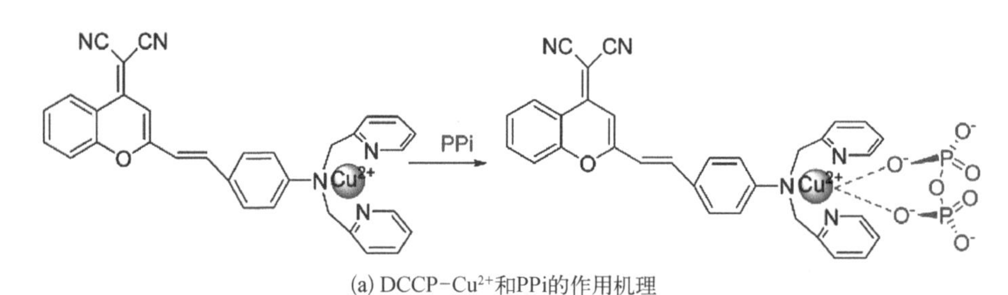

(a) DCCP-Cu^{2+}和PPi的作用机理

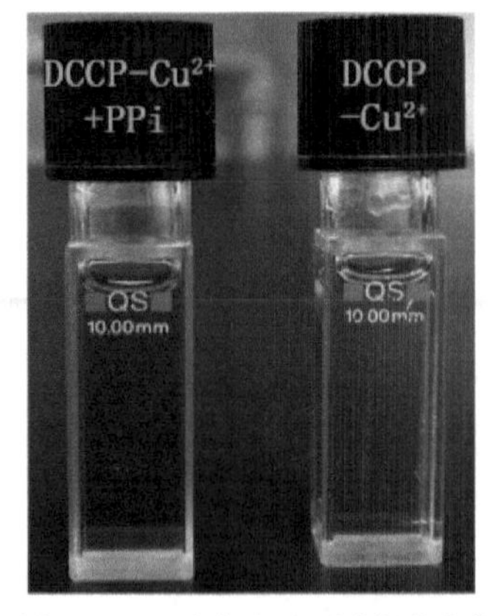

(b) DCCP-Cu^{2+}加入PPi后的颜色变化

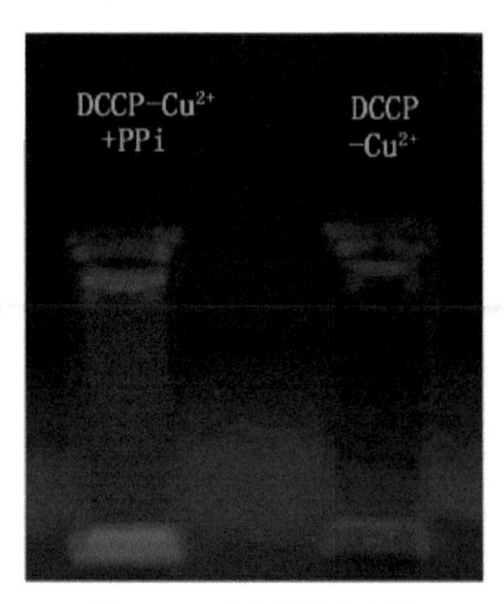

(c) 365 nm激发的荧光发射

图 3 - 10 金属化合物基荧光探针 DCCP - Cu^{2+}

朱为宏组[54]发展了含 DCM 化合物的亲水共聚物聚(HEMA-co-DCPDP)作为 Cu^{2+} 和 PPi 的荧光薄膜探针(图 3-11)。在聚(HEMA-co-DCPDP)中,聚羟乙基甲基丙烯酸酯(PHEMA)表现了高亲水性,被选择作为亲水链段来提高离子进入聚合物骨架的渗透性,DCM 荧光团被嫁接于聚合物骨架作为金属感应单元。聚(HEMA-co-DCPDP)不但表现出对 Cu^{2+} 的选择性淬灭,而且其相关金属化合物聚(HEMA-co-DCPDP)-Cu^{2+} 表现出了对 PPi 的高敏感荧光激活,在溶液中和在薄膜中超过了如 AMP、ADP、ATP、Pi 等其他阴离子。而且,低成本高亲水性的共聚物薄膜聚(HEMA-co-DCPDP)-Cu^{2+} 在石英片上对 PPi 表现了橘色-红色快响应荧光激活,这是由它的侧链的高渗透性引起的。

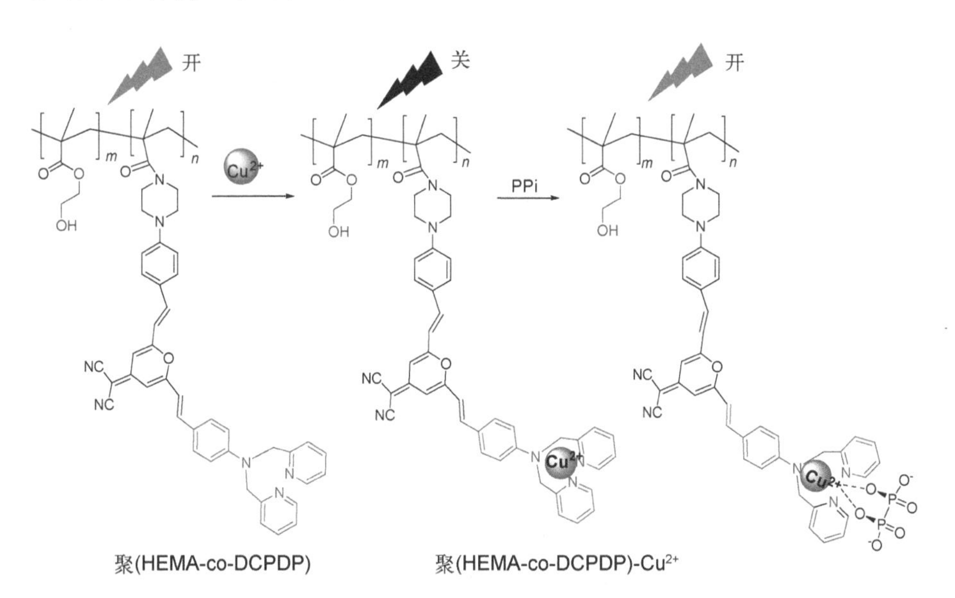

图 3-11 分别基于聚(HEMA-co-DCPDP)和聚(HEMA-co-DCPDP)-Cu^{2+} 的荧光“开-关”和“关-开”的 Cu^{2+} 和 PPi 探针的示意图

3.3 荧光素类

荧光素属于氧杂蒽类染料,荧光素类染料基本结构为 3,6 位被羟基取代的氧杂蒽。其较高的量子效率和摩尔吸光系数、良好的光稳定性、位于可见光区域吸收和发射等性质,使得这类染料有着广泛的应用。

荧光素是最常用的供体分子，其荧光发射峰处于500～530 nm，处于绿光区。荧光素和罗丹明是最常见的FRET能量供体和受体。如图3－12所示，文献报道一个基于荧光素为供体，罗丹明为受体的FRET比率型羟基自由基荧光探针[55]，在没有羟基自由基存在的条件下，当激发供体6－FAM(496 nm)时，受体5－TAMRA在576 nm处发射荧光。当遇到羟基自由基后，羟基自由基会使两个荧光团的连接键断裂，而当激发供体6－FAM的时候只能观测到其自身在518 nm处的荧光发射光谱，荧光光谱出现比率型的变化。

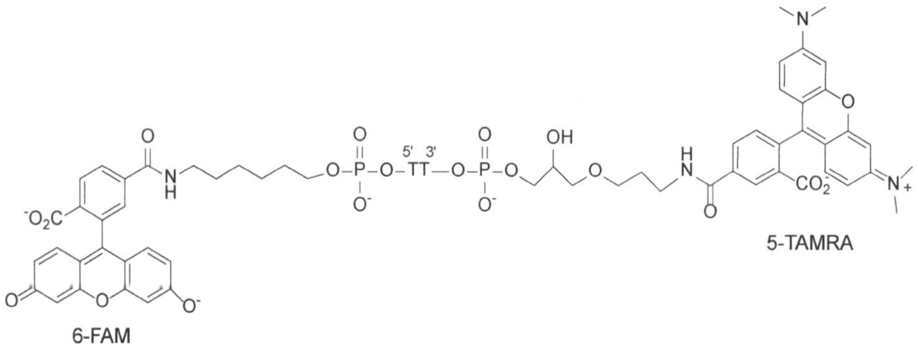

图3－12　对羟基自由基识别的FRET比率型探针

3.4　罗丹明类

罗丹明属于氧杂蒽类染料，罗丹明类染料的基本结构为在3，6位被胺基取代的氧杂蒽，通过在3位和6位引入不同类型的胺基取代基，可以获得不同吸收、发射波长的罗丹明类染料。罗丹明类染料同样具有较高的量子效率和摩尔吸光系数、良好的光稳定性、位于可见光区域的吸收和发射等性质。

罗丹明类的应用之一是作为阳离子传感器螺环化合物系统的开环，Czarnik组报道了利用罗丹明B衍生物一个开环反应设计检测Cu(Ⅱ)化学比例计探针[56]。随后，类似工作不断被发表，Tae组研究了图3－13中探针1检测Hg(Ⅱ)的技术[10]。

像预期的一样，螺内酯开环过程和Hg(Ⅱ)的组合引起了氨基硫脲的1，3，4-噁二唑环化，该研究提供了一个用于Hg(Ⅱ)检测的新的化学比例计探

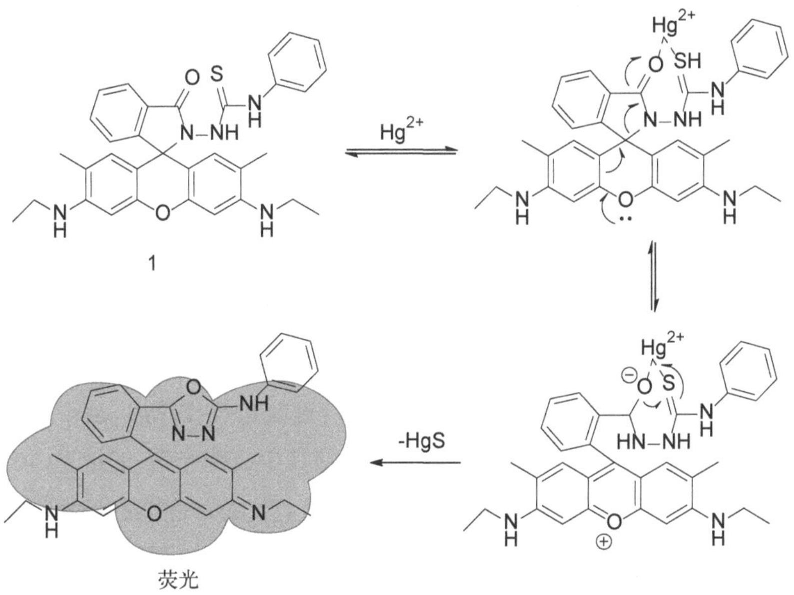

图 3－13　探针 1 检测 Hg(Ⅱ)

针[57]。近红外荧光探针 15 具有吲哚和罗丹明 B 这一对给受体荧光团(FRET 模型),该化合物与铜离子发生络合反应生成化合物(图 2－9)。

3.5　花菁类

花菁类荧光染料是使用较广的一类荧光基团,其结构一般为在两个氮杂原子间含有奇数个碳原子并且键长均匀分布的共轭发色团。这类荧光染料的吸收和发射波长较长且可调控,大部分在 600～800 nm,吸收半峰宽较窄,具有较高的摩尔吸光系数。这类染料所衍生的荧光分子探针能有效避开生物体内的自发荧光和散射光的干扰,提高了检测的灵敏度。但同时,这类染料也存在着对光敏感、易分解、光稳定性较差、量子效率较低等缺点。

3.6　香豆素类

香豆素类荧光团也是应用比较广泛的一类荧光探针母体,它含有内酯环结构，具有光稳定性好、荧光量子效率较高、Stokes 位移大等优势。通过在母环的 3 位引入吸电子基团，在 7 位引入拉电子基团，可以获得较高的量子产率[58]。哈佛大学的庄小威教授与前面的几位科学家同时开展了与之相关的研究工作(图 2-3)。香豆素的荧光发射波长通常处于蓝绿光谱，也是较为常用的能量供体。如图 3-14 所示，Chang 报道了一个以香豆素为供体、以荧光素为受体的比率型过氧化氢探针[59]，探针分子在未遇到过氧化氢前，由于荧光素经硼酸酯的“mask”作用，呈类荧光素螺内酯的环状结构，其吸收光谱处于紫外区，与香豆素的发射光谱没有交叉，所以激发香豆素荧光团时观察不到能量受体的荧光，只能观测到香豆素的蓝色荧光。与过氧化氢作用后，由于过氧化氢可以解除类荧光素中硼酸酯的“mask”作用，使其生成荧光素，能量受体荧光素的吸收光谱与香豆素的发射光谱有很好的重叠，此时荧光共振能量转移顺利发生，激发香豆素时观察到了荧光素的发射光谱，这一过程实现了 FRET 由“关”变为“开”，探针的荧光光谱红移并呈比率型变化。该探针已被成功用于细胞内过氧化氢的检测。

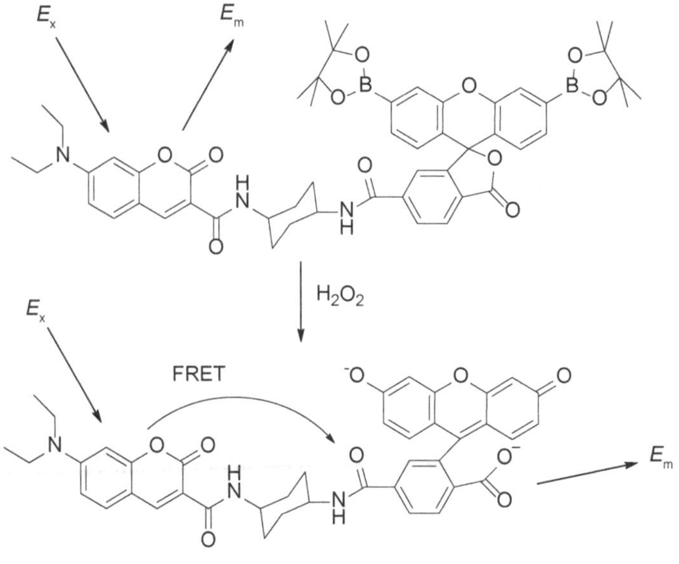

图 3-14　以香豆素为供体的 FRET 比率型过氧化氢探针

在图 2-21 中，比率型荧光比色探针 11 通过 π-共轭键相连接设计而形成，利用氰化物特殊的亲核性可检测阴离子 CN^-。通过同样的设计策略，荧光团 7-氨基香豆素能够用来合成作为中间体的 α,β-不饱和酮，最终合成得到荧光探针12(图2-22),用于谷胱甘肽的检测,其α,β-不饱和结构可以快速地与谷胱甘肽发生亲核加成反应。

3.7　吩(噻)嗪类

吩(噻)嗪类小分子荧光团具有强的推电子中心(N和S原子),其吸收和发射波长位于短波的(近)紫外区域,因此常被用于检测药物、配位化合物配体等方向,但很少单独以其作为母体荧光团。研究发现,吩(噻)嗪这一类荧光团通过分子内电荷转移机制设计,在给电子单元对位引入强吸电子单元,可以获得光谱大幅红移的近红外荧光染料。而且与普通ICT荧光团不同的是:这一类荧光团的强给体是集成在π体系内的刚性给体,其对溶剂极性的影响较扭曲性强的普通ICT荧光团更弱。一个较好的类比是具有吡啶结构的罗丹明101与具有二甲氨基结构的罗丹明B。吩嗪和吩噻嗪的区别在于母核中心是两个氮原子还是一个硫原子和一个氮原子,其中,吩噻嗪具有一个硫原子,对于次氯酸等反应氧体系来说,这是一个氧化还原反应位点。根据研究结果,通过在吩嗪N对位引入强吸电子的氰基乙酸单元构建了一个近红外的荧光化学传感器,其吸电子的氰基乙酸与吩嗪母核之间的乙烯基具有明显的电荷分离性质,可以作为巯基氨基酸的靶向位点。

近年来,多个研究组报道了具有高量子效率、较好的光稳定性及多种发射波长的荧光探针。这些探针大部分基于优化后的商业染料,如花菁类染料、荧光素、罗丹明、氟硼二吡咯、萘酰亚胺、吡喃腈等[60-65]。这些材料在发光和生物相容性方面的性能都非常优异。然而,对于染料在生物环境中常常造成的聚集荧光淬灭性质,成熟商业染料都显示出较差的适应性。此外,为了检测强氧化性的次氯酸体系,要求选择的荧光探针分子必须具有可靠的抗氧化能力,保证在强氧化性环境下仍能输出稳定的光信号。1985年,布鲁贝克等人报道了用次氯酸钠脱硫的技术。这一技术对于煤中有机硫的组成部分——吩噻嗪衍生物的反应机制引起了关注。如图3-15所示,在次氯酸作用下,吩噻嗪的硫原子会发生氧化,形成亚砜或砜的结构。研究人员还发现,这个反应同样可以在加热条件的过氧化氢环境下实现[66]。与次氯酸的温和反应相比,过氧化氢需要更高的温度来实现这一转化,从探针的角度来说,也就意味着这一识别机制对次氯酸具有更好的选择性。更重要的是，吩噻嗪材料氧化前后的两类物质都具有荧光发射，这表明吩噻嗪是设计双通道比率型荧光传感器的一个合适的染料母体。

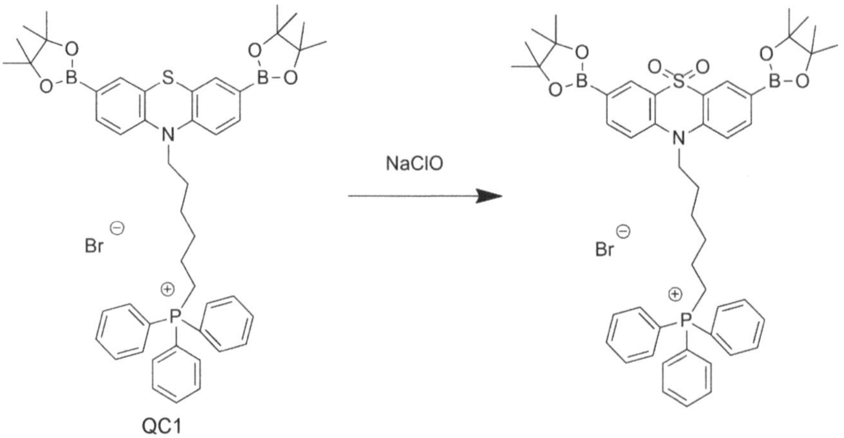

图 3-15　探针 QC1 及其对 NaClO 的识别机理

在吩噻嗪母体的基础上，进一步引入两个位阻型硼酸酯的结构，以降低吩噻嗪的大 π 结构平面性，从而抑制染料刚性共轭平面的 π-π 堆叠作用。在吩噻嗪的 N 原子上引入的三苯基季鳞盐大位阻单元也用于设计增加传感器的空间位阻效应。

吩嗪类染料本身的吸收与发射都在近紫外区域，是一种常见的生物代谢物和金属配合物配体。2013 年，花建丽教授课题组通过在吩嗪 N 对位引入吸电子的醛基与丙二腈，构建了一个 ICT 型的吩嗪近红外染料体系。这一系列近红外染料，利用吩嗪还原后两个芳胺的强推电子性质，在很小的分子结构上获得了超过 700 nm 的荧光输出信号。譬如基于这一设计构建的探针 3 和 4[67]，都是用于检测 CN^- 的具有高选择性和高灵敏度的探针(图 3-16)。探针 3 是一个具有两个二氰基乙烯基作为反应性位点的开-关型近红外荧光探针，荧光发射在 730 nm 处变化，其检测限很低，能达到 5.77×10^{-8} mol/L，颜色发生显著的变化，肉眼可观察到从深紫色变成无色。探针 4 携带一个甲酰基和一个二氰基乙烯基团，随着氰根离子的加入，在 720 nm 和 630 nm 处展现出明显的成比率的近红外光谱响应，因此得到了一个具有高选择性、更灵敏的化学传感器，其检测限只有 2.31×10^{-8} mol/L。

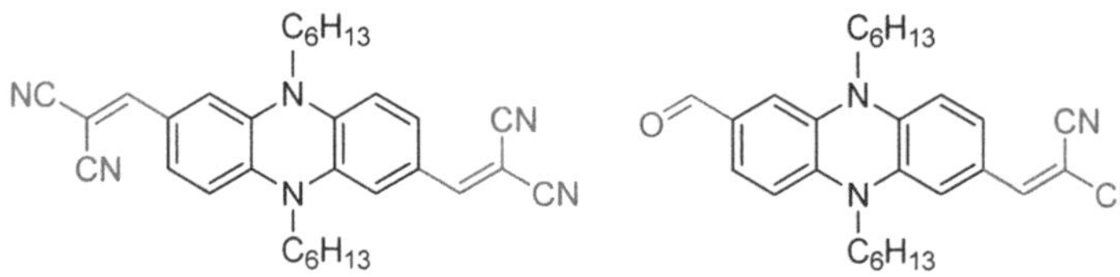

图 3-16　探针 3 和探针 4 的结构式

探针 5 和 6[68]是另一系列吩嗪类近红外荧光探针，通过引入吲哚单元实现了光谱的大幅红移。两个探针对氰根离子具有高灵敏度，检测限分别是 1.4 μmol/L 和 200 nmol/L，且对其他阴离子具有较强的抗干扰能力（图 3-17）。由于作为给体的吩嗪和受体吲哚之间的 ICT 作用的影响，吩嗪-菁染料荧光团发生淬灭作用，从而使染料 5 和 6 在初始状态荧光很弱。加入氰化物后，ICT 效应减弱并逐渐消失，出现明显的荧光增强。探针 5 在 630 nm 处的荧光增强，较 6 的发射波长红移是由于探针与氰根反应后，5 的结构较 6 多一个醛基，具有更强的 ICT 作用。探针 5 被应用于检测 Hela 细胞内的氰化物，并且通过共焦激光扫描显微成像证实了荧光信号的增强。

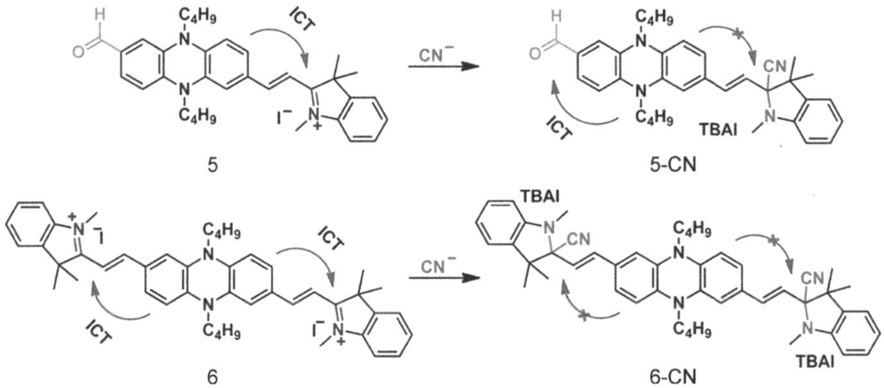

图 3-17　化合物 5 和化合物 6 的结构式

3.8　蒽、菲、芘类

稠环芳烃化合物，例如蒽、菲、芘等，都是典型的荧光基团。这类化合物最大的特点是易于发生聚集，具有激基缔合物的荧光特征。但这类化合物具有较强的毒性和潜在的致癌性，并且大多吸收波段处于紫外光区域，限制了其在生物体中的应用。目前仍有很多探针以该类荧光团为母体。

3.9 萘酰亚胺类

萘酰亚胺类荧光染料具有良好的光稳定性，其吸收波长通常位于 300～460 nm，荧光发射通常在蓝绿光区，Stokes 位移较大，光谱可调范围相对较窄，同时萘酰亚胺还具有较大的双光子激发荧光的特性，这些优点是其他荧光染料无法比拟的。萘酰亚胺中的酰亚胺一端具有强烈的吸电子能力，通过改变 4 或 5 位取代基的种类来调节其荧光光谱，结构修饰相对简单，因此大量基于萘酰亚胺类比率型荧光探针被开发出来，其在阳离子、阴离子及有机小分子的识别上尤为突出。

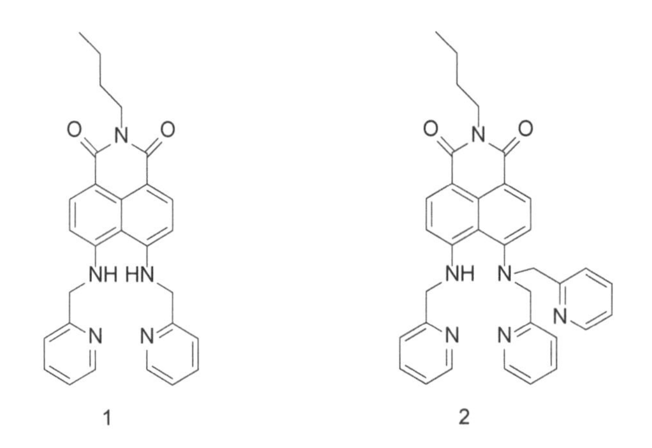

图 3-18　基于萘酰亚胺的 Cu^{2+} 探针 1 和 Zn^{2+} 探针 2 的结构式

例如 Qian 研究报道了基于萘酰亚胺的铜离子探针 1[69] 和锌离子探针 2[70]（图 3-18）。其中探针 1 是一个波长移动的比率型荧光探针，利用受体中电子供体补偿铜离子的缺电性，从而阻断铜离子与荧光团之间的电子传递或者能量传递过程，使荧光得以保持。在探针 1 与铜离子络合过程中，铜离子通过配位与脱氢双重作用改变 4 位和 5 位氮原子的供电子能力，从而改变其分子内电荷转移过程，由此来使探针的发射波长发生改变，从而实现了双波长比率检测。这就为铜离子的检测提供了量化信息。探针 2 在水溶液中能对锌离子实现专一识别，在与锌离子结合后，其吸收和荧光波长都发生了红移，分别由原来的黄色和黄绿色变成了粉红色和红色，颜色变化明显，是独特的比色兼比率型荧光探针。

Kim 研究组及 Liu 研究组分别报道了基于萘酰亚胺的氟离子反应型荧光探针 3[71] 和汞离子反应型探针 4[72]。图 3－19 中探针 3 和 4 具有相似的识别机理，利用氟离子或汞离子诱导 Si—O 键以及 C—O(CH_2 ═CH—O)键的断裂，使 4 位酰亚胺基水解释放出氨基，从而改变了萘酰亚胺的推拉电子体系，使得探针分子的荧光光谱出现红移的现象，最终获得双波长比率的变化。探针 3 和 4 的荧光颜色变化相似，氟离子或汞离子加入后，荧光颜色由蓝色变为绿色。Qian 研究组也报道了基于上述的设计模式设计的萘酰亚胺比率型荧光探针 5[73]，借助于该探针可以直观地评价癌细胞内硝基还原酶的活性。探针 3、4、5 与探针 1、2 不同，探针 3、4、5 为不可逆的反应型荧光探针，而探针 1、2 与客体金属离子的识别过程是可逆的。

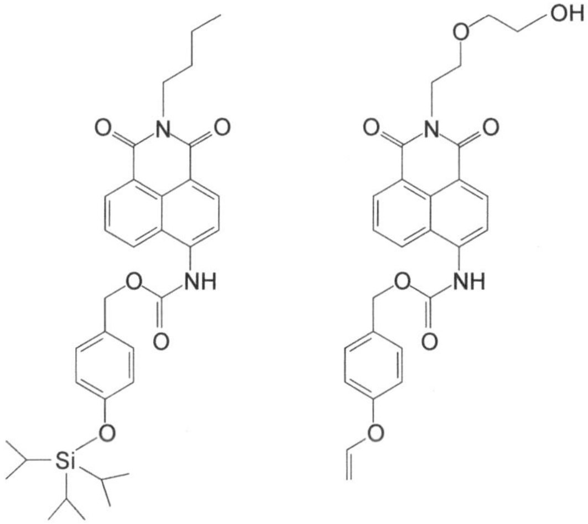

3　4　5

图 3－19　基于萘酰亚胺的氟离子和汞离子比率型探针

与吩(噻)嗪母核类似，萘酰亚胺母核也是一个集成 ICT 的小分子荧光团，其 1,8 位上的双酰亚胺提供了强的吸电子单元，因此大部分已有工作集中于在吸电子单元的对位(4 位)引入强给电子单元，并将该给电子单元设计成识别受体单元，通过调制其给电子性能实现荧光探针响应。在萘酰亚胺 4 位引入一个苯环，可以有效地提高荧光团的荧光量子效率，参考 AIE 类化合物的结构，推测苯环与萘酰亚胺萘环通过单键连接有利于增强其在聚集状态时的荧光，因此，可以设计双萘酰亚胺和苯环桥连单萘酰亚胺两个体系。

基于双联萘酰亚胺的荧光分子转子也是研究的方向之一。通过钯催化偶联反应合成了一种双萘酰亚胺串联型转子分子(BNAP)。分子转子具有极广的黏度响应范围，并且其聚集态具有与分子状态不同的荧光发射波长。在此基础上，可以实现双波长的黏度响应。与普通单波长“开-关”型黏度响应探针不同，该转子由于具有分子短波荧光和聚集态长波荧光两类本质上不同的荧光，通过对二者进行比率计算，可以有效避免环境带来的误差。通过光物理性质的研究发现其在聚集态时具有聚集发光的性质，并且与普通 AIE 发色团不同的是：该转子型分子在自由旋转状态时，单一的萘酰亚胺荧光团仍然可以输出短波长的荧光。通过结构对比发现，大多数 AIE 活性染料在自由分子状态时缺乏有效的共轭结构。例如，四苯乙烯类染料(TPE)在普通的有机溶剂中没有荧光，这是因为其在自由旋转状态时，四个苯基与乙烯基处于不共轭状态，任一独立单元都不具备足够大、能够发射可见光的共轭体系。而 BNAP 的两个单一平面都具有明显的分子内电荷转移特征，保证了局部发射可见光的能力。如图 3-20 所示，BNAP 的每半部分都是独立的发射器，它可以在短波长处输出荧光信号。一旦 AIE 荧光团形成了聚集态，其半部分的“π-A”就会趋于结

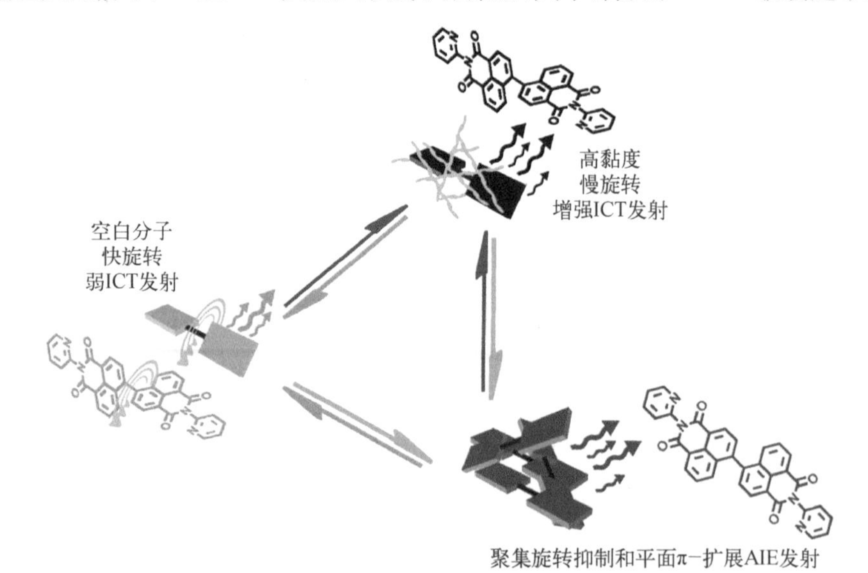

图 3-20　串联型萘酰亚胺荧光转子(BNAP)在低黏度、高黏度及聚集态时的工作示意图

合为一个更大的"A－π－π－A"平台，并且发射波长较长的光子。由于萘酰亚胺衍生物具有更好的荧光效率和这一新发现的聚集态的发光性能，所以BNAP是一个很好的研究对象，可以提供一个在不同波长通道的两种发射状态的新型荧光传感器系统。在自由分子状态，BNAP显示了强的分子内电荷转移效应的性质，发射波长随溶剂极性的变化实现了从405 nm到453 nm的红移，其发射波长能量与溶剂极性呈较好的相关性。BNAP在水中呈聚集状态，其发射光谱可以红移到473 nm，并且在固体粉末时发射光谱带能进一步红移到500 nm。

刘和田第一个报道了基于Hg^{2+}激发分子间环化鸟苷酸化的荧光化学比例计[74]。其间，合成和研究了一个新的萘酰亚胺衍生物(10)。当衍生物10本身在290 nm被激发，发出黑绿光，最大发射波长在530 nm处，Hg^{2+}加入衍生物10的溶液中引起硫脲的环化，形成一个深的黑蓝绿色荧光化学比例计，最大发射波长在475 nm(图3－21)。

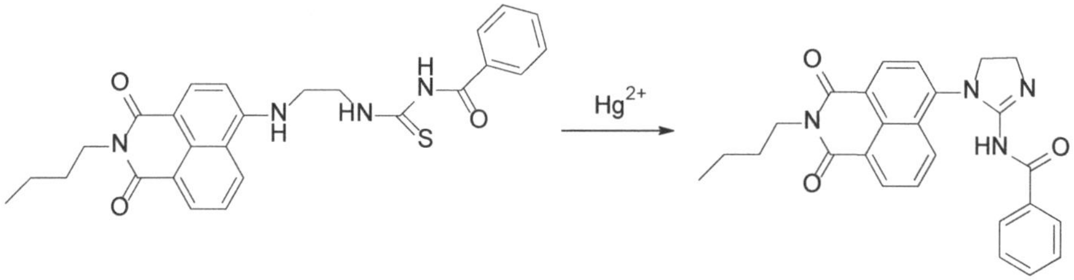

图3－21　衍生物10对Hg^{2+}的作用机理

1,8－萘二甲酰亚胺是一类具有强ICT性质的小分子荧光团，如图2－23所示，化合物13和14能够高效地络合阳离子，可以选择性识别钙离子。

在基于二硫氨基甲酸酯保护基团裂解的基础上，设计合成了萘二甲酰亚胺衍生物59(图3－22)，它是一个能够在生理过程中检测谷胱甘肽(GSH)的

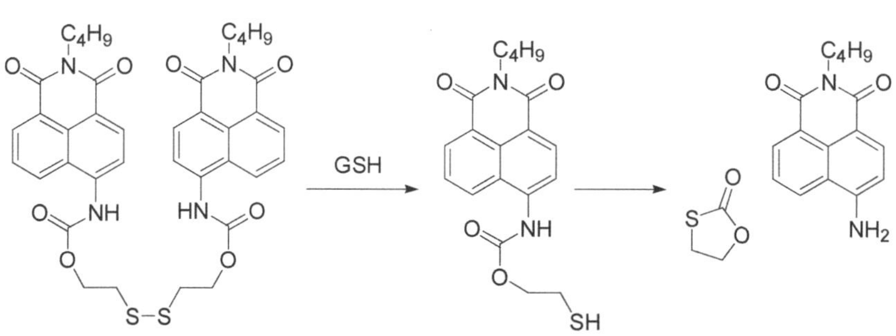

图3－22　化合物59的传感机理

发光化学传感器[75]。化合物 59 与硫醇的反应是由二硫氨基甲酸酯保护基团的裂解,导致内部电荷转移发生显著的变化引起的。化合物 59 已成功地应用于活 Hela 细胞的硫醇的生物成像中。

Ramaiah 等人报道了基于萘酰亚胺和丹磺酰胺的 FRET 比率型铜离子荧光探针[59],如图 3-23 所示,萘酰亚胺与丹磺酰胺的吸收光谱极为相近,在没有铜离子存在的条件下,激发萘酰亚胺发色团,由于萘酰亚胺的发射光谱与丹磺酰胺的吸收光谱重叠,从而发生荧光共振能量转移,可以观测到丹磺酰胺的荧光发射(525 nm);当加入铜离子后,铜离子与丹磺酰胺结合,使得丹磺酰胺的吸收光谱出现蓝移,其与萘酰亚胺的发射光谱重叠较小,荧光共振能量转移不能发生,所以当激发萘酰亚胺时,只能观测到萘酰亚胺的荧光峰(375 nm),从而实现了比率识别铜离子。然而由于该探针的激发波长为 337 nm,处于紫外光区,在用于生物样品中铜离子的检测时,较短的激发波长会对生物样品造成损伤。该工作具有重要的理论意义,为设计通过光谱调节调控 FRET 过程的比率型荧光探针提供了新的思路。

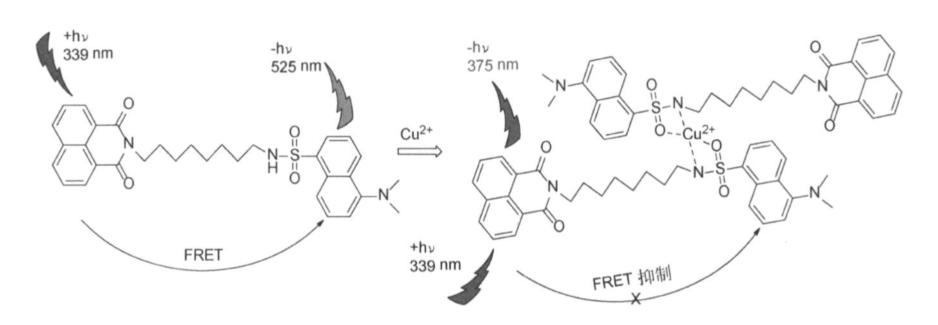

图 3-23 铜离子 FRET 比率型荧光探针

3.10 硝基苯并-2-氧杂-1,3-二唑荧光团类

3.10.1 苯并-2-氧杂-1,3-二唑类化合物

苯并-2-氧杂-1,3-二唑(Benz-2-oxa-1,3-diazole, BD)类化合物(图 3-24)具有抗炎生物活性。1886 年,这类化合物被 Von Iinski 和 Koreff 两位科学家首次发现[76]。研究表明,这类化合物的硝基衍生物有防辐射、防白血病和抗癌等功能。除此之外,在工业生产中,这类化合物还常用在照相乳胶

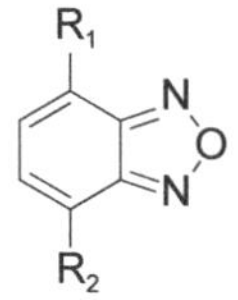

感光促进剂、金属抛光剂、防腐剂及电池去极剂等方面。20世纪80—90年代，人们对BD结构的不同位置的取代进行了详细的研究，特别是日本Kazuhiro Imai课题组。Kazuhiro Imai等人的研究结果显示：(1) BD类化合物在R1位和R2位分别连接供电子基团和吸电子基团会形成分子内显著的电子"推-拉"体系，符合ICT机理要求，分子具有荧光。(2) 改变R1位和R2位的取代基会导致荧光性能的变化。(3) 在所合成的70多种不同R1位和R2位取代的BD类化合物中，依据R1位和R2位的哈米特取代常数的总和与差值，将具有高荧光强度的BD类化合物分成了两类[77]。该课题组的研究成果为后来基于BD结构的荧光探针设计打下坚实的理论基础。

图3-24　苯并-2-氧杂-1,3二唑的结构式

3.10.2　硝基苯并-2-氧杂-1,3-二唑荧光团衍生物的研究进展

硝基苯并-2-氧杂-1,3二唑(Nitrobenz-2-oxa-1,3-diazole, NBD)是苯并-2-氧杂-1,3二唑结构中7位被硝基取代的一类化合物。该类化合物是BD类化合物中一种重要的化合物，在荧光方面也被认为是一类重要荧光基团，其系列胺基衍生物具有摩尔吸光系数大、荧光量子产率高、对环境变化灵敏及荧光发射波长在可见光区域等优点。硝基是一个强吸电子基团，当4位上被一个氨基或者胺类取代形成胺基衍生物时，形成分子内电子"推-拉"体系，产生分子内电荷转移，从而形成典型的ICT荧光团。4-氯-7-硝基苯并-2-氧杂-1,3二唑(4-Chloro-7-nitrobenz-2-oxa-1,3-diazole, NBD-Cl)和4-氟-7-硝基苯并-2-氧杂-1,3二唑(4-Fluoro-7-nitrobenz-2-oxa-1,3-diazole, NBD-F)是常用的两种氨基衍生化试剂。早在20世纪80—90年代，人们常用这两种衍生化试剂对氨基酸进行柱前衍生化，用于荧光高效液相色谱分析，定量检测氨基酸[78]。2001年，Kazuhiro Imai课题组对NBD的研究进展进行了总结，2013年北京师范大学邢国文教授课题组也对NBD荧光探针研究进展进行了总结报道。近些年，随着交叉学科的兴起，荧光探针技术在各个领域的应用，特别是对生物体系内目标物的检测成为研究热点。NBD作为一个小分子荧光团(相对分子质量小于200)，本身具备一定的生物活性，NBD依靠自身众多荧光优点，使人们认识到它在荧光探针方面的开发潜力，研究方向渐渐开始向着荧光探针设计方面发展。目前，已经报道

基于 NBD 设计的荧光探针大体分以下几大类：阳离子探针、阴离子探针、小分子探针、荧光标记探针等。

3.11 噁嗪类

噁嗪类染料也是常用的荧光团之一。

Kim 组研究了基于 ICT 机理的氰根离子探针在加入 CN^- 后引起双重颜色和荧光变化的现象[79]（图 3 - 25）。

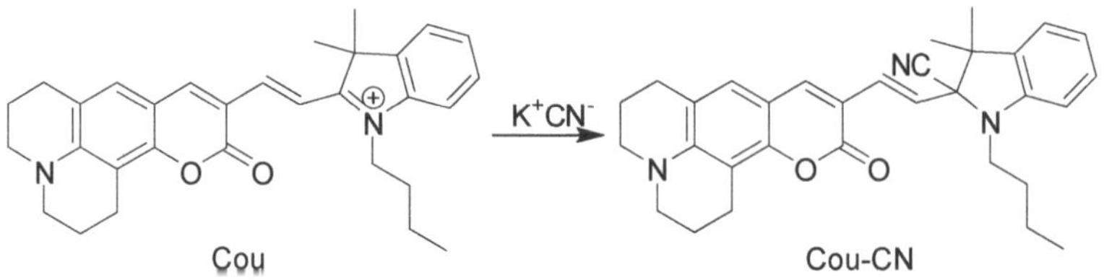

图 3 - 25 化合物 Cou 和产物 Cou - CN 的结构式

在 12 种离子中只有 CN^- 有颜色变化，紫外光下从黑蓝色变为黄色，荧光从弱蓝变为强绿，紫外吸收在 $H_2O—CH_3CN$（体积比为 5∶95）中有 398 nm 和 609 nm，加入 CN^- 后 398 nm 红移到 409 nm，609 nm 处全部消失，ICT 过程从 coumarin N 原子到正离子的吲哚基通过共轭的双键发生。但是 ICT 过程被加入的 CN^- 和化合物 Cou 反应所打断，因为 CN -对化合物 Cou 的—C ═ $N^{\oplus-}$ 亲核加成破坏了吲哚的共轭。在 490 nm 的等吸收点说明 CN^- 和化合物 Cou 反应产生了新物种。在 484 nm 处荧光增加，而其他钾盐离子没有这个变化。

用 Gaussian 03 在 6 - 31G* 计算 DFT，表明在香豆素和吲哚基团之间为 sp^2 杂化轨道，反应产物有接近 90 度的构成，有在香豆素垂直方向上的 sp^3 杂化轨道，化合物 Cou 和产物 Cou - CN 比较，分子结构的 π -共轭是不同的，因此 ICT 过程在产物 Cou - CN 上不能被观察到。化合物 Cou 和产物 Cou - CN 的 HOMO - LUMO 能带计算分别是 2.41 eV 和 3.37 eV，因此实验中化合物 Cou(2.03 eV/609 nm)和产物 Cou - CN(3.03 eV/409 nm)的最大吸收峰变化就能通过离域变化解释了。产物 Cou - CN 不可逆转，加入 Cu^{2+} 没有影响。

3.12　偶氮类硝基水杨醛染料

水杨醛结构上的酚羟基可以与邻位醛基上的羰基氧形成分子内氢键，活化羰基。羰基被活化后能够与氰离子发生亲核加成反应。探针与氰离子发生反应时，氰离子攻击醛基上活化了的碳氧双键，导致酚羟基上产生一个烷氧基负离子，产生的烷氧基负离子与酚羟基依靠分子内氢键相互结合，进而质子转移后形成氰醇化合物。探针与氰离子的反应过程可以通过由“激发态质子转移”(ESIPT)所产生的荧光光谱变化而明显地被观察到。通过研究加入氰离子前后原位核磁中水杨醛的醛基质子氢所对应的核磁信号峰变化也能够对这一反应现象做出更精确的阐述。有大量文献曾经报道如何基于这一原理来设计氰离子探针。

K. S. Lee 等人设计合成了偶氮类硝基水杨醛染料 1(反应机理如图 3－26 所示)。这种探针在加入氰离子之前是无色的，加入氰离子之后溶液的颜色迅速变为红色。由于羰基与氰离子反应之后能够和酚羟基形成稳定的分子内氢键，因此反应过程特别灵敏，能够远远超过 WHO 规定的检测标准[80]。

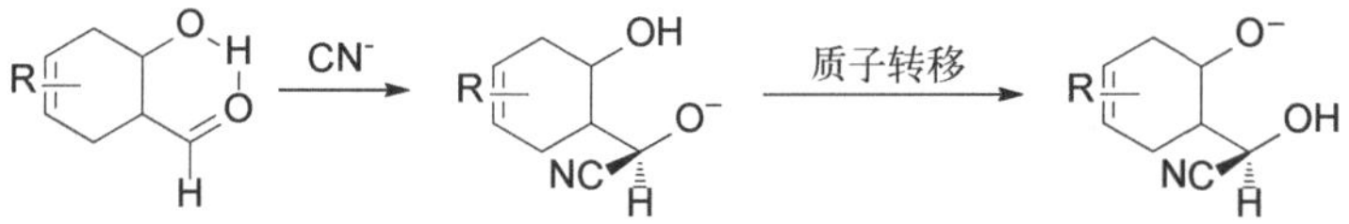

图 3－26　偶氮类硝基水杨醛染料 1 的识别机理

Malik 等人设计合成了一种新的水杨醛基荧光比率探针 6(图 3－27)[81]。此探针能够同时通过溶液的颜色变化和荧光强度的变化对体系中的氰离子进行检测。在 520 nm 的激发光照射时，加入氰离子后，化合物的荧光强度增加了 9 倍之多。化合物对氰离子的识别表现出了非常优异的选择性和极低的检出限(0.06 ppm)。加入氰离子之后荧光的“开”响应(turn-on)现象表明氰离子与探针之间是由激发态电子转移导致的，其激发态下的 TD－DFT 数据也支持这一结论。

Mongkol 等人[82]设计了一系列新的荧光染料(7、8 和 9)，这一系列氰离子探针通过炔基将显色基团和受体基团连接。显色基团的引入能够在很大程度上增加探针对氰离子识别的灵敏程度和比色效果。这些探针能够实现在水

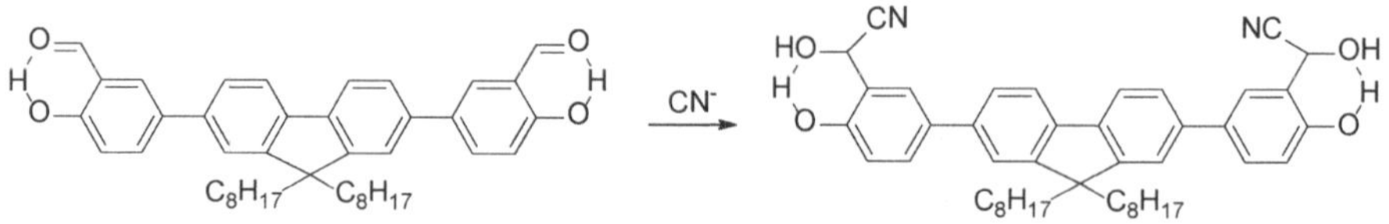

图 3-27 探针 6 的反应机理

环境中识别氰离子，并且能够检测到纳米量级摩尔浓度的氰化物，其最低检出限能够达到 1.6 μmol/L。

Ravikanth 等人[83]报道了水杨醛取代的 BODIPY 染料 10 可作为氰离子识别探针。在 521 nm 激发波长的荧光照射下，向探针所在溶液中加入氰离子，荧光淬灭，随着氰离子浓度的增加，荧光淬灭速度明显加快。通过研究探针 10 的吸收光谱、荧光光谱及其在电化学充放电的进程，能够很好地了解探针加入氰离子前后电荷转移的情况（图 3-28）。

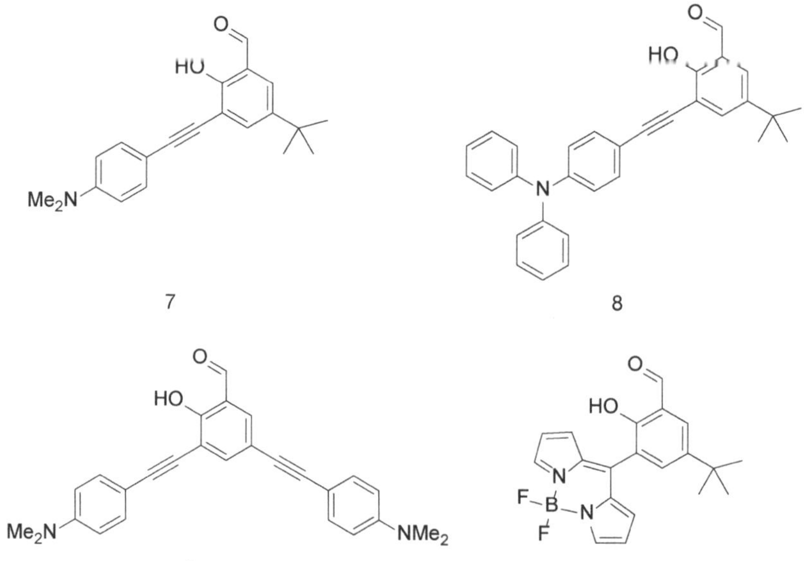

图 3-28 探针 7～10 的分子结构

3.13 苯并噻唑类

Goswami 等人[84]报道了一个氰离子荧光比率探针 11（图 3-29），探针的主体结构为2-(2-羟基苯基)苯并噻唑。加入氰离子之前在551 nm处显示绿光,随着氰离子的不断增加,551 nm处的吸收峰值强度逐渐降低,并且在436 nm处出现一个新的吸收峰,伴随着氰离子不断加入,峰值也在不断增加。探针11对氰离子的检出限极低,甚至已经远低于WHO规定的标准。

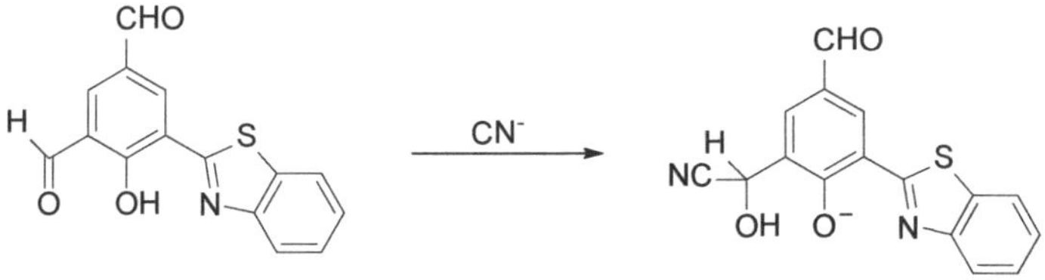

图3-29　探针11的分子结构及可能的反应机理

3.14　四苯乙烯类

图3-30中的化合物TPETPEFN形成的AIE点比量子点发出的光要亮40倍[85]。由于AIE的存在,在有限的空间密度越高,产生的亮度就越强。这在一些应用上非常有利,如组织的可视化和对癌细胞的长期跟踪,每个细胞每

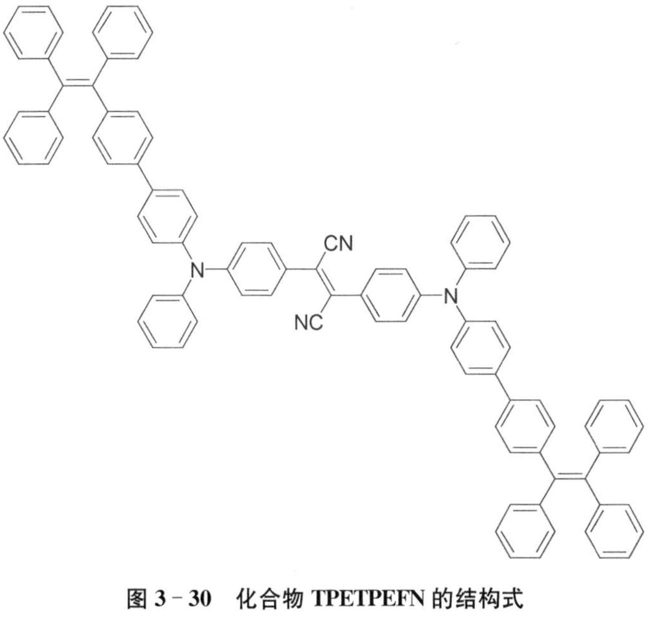

图3-30　化合物TPETPEFN的结构式

次分裂都会使纳米颗粒的数量减半。但亮度也有不利的一面：量子点产生的光纯净且颜色明亮，但 AIE 点产生一个更加宽广、更加温和的光谱。新加坡的 LuminiCell 公司，就是研究生产三种颜色和三种规格的 AIE 点。他们希望能够将 AIE 点应用到如用荧光指导手术等领域。

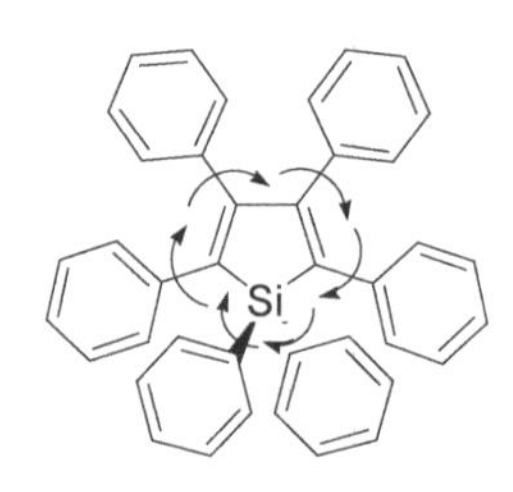

图 3－31
HPS 的化学结构

2001 年，唐本忠教授课题组发现了一个与普通荧光染料聚集荧光淬灭现象相反的发光现象：一个带六个苯基的 Silole 化合物 HPS(图 3－31)，在溶液中没有发光的现象，但是当它在硅胶板上干燥后，研究者发现了强烈的荧光[86]。

由于 Silole 类化合物的特殊荧光性质，现在大都将“在溶液时几乎没有发出荧光，但在聚集态时却能够发出较强的荧光”的现象定义为“聚集诱导发光效应”(Aggregation-induced Emission，AIE 效应)。近年来，越来越多具有 AIE 效应的荧光探针分子被设计并合成出来，并被应用于各个不同的领域，如荧光探针、有机晶体管、发光显示材料、照明材料等。

图 3－32 中列举的四苯乙烯(TPE)及 17～21 等化合物都是具有 AIE 效应的简单荧光分子[87]。其中，TPE 由于结构非常简单，容易合成，荧光稳定性好，且具有良好的 AIE 效应等优点，受到了研究者的高度关注。

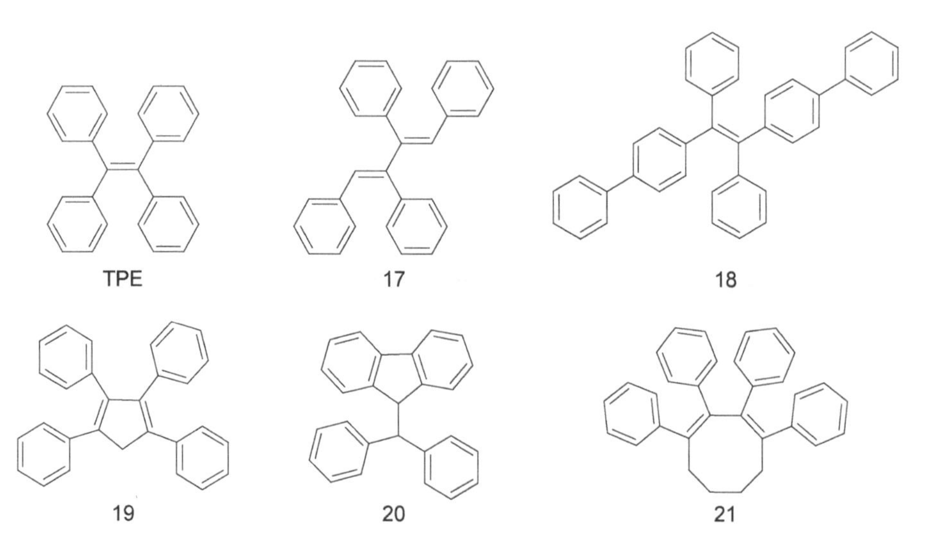

图 3－32　一些简单的 AIE 荧光分子

2008 年，张德清教授的课题组利用具有 AIE 特性的四苯乙烯，在上面连接具有可以特异性结合银离子与汞离子的腺嘌呤基团和胸腺嘧啶基团，合成了化合物 22 和 23，如图 3 - 33 所示[88]。这两个荧光探针在未与金属离子结合时，在溶液中呈分子状态，荧光暗态。只有在与离子发生络合后，多个分子与多个离子结合成为一个聚集体，才打开了 AIE 荧光的发光通道。

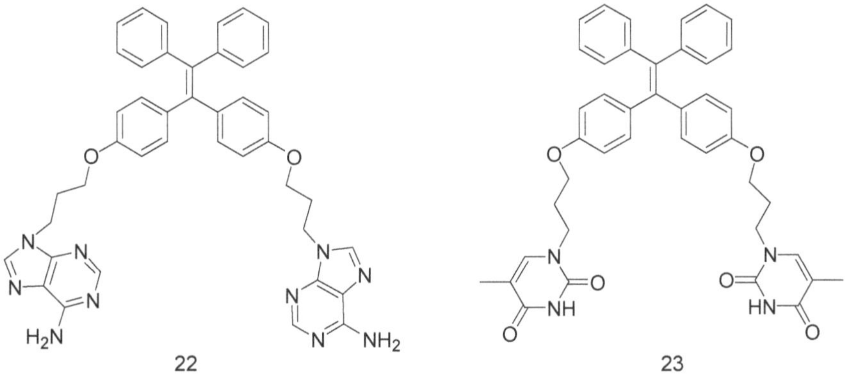

图 3 - 33　化合物 22 和 23 的结构式

李振教授等合成并研究了 TPE 的磺酸盐的衍生物 28，如图 3 - 34 所示。化合物 28 是一种具有 AIE 特性的荧光团，其对天然的牛血清蛋白具有高效的识别作用。该化合物的性质较稳定，可长时间贮存不分解。由于聚集的作用，在溶液中的 Stokes 位移较大。它在中性的磷酸盐缓冲溶液中没有荧光，向其中加入血清蛋白后，溶液发出荧光并逐渐增强[89]。

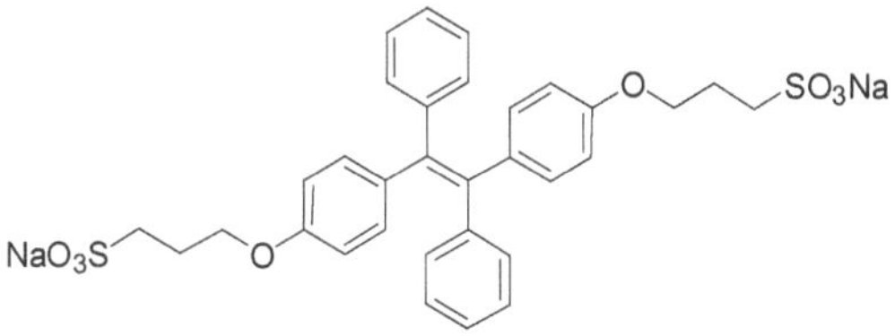

图 3 - 34　化合物 28 的结构式

3.15　其他类荧光团染料

3.15.1　由迈克尔加成合成的染料

氰化物是一种很好的亲核试剂，因此氰离子能够攻击迈克尔受体。近年来，一大批关于迈克尔加成反应原理设计的氰离子选择性探针被开发出来。Kim 等人[90]设计了一种含有 α,β -不饱和羰基的橙酮氰离子探针 12(图 3 -

35)。探针 12 本身没有荧光，然而加入氰离子后，随着化合物结构从 12－Ⅰ到 12－Ⅱ的转变，其荧光也增强了 1 300 倍，同时化合物溶液的颜色从黄色逐渐转变为无色，探针 12 的检出限仅有 1.7 μmol/L。

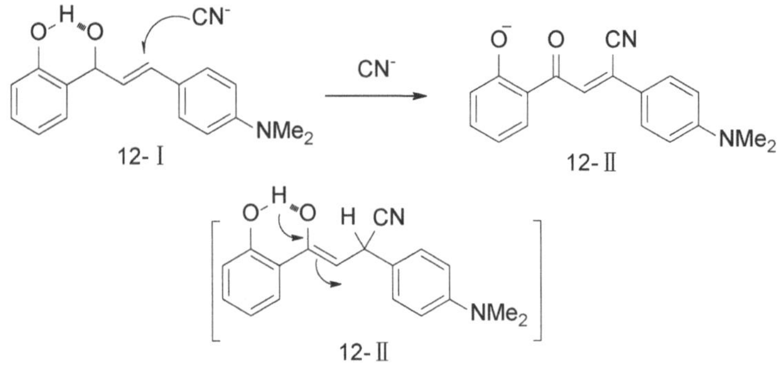

图 3－35　探针 12 的分子结构和可能的反应机理

利用氢键活化迈克尔受体的方法开发了香豆素基荧光探针 13[91]，该探针能够同时通过颜色和荧光的变化来识别氰离子(图 3－36)。通过迈克尔反应，氰离子攻击香豆素基团的 4 号位碳原子，随后发生分子内电子转移，由于氰基的强吸电子作用，氰基与酰胺键发生环化，结构的改变影响了光谱的变化，课题组还通过 X 射线等方式对氰化物反应前后的探针结构进行了分析，从而直观简单地证明了这一反应机理的正确性。

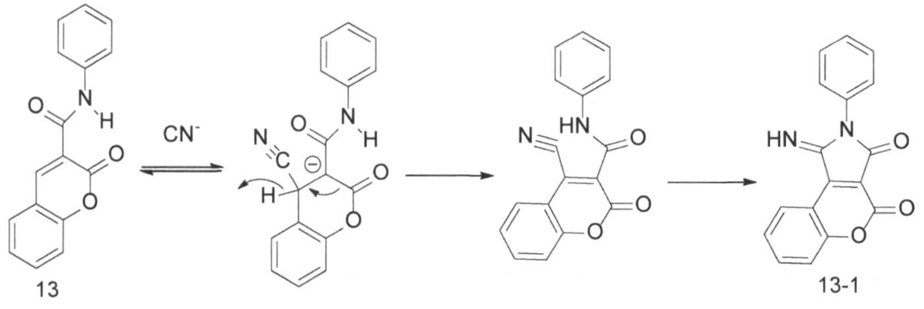

图 3－36　探针 13 的分子结构及其可能的反应机理

Kim 和 Lee 等人[92]报道了一个烯酮功能化的氰离子探针 14，该离子探针能够实现在缓冲溶液中对氰化物的专一性识别(图 3－37)。其识别机理是当氰离子进攻探针受体时首先发生迈克尔加成反应，然后发生(1,3)－σ 分子重排。

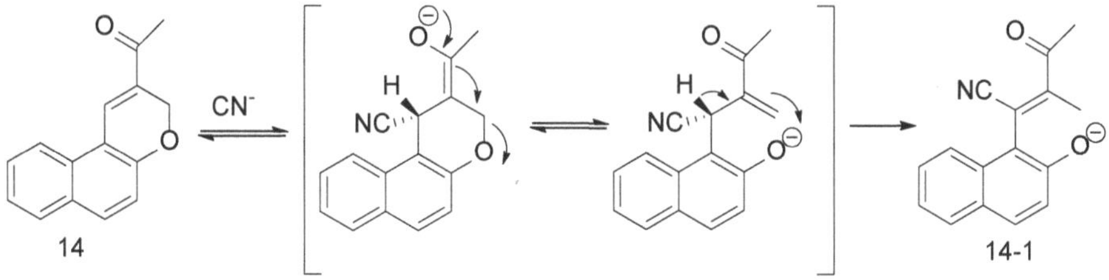

图 3 - 37　探针 14 的分子结构及其可能的反应机理

3.15.2　基于苯并吲哚型亲核加成的染料

将具有明显色谱性质的吲哚基团作为显色基团和反应基团进行修饰和设计是一个非常具有研究意义的氰离子检测方向。同时，近期报道的大量文献都成功地将这一类氰离子荧光探针应用于生物成像和传感技术。由于吲哚基团中带正电荷的氮原子对 CN^- 中 sp^2 杂化的亲核性碳原子具有强吸引力，同时由于氰离子与吲哚基团的 C ═N 发生迈克尔亲核加成反应，反应后化合物的 ICT 过程被打断，导致探针颜色和激发光谱变化，因此吲哚基团的 C ═N 可以作为一个氰离子反应位点进行比色识别和荧光比率识别。基于这一特性，ChaeYeong Kim 等人[93]将苯并噻唑衍生物和 4 - *N*,*N* -二甲基苯甲醛进行组装，开发设计出了一种新的氰离子荧光探针 15(图 3 - 38)，探针 15 对氰离子具有非常明显的选择性，不仅能够通过颜色对氰离子进行识别，还能够实现荧光检测，该探针具有非常高的荧光量子产率，探针 15 能够实现在缓冲溶液中对氰离子进行识别，具有极低的检出限。该探针的另一个特点是加入汞离子后还能够恢复到原来的结构。Wei Dong 等人报道了一个氰离子探针 16[94]，该探针由芘和苯并噻唑组装构成。通过光谱滴定发现，探针对氰离子识别具有极高的选择性和灵敏性，并且其溶液表现出了极为明显的荧光变化和颜色变化，以至于肉眼能够直接观察，当氰离子滴加到体系中时，表现出了很明显的光谱位移。氰离子直接进攻噻唑环的不饱和碳氮双键，导致分子内电荷转移被打断，该课题组通过^{1}H NMR(核磁共振氢谱)和质谱对研究机理进行了证明。Wei Dong 及其团队在前期工作的基础上进一步开发了一种选择性极好的新型苯丙吲哚类氰离子荧光探针 17[95]。该探针能够发出红色荧光，是一种双通道氰离子探针。向探针溶液体系中逐渐滴加氰离子时，探针表现出非常大的荧光蓝移(130 nm)和吸收峰蓝移(100 nm)。明显的颜色变化能够很容易地被肉眼观察到。其他类的阴离子对该探针的光谱不产生任何影响。通过氰离子的亲核攻击，苯并噻唑的 C═N 键断开，导致分子内电荷转移被打断，从而影响了体系的颜色和光谱改变。该探针对氰离子的最低检出限为 0.29 μmol/L。

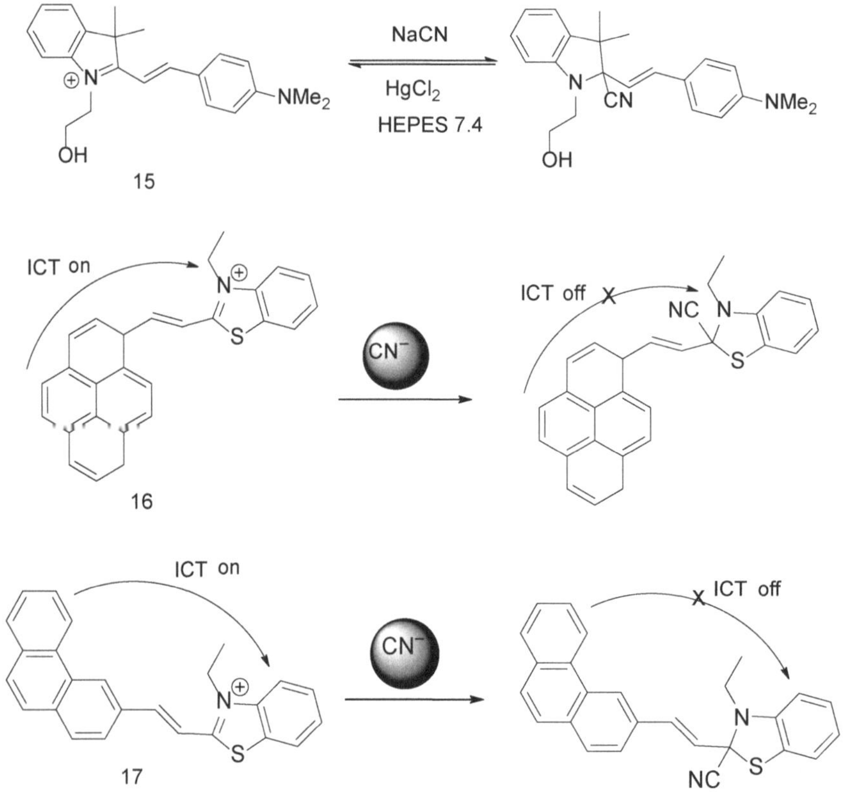

图 3-38 探针 15～17 的分子结构及其可能的反应机理

Guo 和 Yang 等人成功地开发了一系列香豆素半菁类氰离子探针 18～20[96]（图 3-39）。此类探针能够根据比色或者荧光比率对氰离子进行选择性识别。由于亲核加成反应，氰离子加入探针溶液体系后，氰离子打断了吲哚基团和香豆素之间的共轭体系，导致化合物的颜色和荧光发生明显的变化。该识别机理通过原位核磁和质谱等方式进行了理论验证。

Goswami 等人[97]介绍了一种新的探针 21，该探针是基于吲哚基团和咔唑基团设计合成的。通过比色法和荧光比率法实现了对氰离子的选择性检测，该探针的优点是能够在很短的时间内实现对氰离子的识别（少于 90 s），并且

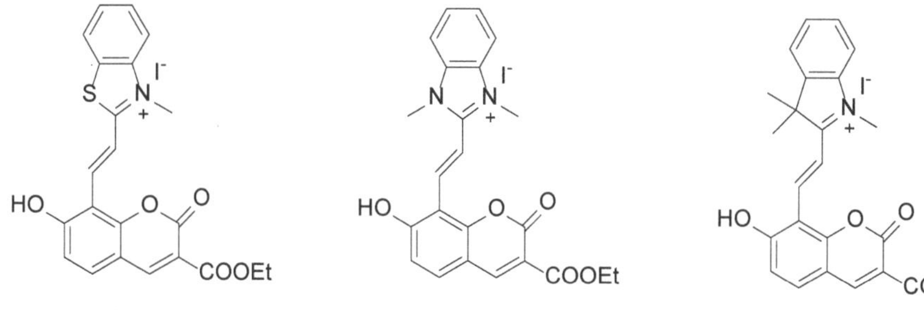

图3-39 探针18～20的分子结构

在乙腈和水的混合溶液中具有非常低的检出限，约为0.54 μmol/L。该团队用薄层色谱板技术研发的试纸条能够有效地实现氰离子在裸眼条件下的检测。Yin和Huo等人[98]设计和开发了一种包含三个吲哚基团的新型氰离子荧光探针22，该探针在DMSO的溶液系统中具有蓝-绿色荧光，可以选择性识别氰离子。由于氰离子的亲核加成作用破坏了体系大π共轭键，导致其荧光发生明显变化。该探针的检测限为45 μmol/L(图3-40)。

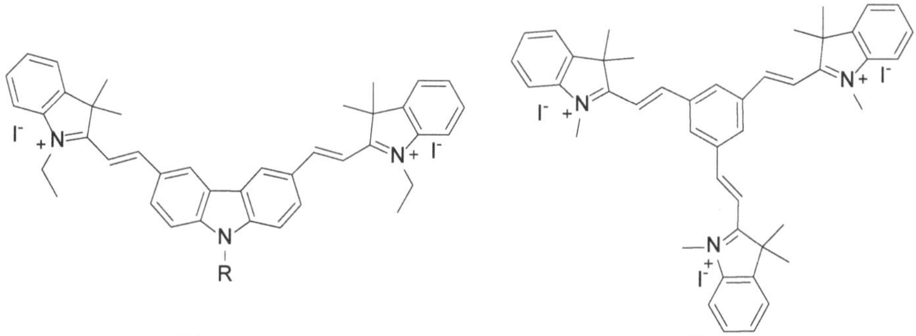

图3-40 探针21和22的分子结构

Yang和Li等人[99]介绍了一种新的噻吩嗪类氰离子荧光探针23(图3-41)。该探针具有响应时间短、检测限低(6.67×10^{-8} mol/L)的优点。探针对氰离子识别体现出了非常明显的颜色变化：从紫色变为无色；加入氰离子后绿色荧光逐渐消失。研究者还开发出该探针的试纸条，用于检测环境中的氰化物并取得了良好的效果。研究者还将该探针应用于Hela、GES等多种癌细胞中，对细胞毒性等进行了详细测试，同时将该探针应用于斑马鱼中对鱼体的氰离子浓度进行检测，取得了良好的效果。

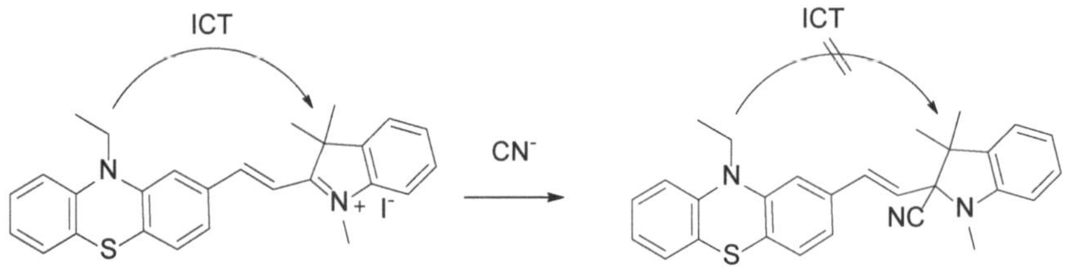

图 3-41 探针 23～25 的分子结构及化合物 23 可能的反应机理

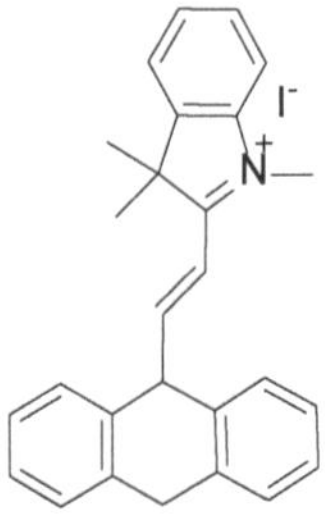

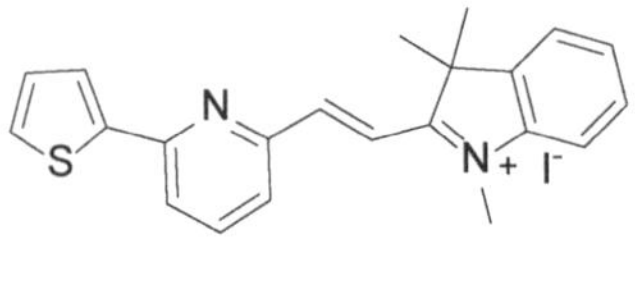

Yang 等人设计开发了一种新的吲哚类荧光探针 24，该探针属于荧光“开”响应型(图 3-41)[100]。据报道，探针能够在几秒内实现对氰离子的迅速识别。加入氰离子后探针的颜色从红色迅速变为无色，同时伴随着荧光的迅速增强。他们通过理论计算对氰离子识别机理进行了验证，结合其他数据证明，加入氰离子后，探针的 ICT 过程被打断。Mahapatra 等人[101]用噻吩-吡啶和吲哚设计了共轭氰离子荧光探针 25，根据报道，探针能够实现对氰离子识别的最低检出限为 1.5 μmol/L。该探针成功地实现了在 RAW 细胞中的生物成像(图 3-41)，在 1 min 内能够实现对氰离子的快速识别，加入氰离子前后的明显颜色变化能够通过肉眼观察到，该变化也能证明 TLC 过程的发生。

基于此，Mahapatra 又设计了一个新的探针 26(BISP)[102]，该探针将苯并噻唑基团和螺吡喃组装在一起。该探针经过光处理后能够断开醚键，进而开环形成 26-Ⅰ。在 HEPES 缓冲溶液中加入氰离子后，开环后的分子结构在 445 nm 的激发光下检测到发生了迈克尔加成反应，形成 26-Ⅲ。该探针对氰离子具有高度选择性，同时具有非常低的检出限，研究者进一步在 26-Ⅲ的溶液中加入 Au^{3+} 溶液，26-Ⅲ又恢复到了 26 结构(图 3-42)。

Huo 和 Yin 等人[103]将三苯基和吲哚基团进行组装，报道了新的荧光探针 27，这一新的研究发现探针 27 在乙醇和水的混合溶液中能够实现氰离子识别的荧光“开”响应，其检出限仅有 50 μmol/L，研究者将该探针应用于 Hep G2

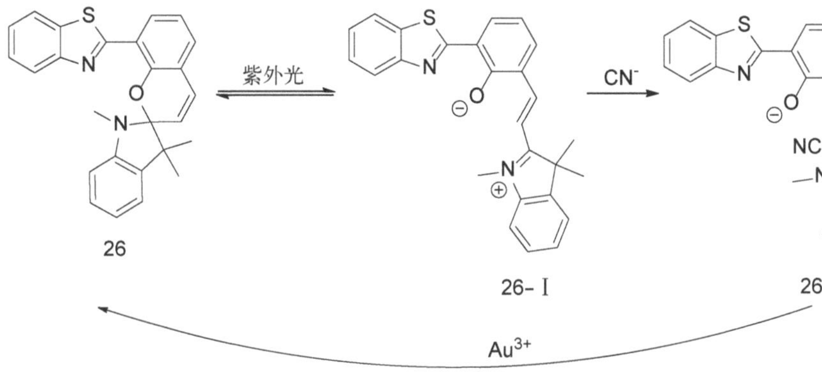

图3-42　探针26的分子结构及其可能的反应机理

细胞中的氰离子识别。Feng等人[68]将菲咪唑和吲哚等单元组合在一起，设计了氰离子荧光探针28，该探针同样依靠氰离子的亲核加成反应实现了检测，在探针28的黄色溶液中加入氰离子时，溶液逐渐转变为无色，但是在432 nm处的荧光却不断增强。类似地，Sun和Duan等人[104]开发了一个荧光比率探针29，该探针的溶液体系中加入氰离子后，溶液从黄色逐渐转变为无色，同时红色荧光逐渐转变为蓝色荧光。Bhatyacharya等人[105]介绍了一种双吲哚基氰离子荧光探针30，它可以实现在水中识别氰离子。该探针识别氰离子的速度非常迅速，根据荧光滴定数据计算得到该探针的荧光检出限为0.38 ppm（图3-43）。

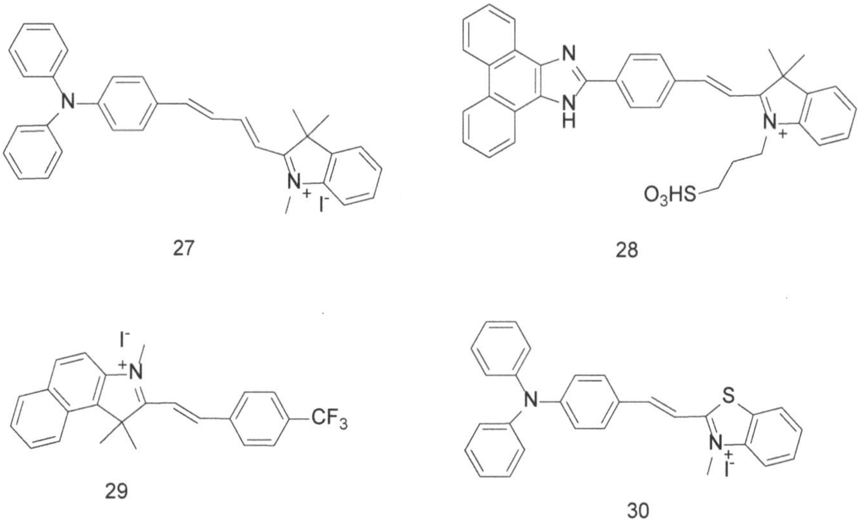

图3-43　探针27～30的分子结构

3.15.3 基于金属配合物类荧光团

大量研究利用 CN^- 配位能力特别强的特点，开发了基于金属配合物的氰化物探针，这一类探针具有灵敏性好、选择性高、快速检测等优点。探针分子与金属离子配位形成配合物后，氰离子能够将配合物中的配位金属置换出来，继而实现了 CN^- 的检测识别。配位型氰离子探针可以分为两类，一类是 CN^- 与金属配合物的金属竞争性配位，探针分子的配体分子被释放出来。另一类是 CN^- 与探针分子中的金属直接发生配位。Hong 等人[106]研究了基于钴-席夫碱和香豆素类结构的探针分子 31(图 3-44)，当加入 2 个当量的 CN^- 时，CN^- 和钴以 2∶1 的比例进行配位，这样就使得香豆素荧光团向钴原子光诱导的电子转移发生中断，产生荧光，从而实现了探针对 CN^- 荧光识别的单一选择性。

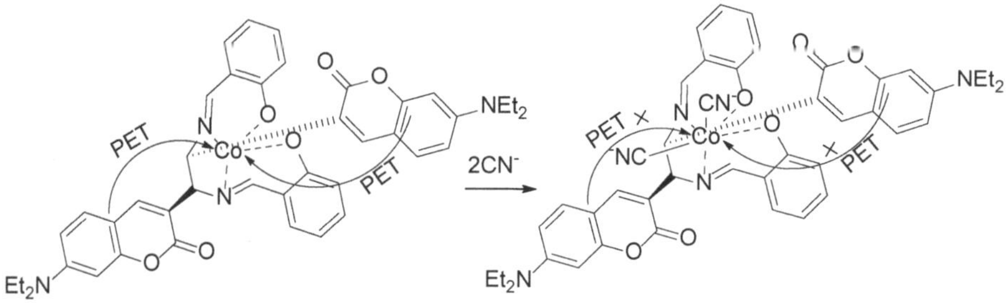

图 3-44 探针 31 被诱导后的荧光变化机制

Tian 等人[107]研究开发了基于氰化物探针的铜配合物探针 32(图 3-45)。其结构由作为荧光团的含萘基的不对称乙烯基团和一个能够与铜离子络合的亚胺供体组成。该化合物在乙腈中用 365 nm 的光照射，在 607 nm 处会有一个新峰出现，溶液从无色变到蓝色。其可能的反应机理是从 32a 到 32b 的一个过程。然而当用 550 nm 的光照射后，蓝色溶液变为无色，32a 的紫外光谱开始恢复。当 Cu^{2+} 加入含有 32a 的溶液中后，颜色从无色变为黄色，这是 32a-Cu^{2+} 络合物形成的结果。异构体 32b-Cu^{2+} 的闭环结构是通过 32a-Cu^{2+} 的溶液在 365 nm 的光的照射下产生的，溶液颜色从黄色到蓝色，从吸收光谱上可以看出，354 nm 处吸收峰逐渐降低并在 584 nm 处出现新峰。再用自然光照射，溶液颜色和吸收光谱都相应恢复。

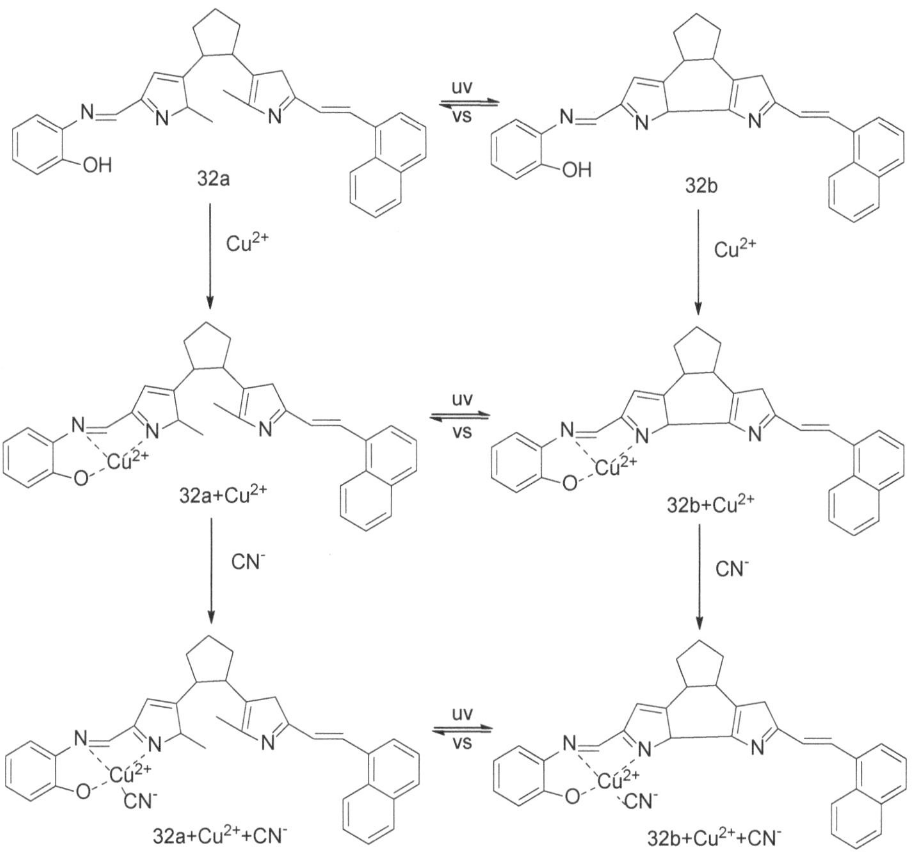

图3-45 探针32a和32b与Cu^{2+}的络合过程及配合物
32a-Cu^{2+}和32b-Cu^{2+}与CN^-的反应过程

将CN^-加入含有32a和Cu^{2+}的溶液后，354 nm处的吸收带降低。其原理是由于形成了复杂的络合物32a-Cu-CN。用365 nm光照射，络合物32a-Cu-CN在350 nm处的吸收峰强度逐渐降低，在581 nm处出现一个吸收峰，伴随着从黄色到蓝色的颜色变化。在可见光的照射下，颜色由蓝色变到黄色，原始吸收强度恢复。每加入1个当量的Cu^{2+}时，32a的荧光会逐渐增强。这种变化取决于两个因素，包括通过32a与Cu^{2+}络合激发自由C═N键异构的抑制作用和抑制光诱导电子转移(PET)淬灭。加入3个当量的CN^-到32a-Cu^{2+}中会导致在448 nm处的荧光强度明显增加，这表明形成了络合物32a-Cu-CN。该探针对CN^-的检出限为22.5 μmol/L。

Guo等人开发了一种基于氰基配合金属复合物的氰离子探针33[108]，在体积比为9∶1的CH_3CN-Tris-HCl缓冲溶液中，由于铜离子与酰肼形成络合物，这一过程促进 PET（光诱导电子转移）或 EET（电子能量转移），导致罗丹明荧光团荧光减弱。然而加入氰离子后，氰离子和铜的配合物发生反应，进一步配位，导致罗丹明基团强荧光恢复。探针和氰离子之间的反应可以在 5 min 之内完成，其检测限为 1.4×10^{-7} μmol/L（图 3－46）。

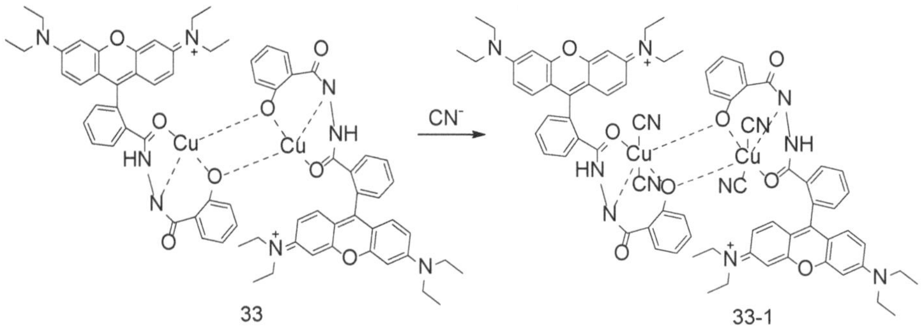

图 3－46　探针 33 加入氰离子后导致荧光变化的反应机理

将检测氰化物的荧光探针应用于含水的介质中，以实现水环境中氰离子的识别，比只能在有机溶液中检测更有实际意义。部分金属离子置换反应的传感器已被应用于在水介质中检测氰离子。

Yoon 和 Park 等人设计了这种类型的氰离子探针 34[109]（图 3－47），该探针检测氰离子是在 20 mmol/L 的 HEPES 缓冲溶液中（pH＝7.4，0.5% CH_3CN）。在探针 34 溶液体系加入铜离子后，718 nm 处吸收峰降低，同时 743 nm 处有新峰产生，由于氰离子和铜离子反应形成稳定的 $[Cu(CN)_x]^{n-}$ 使得荧光增强，更重要的是，该探针对其他阴离子没有响应。

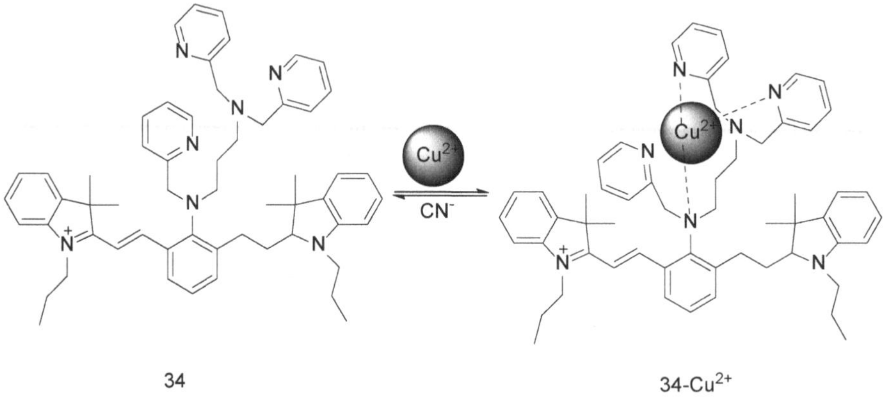

图 3－47　探针 34 和 34－Cu^{2+} 的结构

Tae[110]报道了一个氰离子荧光探针35，该探针是在氮蒽的基础上设计合成的一种荧光“关”响应型氰离子探针，能够在DMSO－H_2O(体积比95∶5)的检测环境中实现从橙色到淡蓝色的变化过程(图3－48)。Job点测试数据显示，探针35与氰离子之间的反应是按照1∶1进行的。并且该探针能够实现氰离子识别的最低检出限为1.9 μmol/L。该探针的9号位置首先与氰离子发生了亲核加成反应，得到了35－Ⅰ，然后迅速发生氧化反应得到35－Ⅱ。Kaur和Singh[111]介绍了三芳基烷类荧光染料36作为氰离子探针，该探针也是利用了氰离子与探针之间的亲核反应。这一探针能够在水溶液中实现对氰离子的选择性识别，溶液加入氰离子之后颜色能够从蓝绿色逐渐转变为无色，该探针具有成为滴定检测氰离子的实用手段的潜力。Afkhami等人[112]将甲基紫固定在醋酸纤维素膜上设计了一种比色氰离子探针37。当氰离子遇到甲基紫基团时，其在598 nm处的吸收峰逐渐降低，该探针的检出限为62 ppm。

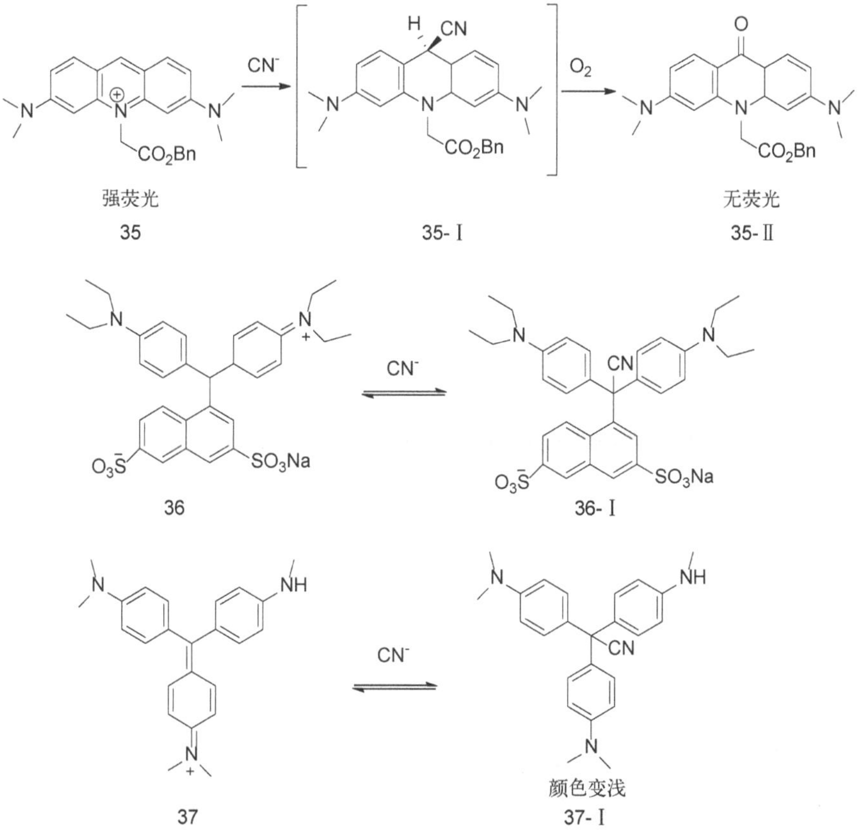

图3－48　探针35～37的分子结构及其可能的反应机理

C—Si 键被成功地应用到了氟离子识别等方面。Machado 等人[113]开发了一种探针 38，该研究显示探针在 CATB 溶液中(pH=8)能够选择性识别氰离子，其反应机理是氰离子的加入导致了硅氧键断裂，形成了 38-Ⅰ的结构，但是该反应需要的时间较长(图 3-49)。据报道该探针的检出限为 1.48×10^{-5} mol/L，不过具有实际现实意义的是该探针能够实现检测人体血液环境中的氰离子。

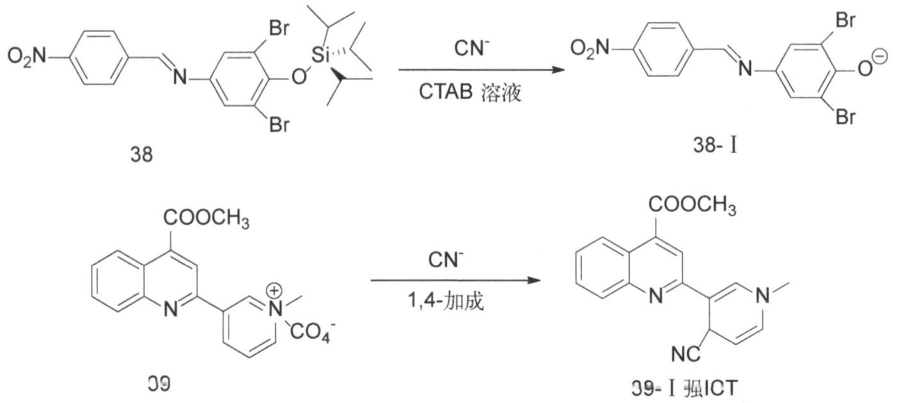

图 3-49　探针 38～39 的分子结构及其可能的反应机理

Mashraqui 等人以吡啶为基础设计合成了氰离子荧光比率探针 39[114]，该探针也能够实现对氰离子的比色检测。探针的识别机理是具有亲核性的氰离子攻击吡啶环的 4 号位，发生加成反应，形成 39-Ⅰ结构，增强了 ICT 进程。探针 39 与氰离子之间按照 1∶1 的反应当量比进行的。研究者根据原位核磁氢谱验证了这一反应机理的正确性。

3.15.4　五元环联六元环类荧光团

对 Zn^{2+} 特异性视比例传感器的需求加上在特定阳离子探针设计方面的专业知识促使研究人员设计了一种简单的荧光团，吡咯封端的二乙烯基芳香族已知系统是用于合成电致变色和低带隙聚合物的强荧光结构单元(图 3-50)。由于已知联吡啶部分是过渡金属离子的良好配体，设计了一些吡咯封端的 5,5′-二乙烯基-2,2′-联吡啶衍生物(图 3-50 中 3a-c)使用相应的吡咯甲醛(1)和 2,2′-联吡啶二膦酸酯(2)的维蒂希-霍纳反应(Wittig-Horner 反应)，产率为 25%～40%。该荧光团在 407 nm 处吸收，在乙腈中的 537 nm (Φ=0.4)处强发射，具有 130 nm 的大 Stokes 位移[114]。

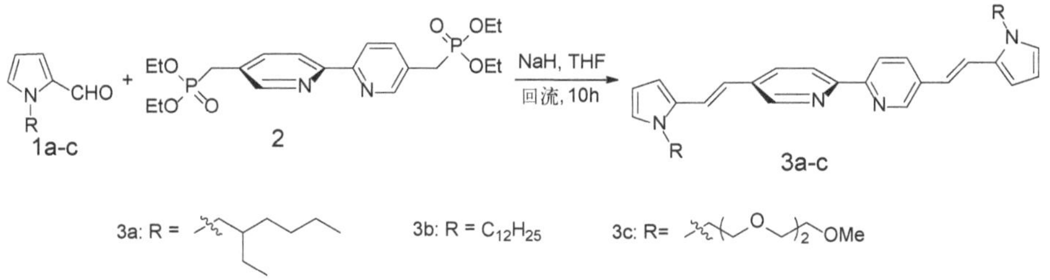

图 3-50　吡咯封端的二乙烯基芳香族探针及其反应机理

Yamaguchi 组[115]报道了含硼的π-共轭系统的化合物 48 和化合物 49 作为氟离子化学传感器[图 3-51(a)]，48 和氟离子形成络合物，吸收光谱中的 470 nm 处特征带消失，在 360～400 nm 处出现新带，由蒽部分的π-π* 跃迁形成，这是通过相应荧光硼酸盐的形成而使π-共轭能通过硼原子的空 p 轨道扩展的过程[图 3-51(b)]。化合物 48 和氟离子的络合常数相当高[$(2.8\pm0.3)\times10^5$ $(mol/L)^{-1}$]，然而化合物 48 对 AcO^- 和 OH^- 只表现出了小的络合

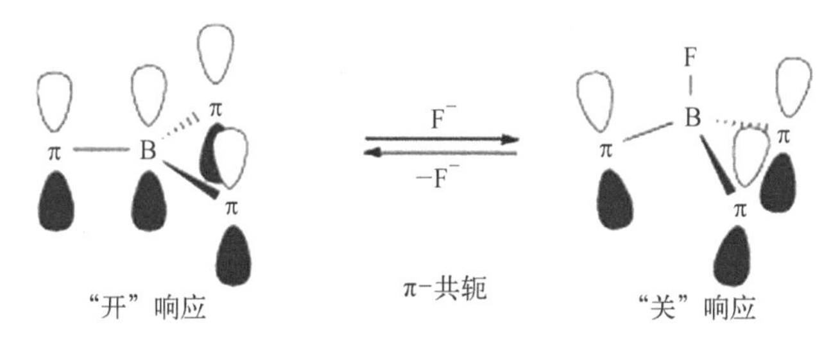

(a) 含硼的π-共轭系统作为氟离子化学传感器原理

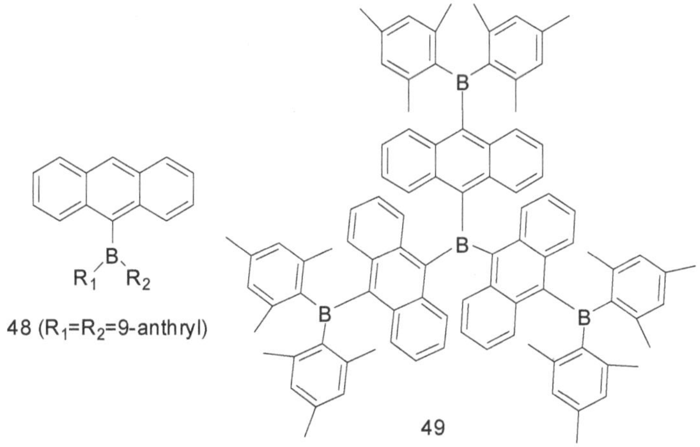

(b) 化合物48和化合物49的结构式

图 3-51　含硼化合物 48、49

常数，约为 $10^3(\text{mol/L})^{-1}$，对其他卤素离子也不敏感。对比单硼系统化合物 48，化合物 49 有 4 个硼原子，在吸收光谱上通过和氟离子逐步络合表现出多级变化。

Zhu 组[116]设计了两亲性的荧光比率型传感器 50，可运用 ICT 机理在缓冲水溶液中和生物体内检测氟离子。亲水的苯并噻唑阳离子半菁蓝染料作为荧光团，因为它有好的光谱表现、优秀的 ICT 结构、没有毒性和亲油性的 TBDPS 部分，所以作为氟离子的特别反应基，反应机理如图 3－52 所示。在乙醇和 PBS 缓冲溶液中(体积比为 3∶7)，50 的吸收带在 407 nm 处，当氟离子被逐渐加入后，最大吸收峰在 110 nm 处红移，等吸收点在 442 nm 处，溶液颜色从浅黄到橘色，能裸眼观察到。在荧光光谱中，没加氟离子时最大发射峰在 500 nm 处，加入氟离子后红移到 558 nm 处，等发射点在 539 nm 处。另外，在荧光强度上呈现出好的线性相关，所以 50 可以作为检测氟离子的比率型传感器。

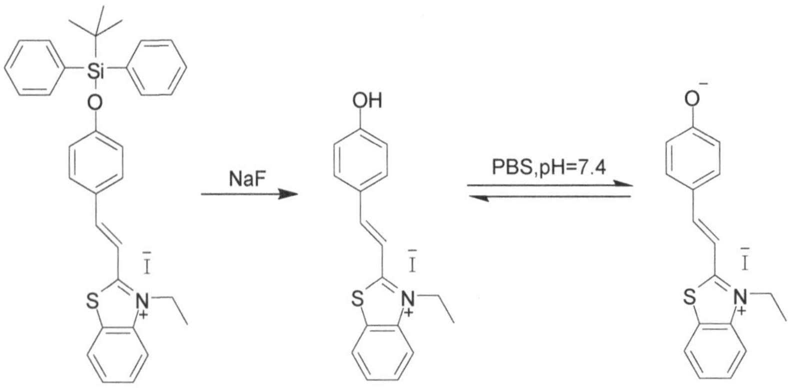

图 3－52　传感器 50 和 F^- 的反应机理

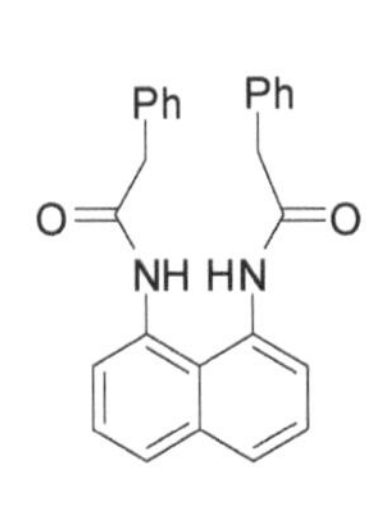

图 3－53
探针 52 的结构式

Xu 组[117]报道了如图 3－53 所示的新探针 52，该探针络合氟离子后荧光增强，其他卤素离子引起轻微的荧光增强，这是因为络合了氟离子以后，分子变得更加平面，更可能增加荧光，而氯、溴、碘的络合物没有表现出更多的平面性，因此荧光增强不明显。另外，一些更大的离子有更弱的络合键，是好的荧光淬灭剂，可能抵消因结构变化引起的荧光增加。

Jiang组[118]设计了化合物L(图3-54)，在L和锌离子的紫外滴定光谱图上有两个等吸收点271 nm和336 nm，代表相应的配体和锌离子的络合。在321 nm处的游离L的吸收带位移到L和锌离子络合物的349 nm处吸收带。产生28 nm位移的原因是L的氨基喹啉部分上的两个氮原子和锌形成了5个螯合环，扩大了共轭环且锌离子和L的络合增加了瞬间偶极距，导致在π轨道上有更大的电子移动。研究表明络合锌离子荧光增强，而络合其他离子荧光淬灭，配体的最大发射波长在545 nm处，锌离子络合物在469 nm处，强度大约是配体荧光的2.4倍。有文献指出络合过程中同时有PCT和PET机理存在。

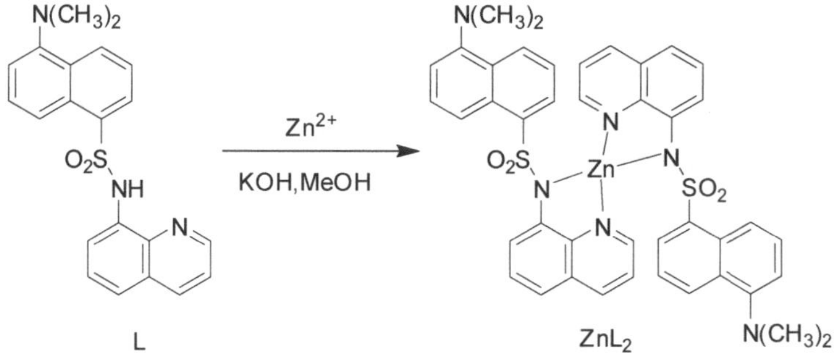

图3-54　化合物L和Zn^{2+}配位的反应机理

Tang组[119]报道了新的近红外探针DPA-Cy(图3-55)，DPA-Cy的吸收峰在606 nm处，发射峰在800 nm处，有194 nm的位移，在乙腈的缓冲溶液中，加入锌离子后立即反应，发射波长蓝移到780 nm处，变化不明显，但是荧光量子产率比没有加锌离子时高20倍，选择性也非常好。

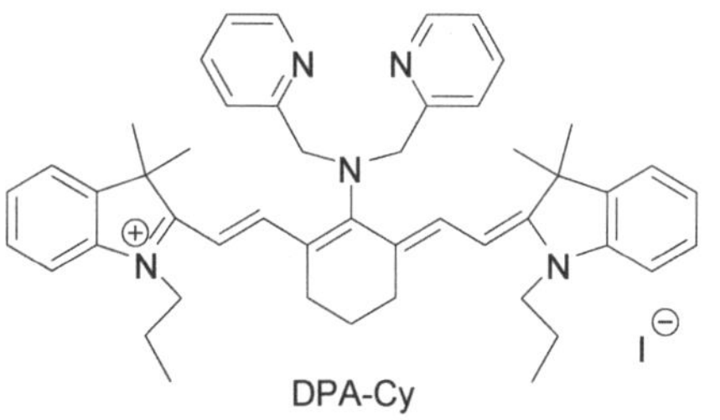

图3-55　DPA-Cy的结构式

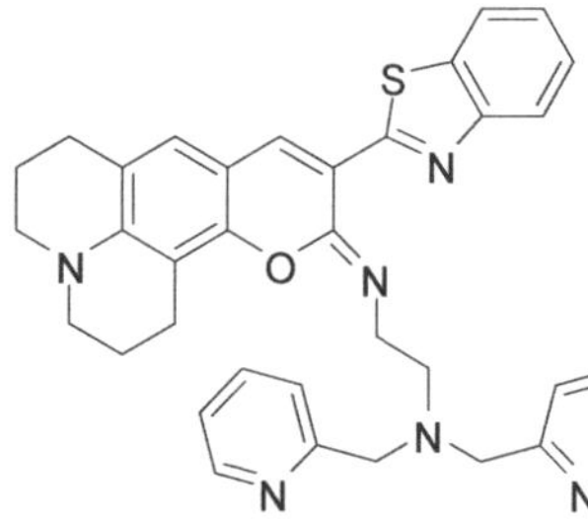

图3-56　ZnIC的结构式

Komatsu组[120]介绍了用于锌离子比例荧光成像技术的荧光探针ZnIC(图3-56)，亚氨基香豆素为荧光团，乙胺基-二甲基吡啶胺(DPA)为锌离子的螯合基，加入锌离子后探针的荧光光谱由 543 nm 处红移到 558 nm 处，被锌离子作用的受体激发态比基态更稳定。F558/F543 由不加锌离子的 0.8 增加到加入锌离子后的 1.9，颜色由绿色变为亮黄色。探针和锌离子的络合过程符合 ICT 机理，含电子供体的荧光团共轭到拉电子基团上，光激发后有从供体到受体的 ICT 过程，大的 Stokes 位移是由瞬间偶极距的变化引起的。

另一个新的近红外荧光材料是东京大学 Nagano 教授课题组设计合成的基于硅基罗丹明的深红到近红外发光荧光探针 7 及其衍生物[121]（图 3－57）。硅基罗丹明相较普通的氧基罗丹明染料具有超过 100 nm 的光谱红移，其吸收与发射峰均位于 650 nm 以上的深红到近红外光区。在该染料基础上设计的关环型探针 7 可以在次氯酸的作用下，生成开环的氧化产物 8，并产生增强型的荧光信号输出。同时，对探针 7 使用荧光显微镜进行了中性粒细胞吞噬异物过程的实时成像监控，证明了这一探针具有良好的生物相容性和快速反应性能。此外，探针 7 具有较好的亲水性，对小鼠腹膜炎模型有良好的成像效果。

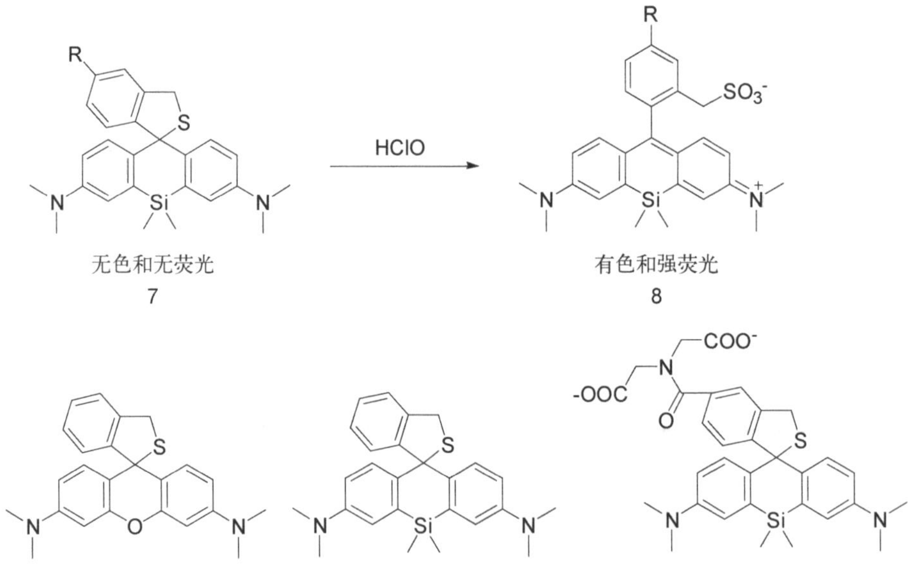

图 3－57　化合物 7 及其衍生物的结构式

Ken－Tsung Wong 等人设计合成了基于螺芴的 PET 探针 9（图 2－16），探针 9 以螺芴为中心，将电子给体与荧光团组合起来，为 PET 型荧光探针的结构设计提供了新的策略。

2013年，花建丽教授课题组以具有AIE特性的三苯胺-均三嗪化合物为母体，在其基础上进行修饰，连接具有与金属离子结合能力的胸腺嘧啶基团，合成了一个新的红色荧光传感器24[122]，如图3-58所示。经过实验检测，发现化合物24对Hg^{2+}具有很好的识别作用。在有其他金属离子存在的混合溶液中，该荧光传感器24对Hg^{2+}仍具有很高的选择性和灵敏度。

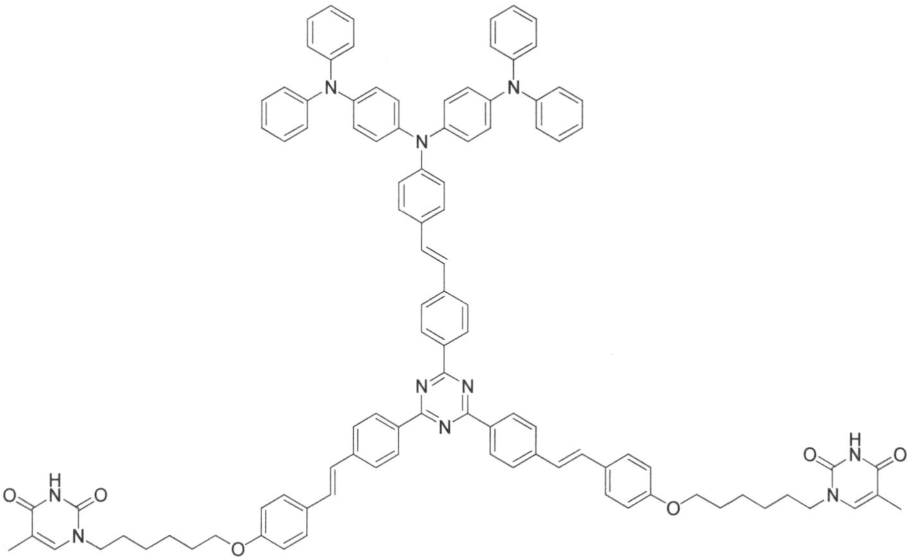

图3-58　化合物24的结构式

唐本忠课题组合成了具有聚集诱导发光特性的化合物18，该化合物涂在薄层层析硅胶板上，吹干干燥后，在硅胶板上可以看到有荧光。当用氯仿蒸气熏蒸后，硅胶板上的荧光消失，再将溶剂挥发掉之后，发现硅胶板上的荧光重新出现[123]。该课题组研究的其他AIE发光团也可以应用于如二氯甲烷、乙腈、丙酮、四氢呋喃等溶剂中，也可以观察到类似的现象[124]。

如图3-59所示，田禾教授等研究了化合物25和26，它们是具有聚集诱导发光性能的星形三苯胺衍生物，这是首次用新颖的AIE活性星形三苯胺化合物组荧光固体薄膜传感器来检测氯气[125]。该化合物在聚集态时发出很强的荧光，当用氯气熏蒸后，硅胶板上的荧光消失。这种类型的检测为气体荧光化学传感器的分子设计开辟了一条新的道路。

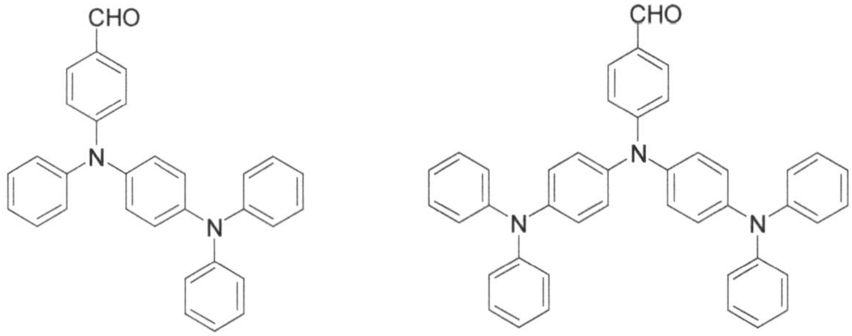

图 3－59　化合物 25 和化合物 26 的结构式

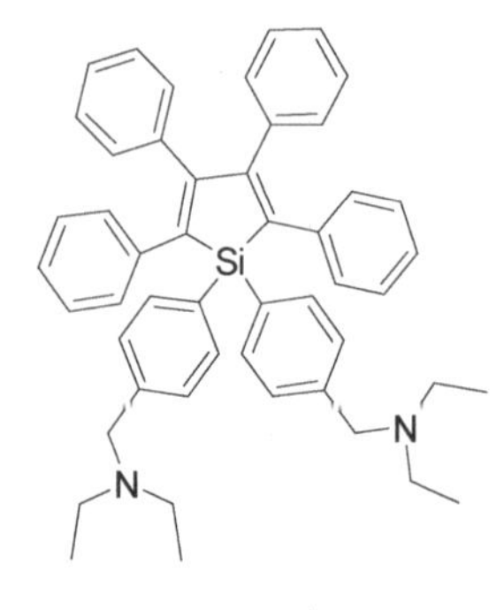

图 3－60　化合物 27 的结构式

聚集诱导发光的聚集物高效荧光发射可以用于探测爆炸物。先通过往四氢呋喃溶液里加纯水制备 HPS 衍生物化合物 27(图 3－60)的纳米聚集态。之后加入苦味酸，发现溶液的荧光慢慢减弱。该化合物 27 能作为一个检测爆炸物的探针[126]。

2014 年，花建丽教授的课题组在吡咯并吡咯二酮的基础上合成了具有 AIE 特性的化合物 29[127]，如图 3－61 所示。这是一个近红外生物荧光传感器，化合物上连接的季铵盐正电荷可以与带负电荷的牛血清蛋白(BSA)进行静电相互作用，从而实现 BSA 的检测。

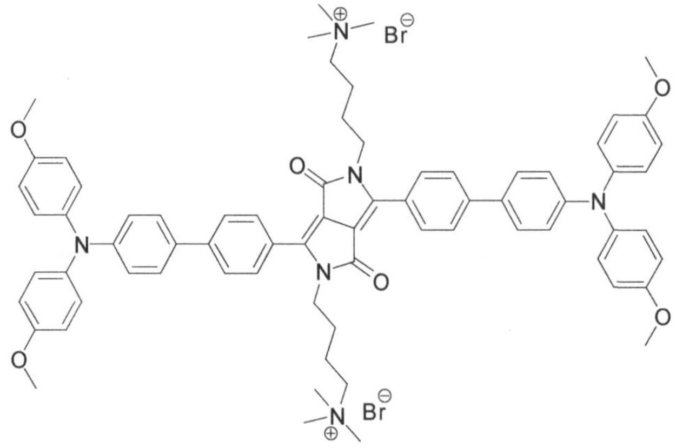

图 3－61　化合物 29 的结构式

2015 年，Gopal Das 等人开发出一个有 AIE 活性的化学传感器 30(图 3－

62)，对焦磷酸阴离子可以进行比色的选择性“接通”和荧光检测[128]。该化合物对焦磷酸阴离子具有很高的灵敏度和选择性，并且其选择性不会因为体系中的其他阴离子改变。焦磷酸阴离子诱导可以增强荧光发射，在Hela细胞中可以检测出焦磷酸阴离子。

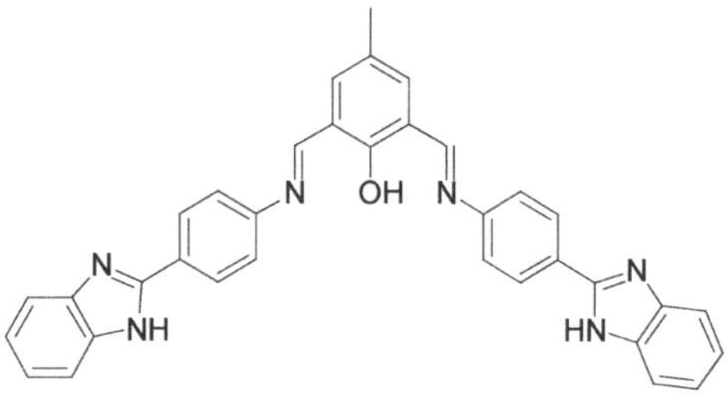

图3-62　化合物30的结构式

Yoon课题组设计合成了没有荧光的双通道荧光探针化合物31[129]，如图3-63所示。当它与次氯酸反应后，生成发出强烈绿色荧光的化合物32。化合物31可应用于中性、酸性及碱性溶液中，并且在活体动物的黏膜中对次氯酸成功进行了检测。

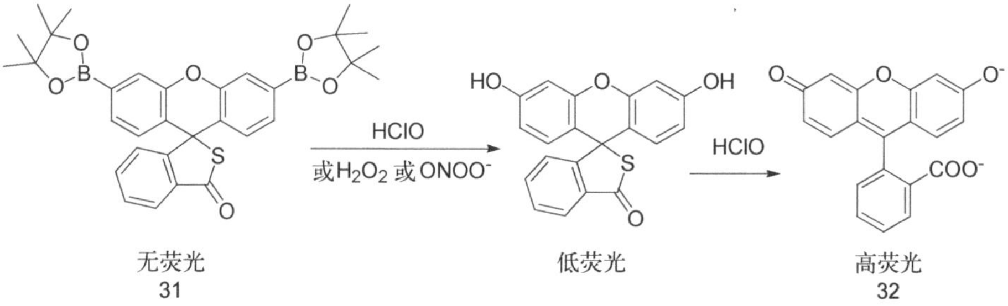

图3-63　化合物31和化合物32的结构式

Chang Young-Tae课题组设计并合成了第一个用于HClO检测的双光子荧光探针33及其衍生物34～37[130]，如图3-64所示。这些探针不仅能揭露细胞中次氯酸的分布，而且在细胞和组织系统中，能够作为开发次氯酸潜在功能的优秀工具。

通常，过氧化氢对于细胞来说是有毒的。ROS在哺乳动物体内的积累会导致氧化应激的条件变宽，而这会导致细胞衰老和成为疾病的宿主。过氧化氢瞬时产生于多种细胞表面受体的活化，可以作为在传递信号的信使。因此，对过氧化氢的定量检测的需求在不断增加。

Chang的研究小组设计了一系列基于氧杂蒽硼酸酯的化合物，化合物39是其中的一个，它是一个通过过氧化氢选择性促进脱硼酸盐的过氧化氢化学传感器[131](图3-65)。化合物39不但能够进行膜渗透，还可以对活细胞内过

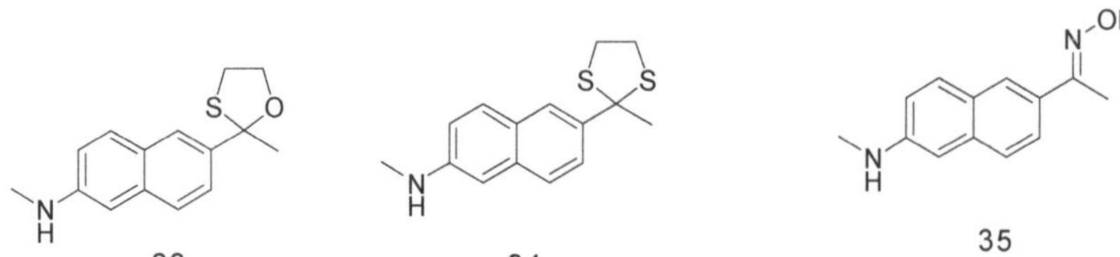

33　34　35

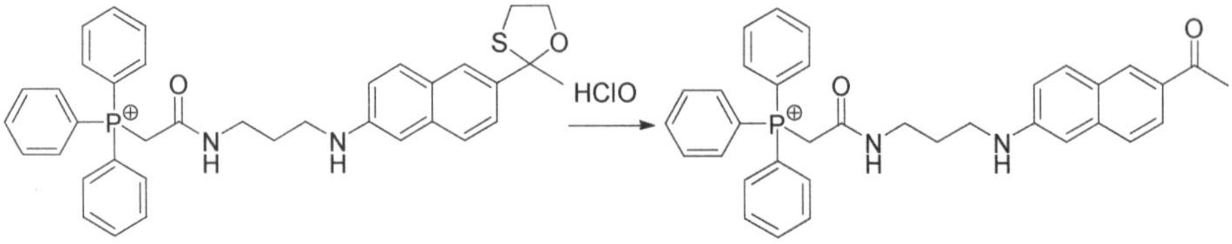

36　HClO

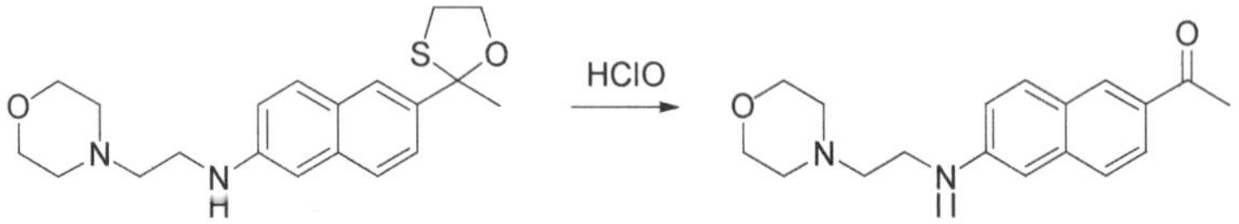

37　HClO

图 3-64　化合物 33 及其衍生物 34～37

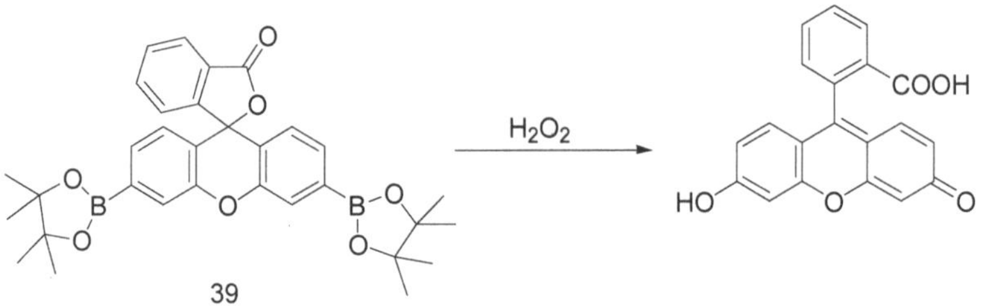

39　H_2O_2　COOH　HO　O　O

图 3-65　化合物 39 的传感机理

氧化氢浓度的微摩尔变化有响应。化合物 39 还能够在活海马的神经元中检测过氧化物触发的氧化应激反应。

除了上述的双硼酸酯化合物外，还有 13 种基于过氧化氢的单硼酸酯化合物应用于检测过氧化氢，化合物 40(图 3-66)就是其中的一种。化合物 40 是第一个线粒体靶向化学传感器，其在活细胞中可以与线粒体的过氧化氢选择性地结合并成像[132]。化合物 40 是一个既包含线粒体靶向位点，又能够与过氧化氢反应的双功能染料。

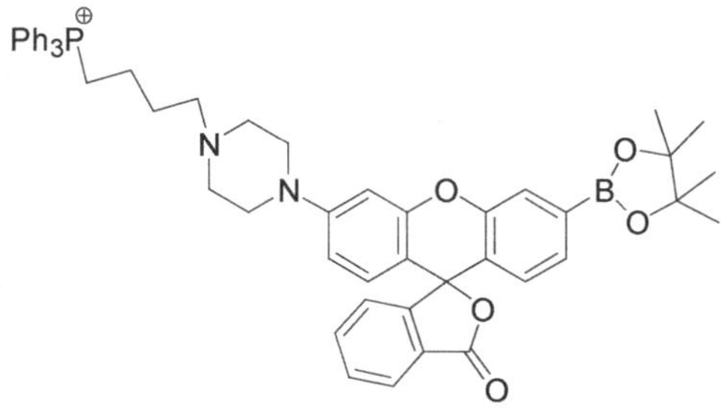

图 3-66　化合物 40 的结构式

2,3-丁二醇酯的对二羟基氧硼苄衍生物的保护基团氨基，可以通过过氧化氢选择性地除去。它与单硼酸酯结合，去保护生成酚和胺，是一种对过氧化氢选择性发光的化学传感器。化合物 41[133] 和化合物 42[134] 都是选择性地检测过氧化氢的传感器(图 3-67)，其中化合物 41 的发光体是 1,8-萘二甲酰亚胺。它们都是单硼酸酯比率荧光传感器，可应用于生物系统中的过氧化氢成像检测。

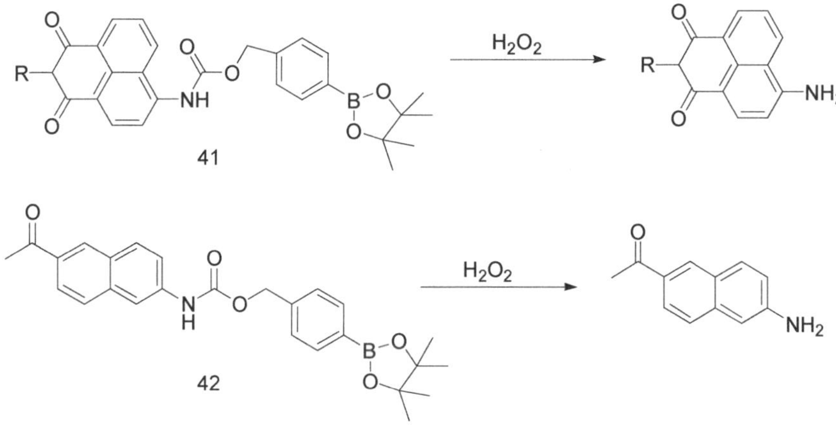

图 3-67　化合物 41 和 42 的传感机理

化合物 41 能够与在活细胞中达到自然免疫反应水平的过氧化氢成像。读数的线性变化可以在吞噬点精确反映过氧化氢的变化，而且这个变化在整个细胞质中可以看到。更重要的是，化合物 42 是一个双光子的活性荧光探针，可以在活组织深层中用于过氧化氢含量变化的双光子比例成像。

化合物 43 是一个纯有机的过氧化氢检测探针，在生理条件下，苯硼酸发生氧化反应，之后发生水解，接着对醌甲基化物发生 1,6-消除反应生成化合物 44[135](图 3－68)，发出荧光。因为在化合物 44 的形成过程中会伴随着 ICT 效应，故可以观察到荧光增强。化合物 43 已被成功地证明在小鼠的急性炎症模型中能够有效地对过氧化氢成像。

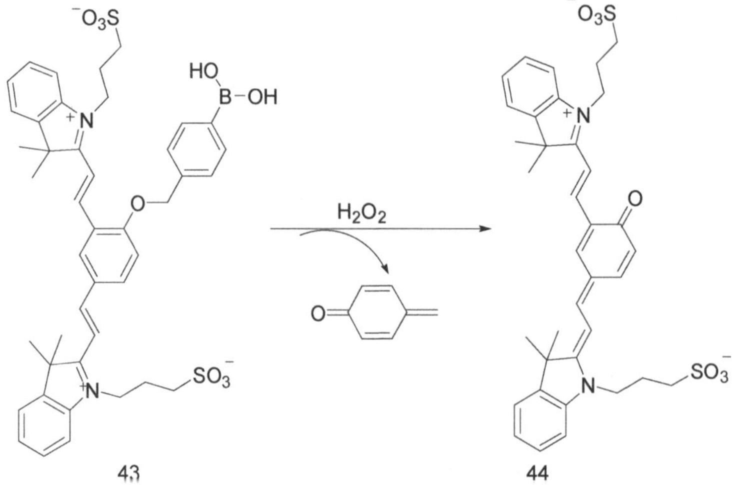

图 3－68 化合物 43 的传感机理

化合物 45 是以过氧化氢为介质水解的磺酸盐化学传感器[136](图 3－69)。其对过氧化氢表现出的高选择性高于其他活性氧，并有荧光增强。经过氧化氢的水解反应，促进封闭的、无色的、无荧光的内酯环转换成开环的有色荧光产物。化合物 45 可以用于检测活细胞内过氧化氢的变化。

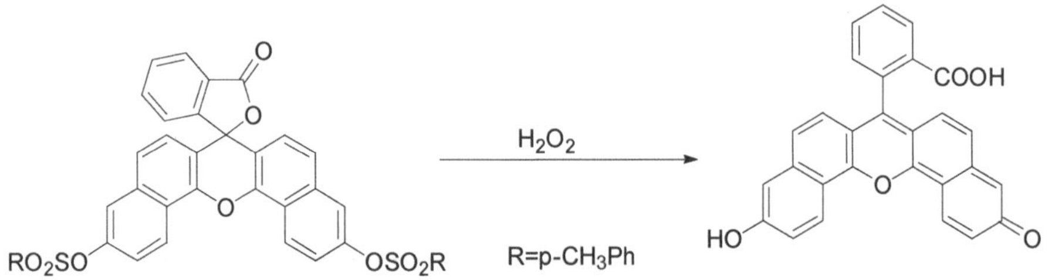

图 3－69 化合物 45 的传感机理

如图 3－70 所示，唐教授和合作者报道了一个利用 $^1O_2$ 诱导 1,4－环加成反应机理合成的花菁染料 46[137]，其化合物结构中含有组氨酸结构，是一个近红外化学荧光传感器。由于组氨酸和激发态的荧光团之间的光诱导电子转移的影响，染料 46 发出微弱的荧光。当化合物 46 与 $^1O_2$ 反应后，咪唑基团被氧化，PET 作用被抑制，花菁荧光团的荧光恢复，并且其可应用于检测活细胞中 $^1O_2$ 浓度的变化。

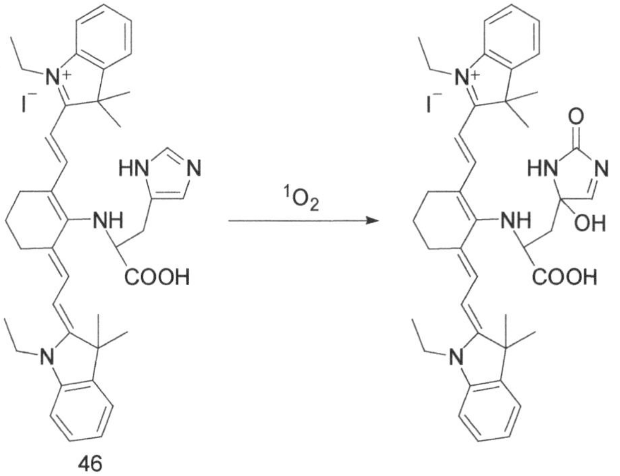

图 3－70 化合物 46 的传感机理

如图 3－71 所示，化合物 47 在细胞内与 O^{2-} 发生氧化反应生成荧光化合物 48[138]，且其他活性氧和氮物种不能氧化化合物 47 生成同样的产物。先用不同浓度的甲萘醌细胞内产生的 O^{2-} 对牛的大动脉内皮细胞进行预处理，之后再用化合物 47 进一步处理，可以观察到红色的荧光随着剂量的增加而增强。

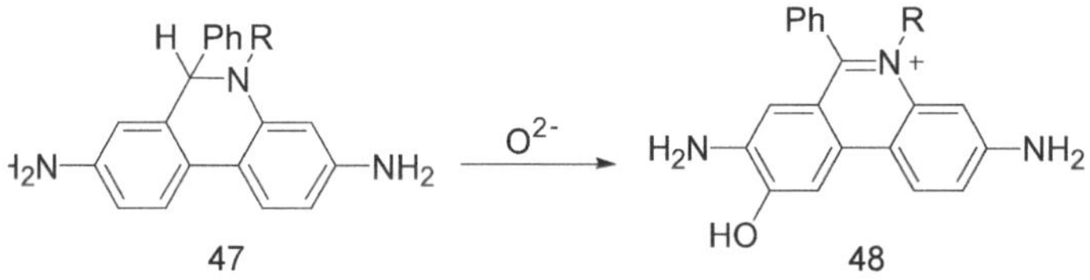

图 3－71 化合物 47 的传感机理

如图 3－72 所示，化合物 49 是一个 NO 选择性的化学传感器[139]，当其与 NO 反应，NO 诱导铜离子减少和亚硝基化的过程会导致罗丹明部分的螺环打开，产生的荧光增强 700 倍。更重要的是，化合物 49 可应用于用共聚焦荧光显微镜监测细胞内的 NO。

在生物体内，只要存在一氧化氮和超氧负离子，就可以形成过氧亚硝酰（$ONOO^-$）。如图 3－73 所示，化合物 50 具有一个通过芳基醚键与二氯荧光

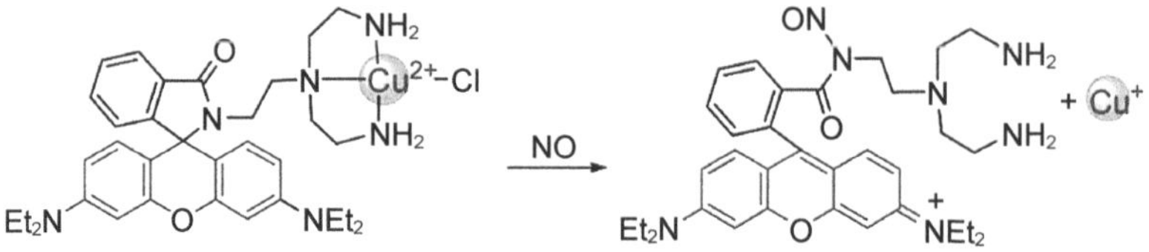

图 3－72　化合物 49 的传感机理

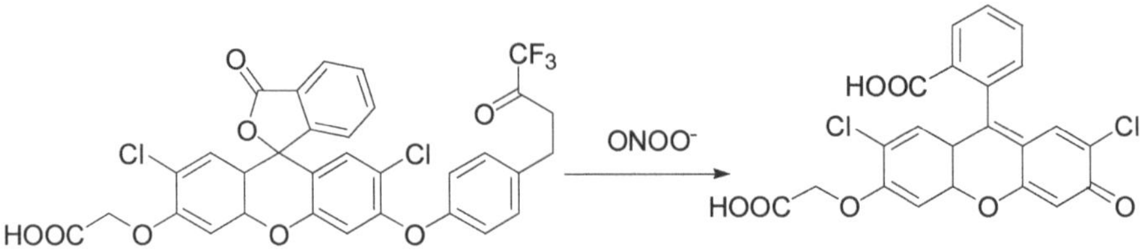

图 3－73　化合物 50 的传感机理

素基连接的酮单元,它可以与 $ONOO^-$ 反应得到强荧光产物 51[140]。化合物 50 已成功应用于活细胞内 $ONOO^-$ 的高选择性检测。

Chang 等报道了一个在溶液中的亚硫酸根选择性的化学传感器 56[141],乙酰丙酸异吩噁唑酮在 SO_3^{2-} 的诱导下选择性脱去乙酰丙酸基团,如图 3－74 所示。化合物 56 在 584 nm 处的荧光发射很微弱,在用 100 当量的 SO_3^{2-} 进行处理之后,酯基断开生成异吩噁唑酮阴离子,在 588 nm 处出现强烈的荧光。化合物 56 对 SO_3^{2-} 的选择性较高,且不受其他阴离子的干扰。

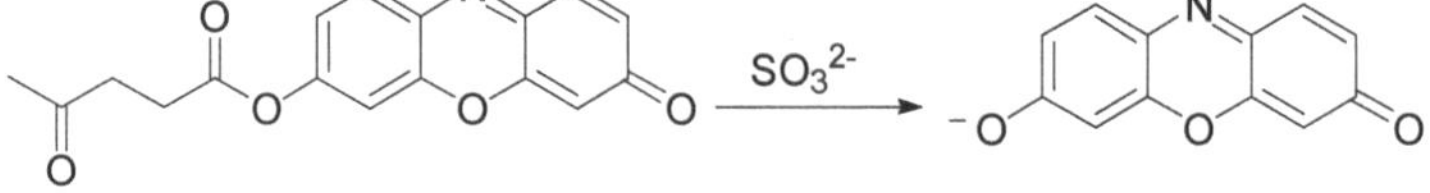

图 3－74　化合物 56 的传感机理

细胞内硫醇在生理过程中扮演着许多重要的作用。例如细胞内最丰富的非蛋白原硫醇:谷胱甘肽(GSH),在维持细胞还原环境和氧化还原调节方面起着关键的作用。半胱氨酸是一种天然产生的氨基酸,是生物体中非常重要的三种生物巯基小分子中的一种,结构式如图 3－75 所示。生物样品中含巯基的分子的选择性检测和监测极为重要。迄今为止,已通过利用各种机制,包括亲核加成和键的裂解过程,获得了多种选择性硫醇荧光化学传感器。

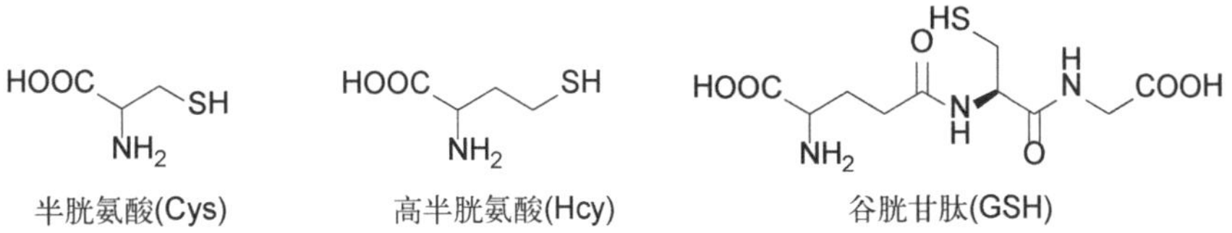

图3-75　三种巯基氨基酸的结构式

如图3-76所示，Yoon等人报道了基于硫醇的亲核进攻诱导的荧光素螺内酰胺开环的化学传感器58，其对生物硫醇具有高选择性和灵敏度[142]。化合物58已被用来检测活小鼠P19胚胎肿瘤细胞中的硫醇，且首次通过荧光成像监测到三日龄斑马鱼的硫醇。

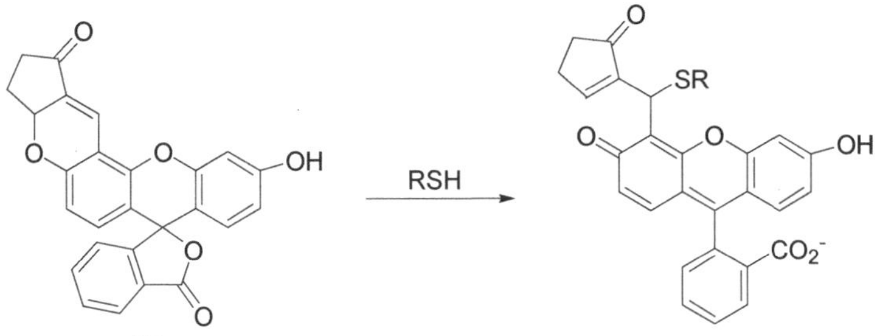

图3-76　化合物58的传感机理

巯基/二硫的交换反应也已被用于检测硫醇，如半胱氨酸(Cys)。如图3-77中化合物60的能量给体和受体分别是中-四(4-羧基苯基)卟吩和香豆素的部分结构[143]，其中能量给体是通过二硫键连接至受体的。从给体到受体有一个FRET的过程，这个过程导致香豆素的部分荧光淬灭。在加入半胱氨酸

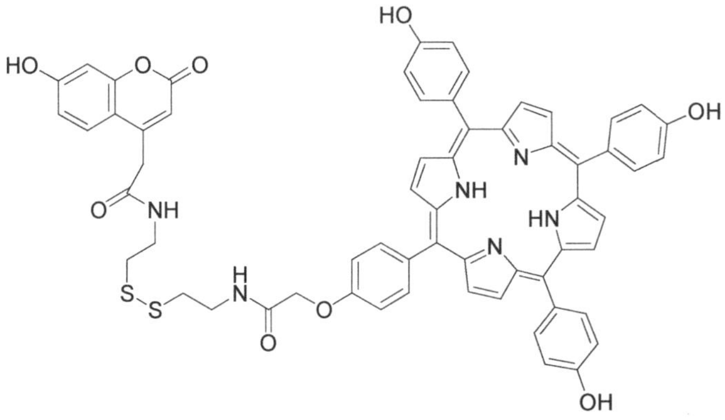

图3-77　化合物60的结构式

后，S—S键发生断裂，并且阻止了FRET过程。因此，可以观察到香豆素的荧光发射增强，卟吩的荧光发射不变，从而实现了半胱氨酸的比例荧光检测，并且细胞内硫醇的比率成像已被证明。

图3-78中的化合物61是一个Cys/Hcy化学传感器，应用于检测活细胞中Cys/Hcy分布的荧光成像[144]。在pH值为7的甲醇和HEPES(体积比7∶3)的混合溶液中，加入Cys或Hcy后，其在588 nm处的发射峰迅速增强约75倍，这是半胱氨酸或高半胱氨酸的亲核加成过程造成的。竞争实验表明，化合物61对半胱氨酸或高半胱氨酸的选择性比其他各种氨基酸和硫醇生物大分子都要高。可以通过共聚焦荧光显微镜和双光子荧光显微镜证实，其可对生物样品中Cys和Hcy进行检测。实验表明其可以在可见光区域被用于Cys/Hcy的亚细胞分布的生物成像，且荧光是增强的。

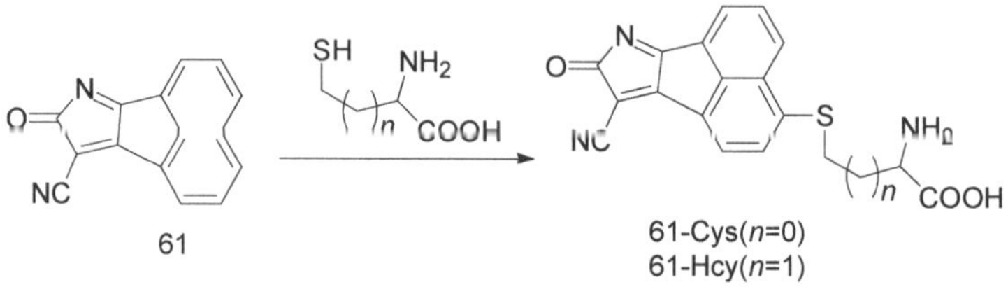

图3-78 化合物61的传感机理

化合物62没有荧光，是由荧光团香豆素和其附近共轭二酯之间的ICT作用造成的[145]。当加入Cys/Hcy发生迈克尔加成反应后，香豆素环系统到α，

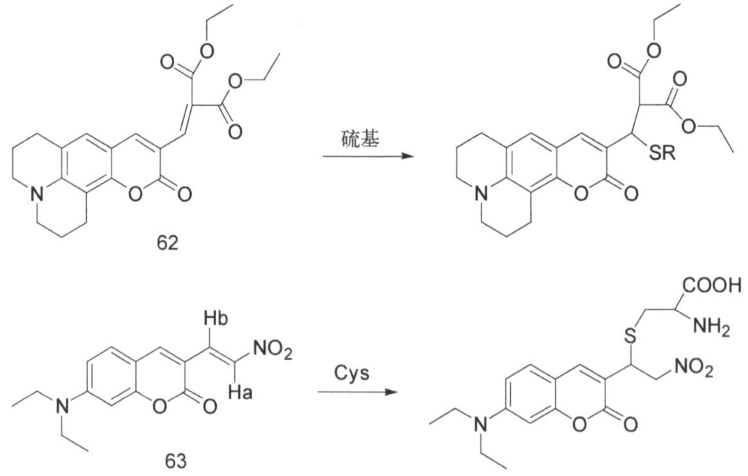

图3-79 化合物62和63的传感机理

β-不饱和羰基基团的共轭结构发生了很大的改变，其吸收峰发生了蓝移，荧光增强。如图3-79所示，化合物63也是一个用来检测Cys/Hcy的荧光增强型的化学传感器，其电子受体是硝基乙烯部分[146]。通过共聚焦显微镜可分析二者在细胞内的硫醇成像。但这种基于迈克尔加成反应得到的化学传感器，除了Cys/Hcy，对其他生物硫醇(如GSH等)的选择性都不高(图3-79)。

第 4 章 荧光分子传感器检测基团

4.1 反应型检测基团

荧光分子传感器检测端中的反应型检测基团是非常重要的基本检测基团,目前为止报道的荧光探针分子中很多都属于反应型探针,反应型探针的测试结果通常都有很明显的实验现象,方便于检测识别。

4.1.1 阴离子检测

1. 氰根离子检测

由于 ICT 机理的原因,氰根离子探针在加入 CN^- 后引起双重颜色的出现和荧光的变化(图 3-25)。在 12 种离子中只有 CN^- 有颜色变化,紫外光下从黑蓝色变为黄色,荧光从弱蓝变为强绿,在 490 nm 处的等吸收点说明 CN^- 和化合物 Cou 反应产生了新物种。在 484 nm 处荧光增加,而其他钾盐离子没有这个变化。

Ekmekci 组[147]研究了 BODIPY 探针加了氰根离子后在 571 nm 的等吸收点的反应,证明在滴定过程中产生了新的物种,加入 TFA,探针失去 CN^-,荧光恢复。制备了掺杂 BODIPY 探针的聚(甲基丙烯酸甲酯)薄膜,该实验表明在固体状态下和氰基的反应。

由于吲哚基团中带正电荷的氮原子能够对 CN^- 中 sp^2 杂化的亲核性碳原子具有强吸引力,吲哚基团的 C═N 可以作为一个氰离子反应位点进行比色识别和荧光比率识别,如第 3 章中图 3-38、图 3-39、图 3-40、图 3-42、图 3-43、图 3-48、图 3-49。

李振教授等人[33]利用氰化物特殊的亲核性,设计合成得到了比率型荧光比色探针 11(图 2－21)，当加入阴离子 CN^- 后，其荧光光谱和吸收光谱蓝移均达到了 90 nm。

在水杨醛结构中，酚羟基与邻位醛基上的羰基氧形成分子内氢键，引起羰基活化。羰基被活化后能够与氰离子发生亲核加成反应，氰离子攻击醛基上活化了的碳氧双键，导致酚羟基上产生一个烷氧基负离子，产生的烷氧基负离子与酚羟基依靠分子内氢键形式相互结合，进而质子转移后形成氰醇化合物，这一过程可用“激发态质子转移”(ESIPT)机理解释。核磁信号峰精确地阐述了加入氰离子前后水杨醛的醛基质子氢所对应的变化。有大量文献报道过基于这一原理来设计氰离子探针。

Rangsarit Sukato 等人开发了一个氰离子荧光探针 2(图 4－1)，该探针加入氰离子后，溶液从橙色变为无色，并且在 504 nm 处表现出强荧光。在生理条件下，向探针体系中加入其他多种阴离子都几乎没有干扰，其检出限为 0.88 μmol/L，数据远远低于 WHO 要求的饮用水标准。团队用密度泛函理论(DFT)证明了该探针识别氰离子的主要反应机理是“光诱导电子转移”(PET)抑制机制。细胞成像研究表明，该探针能够在活细胞中实现对氰离子的检测[148]。

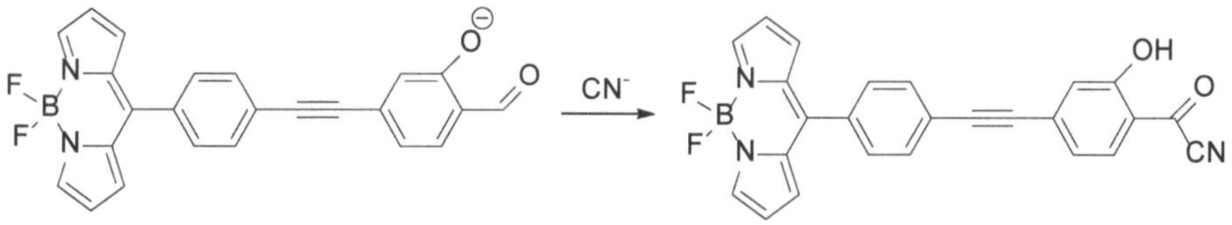

图 4－1　探针 2 识别氰离子的反应机理

Yoon 和 Park 等介绍了一种用醛基荧光素设计的氰离子荧光探针 3，其设计机理也是依靠活化羰基碳加成(图 4－2)[149]。它们通过微流控技术对氰离子的选择性识别进行测试，并取得了很好的效果。作者将探针溶解到

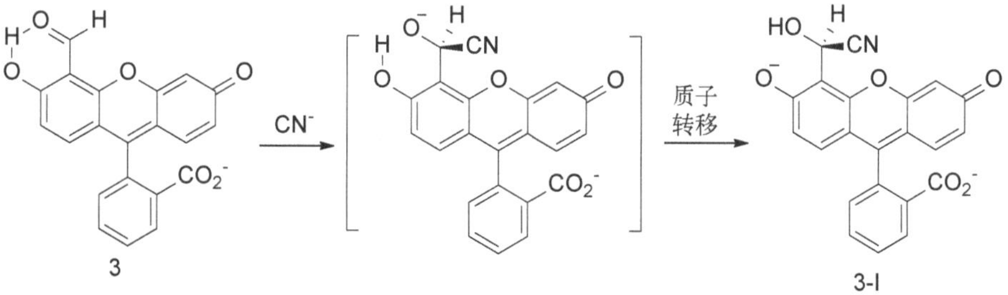

图 4－2　探针 3 加入氰离子后的反应机理

$CH_3CN—H_2O$(体积比 9∶1)制成溶液,使用激发波长为 500 nm 的荧光照射,该氰离子荧光探针能够实现生物体活细胞中氰化物的检测。

由苯胺和水杨醛反应得到的新探针 4 和 5 如图 4-3 所示[150],两个探针都能通过颜色改变(从无色变为淡黄色)和荧光“开”响应的方式实现对氰离子的识别。理论研究表明,加入氰离子后溶液颜色变化的原因可能是加入氰离子后的醌由带负电荷状态发生质子转移到三苯基基团。这些探针在加入氰离子后荧光强度能够变为原来的 360 倍。

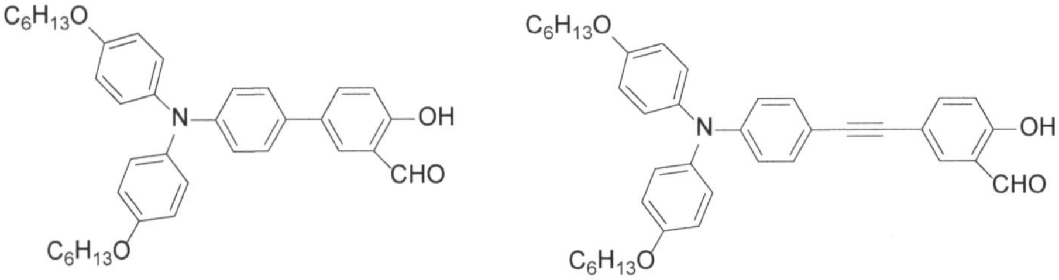

图 4-3 三苯胺与水杨醛反应制得氰离子探针的结构式

2. 氟离子检测

Bozdemir 组[151]考虑到氟离子传感是建立在醇和酚基础上的脱硅保护基团的方法上的,设计了化合物 46 和 47(图 4-4)作为潜在的氟离子响应分子。

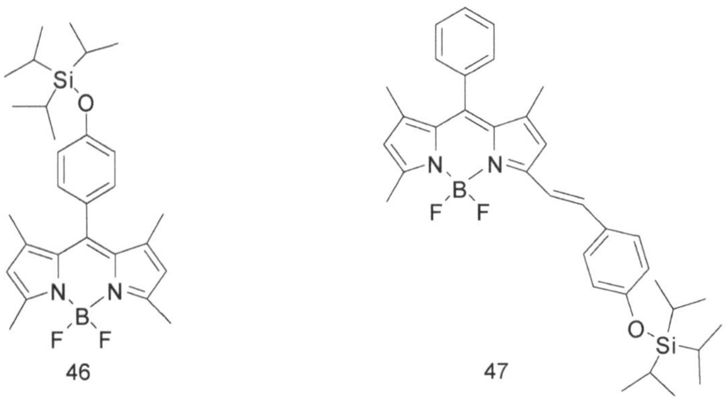

图 4-4 化合物 46 和 47 的结构式

以前的工作证明在 BODIPY 核的 meso 位的苯氧基取代基是非常强的 PET 给体。在非质子溶剂中,使用探针 46 能识别氟离子,这是通过在发射强度上的下降作为脱除 TIPS(三异丙硅烷)保护基团的结果,脱保护反应过程较快，产生酚盐阴离子，通过PET淬灭发射。探针47的设计是希望利用氟离子的脱保护反应产生强烈的ICT给体酚盐离子，和BODIPY染料完全共轭，这将提高HOMO能级，减少S_0-S_1跃迁的能带，导致在吸收的主峰上大的红移。在很多例子中，如此大的红移导致发射强度下降。

化合物46的吸收波长在498 nm，四丁基氟化胺的加入导致吸收波长最小的变化(10 nm蓝移)，最明显的变化是荧光光谱，因为在506 nm的荧光被氟离子淬灭，脱保护反应较快。化合物47的吸收波长在560 nm，加入氟离子后红移，560 nm处峰逐渐下降，出现680 nm处新峰，等吸收点在581 nm处。在溶液中120 nm的红移是非常大的，相应地，颜色从桃红变绿色。另一方面，探针47新出现的荧光波长表明了新发射物种的出现，脱保护导致了非发射酚盐的形成，这些反应对氟离子有高的选择性，脱保护反应较慢。探针46和47经过修饰可用到水溶液中，但要克服水溶液中氢键的影响。

Guoqiang Yan等人[152]报道了一种基于化学反应型检测氟离子的荧光探针，如图4-5所示，氟离子通过使硅氧键断键，生成供电子的酚羟基，实现发射光谱的红移142 nm。该荧光探针也是基于ICT效应的比率型荧光探针，加入氟离子之后，溶液在紫外灯下由蓝色变为黄色。纯水中的检测极限在0.1 μmol/L左右，完全适用于饮用水中氟离子的检测。

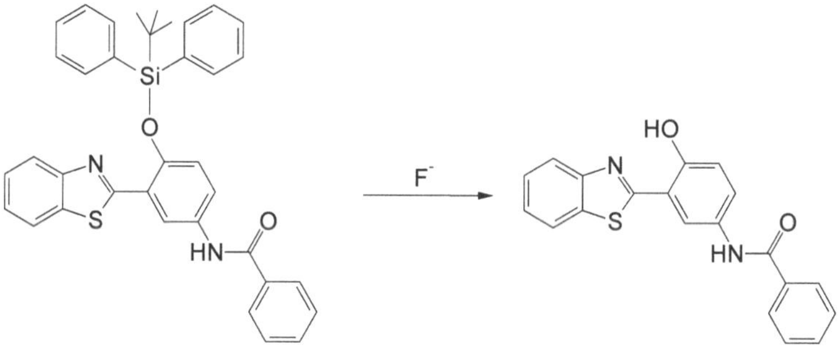

图4-5　化学反应型荧光探针检测F^-

Yamaguchi组[115]报道了含硼的π共轭系统的化合物48和49作为氟离子化学传感器[图3-51(b)]。

3. 其他阴离子检测

Xiaofeng Yang课题组[153]设计并合成了一种利用S^{2-}亲核性进行化学反应的荧光探针。如图4-6所示，加入S^{2-}之后，探针脱去2,4-二硝基苯磺酰基,对于羟基的保护,荧光素的强荧光显现出来。该荧光探针可以成功应用于水体中 S^{2-} 检测,检测极限为 4.3 nm。

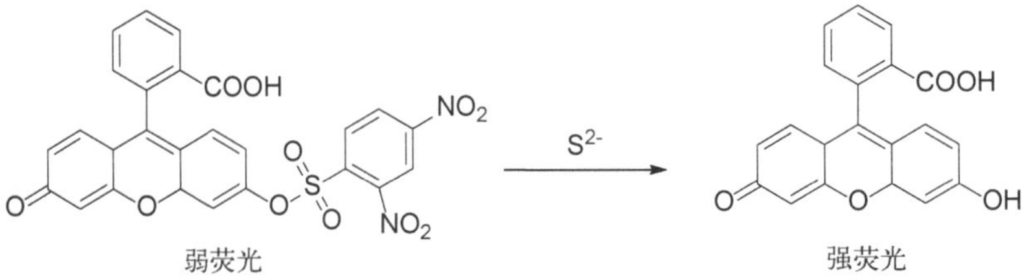

图 4-6 化学反应型荧光探针检测 S^{2-}

2,4-二硝基苯磺酰氯检测基团通常用作苯硫酚荧光探针,赵春常组[51]以吲哚基 BODIPY 作为荧光团,以强拉电子基二硝基苯磺酰基为识别基团的荧光分子探针,探针加入苯硫酚后荧光增强,有较高的荧光量子产率,可观察到酚/酚盐转换形式的蓝/红颜色转换。

Jiang 等人[154]在 2007 年报道了一个基于分子内电荷转移机制(ICT)的具有高度选择性和高灵敏度的苯硫酚荧光探针 12(图 4-7)。该探针可以用于区分苯硫酚和脂肪族硫醇。同时,在中性水条件下,加入苯硫酚后溶液的荧光强度有大于 50 倍的荧光增强。

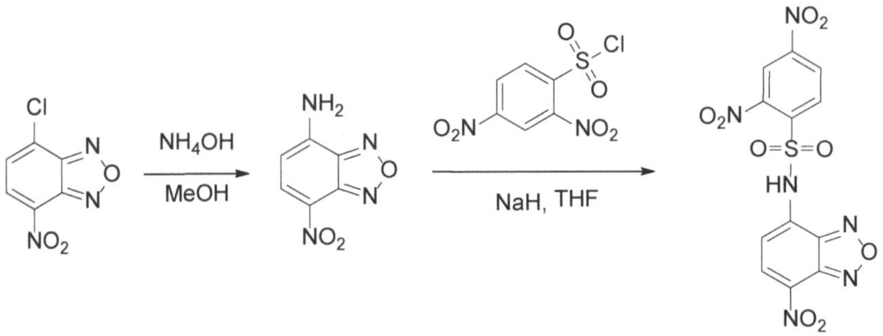

图 4-7 探针 12 的设计合成反应机理

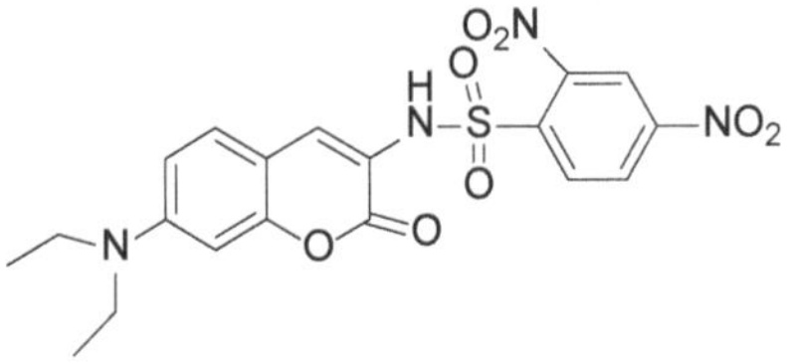

2014 年,Li 等人[155]报道了一种基于分子内电荷转移机理(ICT)的新型香豆素类衍生物的荧光探针分子 13(图 4-8)。该探针分子有三大优点:一是具有大的 Stokes 位移(145 nm),二是有高的荧光增强倍数(280 倍),三是这种探针分子在活

图 4-8 探针 13 的结构式

细胞和水中都有检测可行性。而且，计算得出荧光探针13对苯硫酚的检测下限可以达到30 nmol/L。此外，探针可在HEK293细胞中对苯硫酚进行实时检测，探针的细胞渗透性高、毒性较低、对细胞的损伤较低。在实际水样中对苯硫酚回收率很高，可达到90%以上。

然而探针13与苯硫酚反应后生成的产物(氨基香豆素)的荧光量子产率不高，只有0.14，为了对此缺陷进行改善，Sun等人在2015年报道了另外一种经过改进的苯硫酚荧光探针14(图4－9)，探针用两个环己烷取代的氨基香豆素作为母体在3号位进行结构修饰，合成苯硫酚荧光探针14，这种改进后的荧光探针与苯硫酚结合后所得的产物表现出了更高的荧光强度倍数(700倍)，探针的检测下限更低了(4.5 nmol/L)，并且拥有更大的Stokes位移(155 nm)。此外，各项数据表明这种探针对苯硫酚不仅响应速度快、灵敏度高、选择性好，而且探针有着良好的细胞渗透性。实践证明，这种探针在定量检测水样和活细胞中苯硫酚的浓度时，达到了很好的效果。

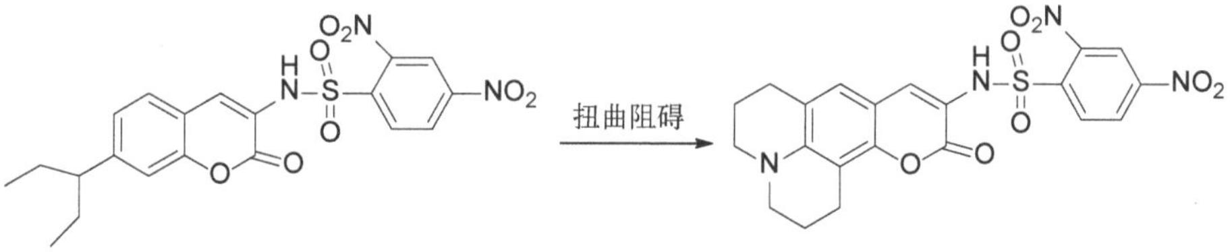

扭曲阻碍

图4－9　探针14的合成机理

2015年，Liu等人[156]报道了一种称为NpRb1的双光子苯硫酚荧光探针15(图4－10)，探针是用DNBS(二硝基苯磺酸盐)作为识别单元，用萘蒽类物质作为荧光基团，这两个基团有着低的荧光背景值和高的细胞渗透性等优点，再运用了键的能量转移机理(TBET)设计了探针15。用一个共轭键连接一种双光子D－π－A结构的萘衍生物和一个Bodipy衍生物，形成TBET探针，数据模拟实验显示探针能量转换效率可以达到93.5%。同时从荧光光谱中发现探针拥有非常大的Stokes位移和较长的荧光发射波长(λ_{em}=586 nm)。在检测时探针具有较高的选择性和灵敏度，计算可知探针的检测下限可以达到4.9 nmol/L，更有意义的是探针15可运用到实际的水样和活体细胞中苯硫酚的定位和实时检测。

2010年，Jiang等人[157]报道了一种基于PET机理设计开发的“关-开”型苯硫酚荧光探针16(图4－11)，探针在检测苯硫酚时展现了极高的灵敏度和

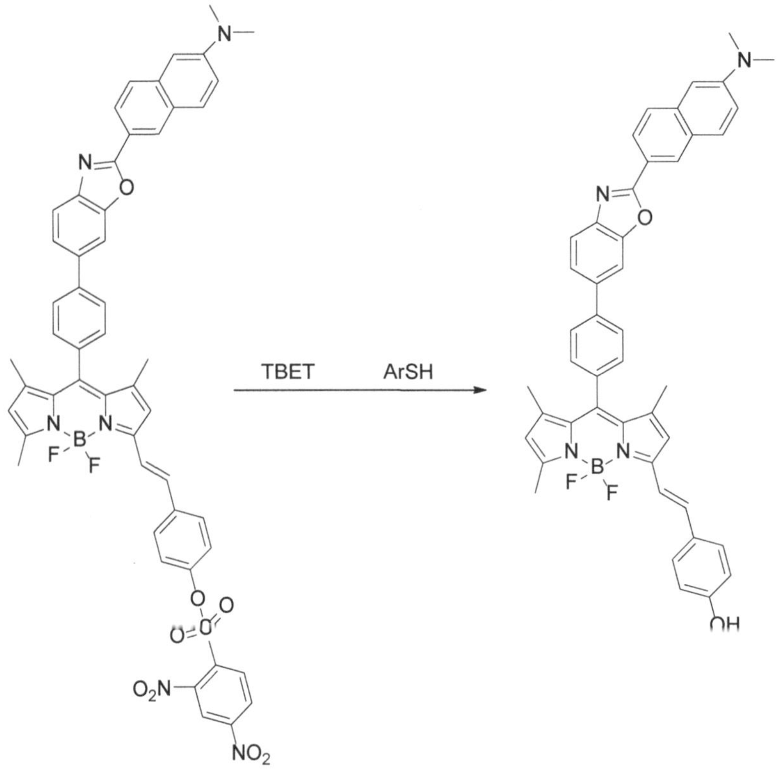

TBET ArSH

图 4-10 探针 15 的响应机理

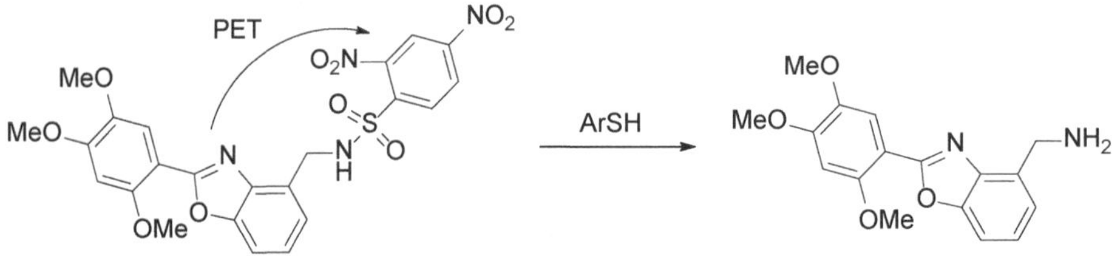

PET ArSH

图 4-11 探针 16 的响应机理

优良的选择性，计算得出探针的检测限可达到 0.2 μmol/L，在考察 pH 对探针与苯硫酚结合的影响时发现，溶液 pH 从 7 到 9 时，探针溶液的荧光强度基本不发生变化，而加入苯硫酚反应后荧光强度可以迅速增加，当达到稳定时荧光强度比探针溶液本身有 100 倍的增加。这些优异的性能使探针可在生理条件下在细胞中对苯硫酚进行荧光成像实验。

Shao 等人[158]在 2015 年报道了一种具有高度选择性和敏感度的“关-开”

型荧光探针 17(图 4-12)，探针 17 可高效地区分脂肪族硫醇和苯硫酚，从荧光光谱中发现当苯硫酚浓度在 $6\times10^{-6}\sim1\times10^{-4}$ mol/L 的范围内时，溶液的荧光强度与苯硫酚的浓度会有良好的线性相关性，这就为在溶液中定量检测苯硫酚提供依据。通过计算可知探针 17 在 PBS 缓冲溶液中对苯硫酚的检测下限可达到 4×10^{-6} mol/L。此外，由于探针的荧光发射在红色波段，当探针应用在活细胞中定量检测苯硫酚时，这种红色波段荧光会降低细胞的光损伤，极大地提高探针在活体细胞中的实用性。

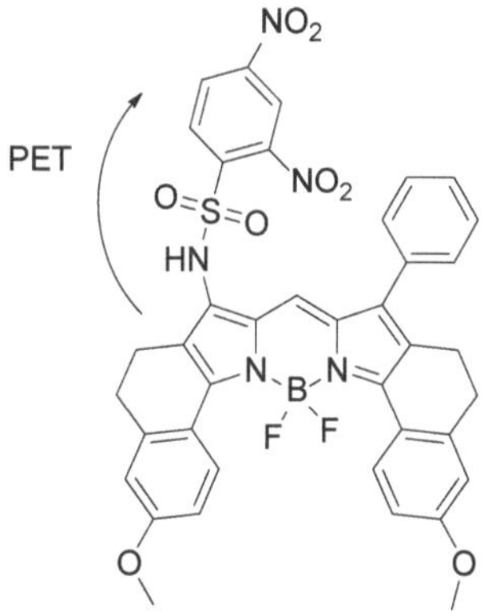

图 4-12 探针 17 的响应机理

Yu 等人[159]在 2014 年报道一种利用二苯并呋喃合成的用于检测苯硫酚的近红外荧光探针 18(图 4-13)。实验发现探针检测苯硫酚具有快速性、高选择性、高灵敏度等特点。探针以共轭二苯并呋喃分子作为荧光基团，2，4-二硝基苯-1-磺酰胺作为反应部位。探针检测苯硫酚的优点包括以下几点：可以快速地检测苯硫酚、在近红外波段进行荧光检测、对苯硫酚具有高选择性和高灵敏性、反应可以在温和的条件下进行、荧光光谱中有一个大的 Stokes 位移。此外，探针分子还被成功地应用到实际水样和活体细胞中苯硫酚的检测。结果表明，这项工作提供了一个可在近红外波段对实际水样中和生物细胞中的苯硫酚进行检测的量化机制。

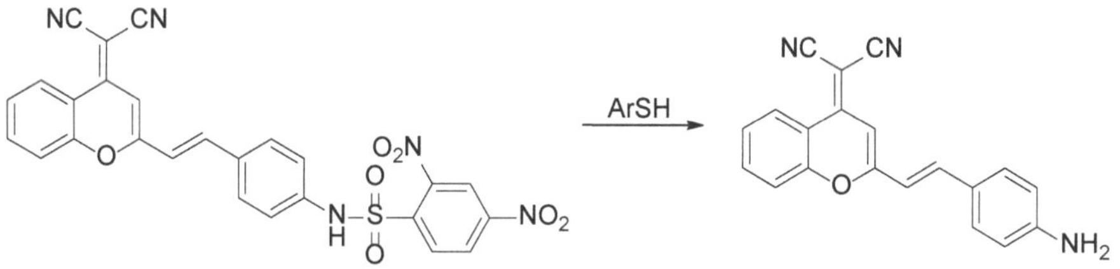

图 4-13 探针 18 的响应机理

Kand 等人[160]在 2012 年报道了一种基于 BODIPY 结构的比色型氟硼荧光染料的荧光探针 19(图 4-14)，该探针可用于识别苯硫酚并可以定量地检测溶液中的苯硫酚含量。在对苯硫酚检测时溶液颜色由红色变为黄色，当反应稳定后溶液的荧光强度比探针本身增强 63 倍。在活细胞中可利用探针 19

对苯硫酚进行荧光成像实验。

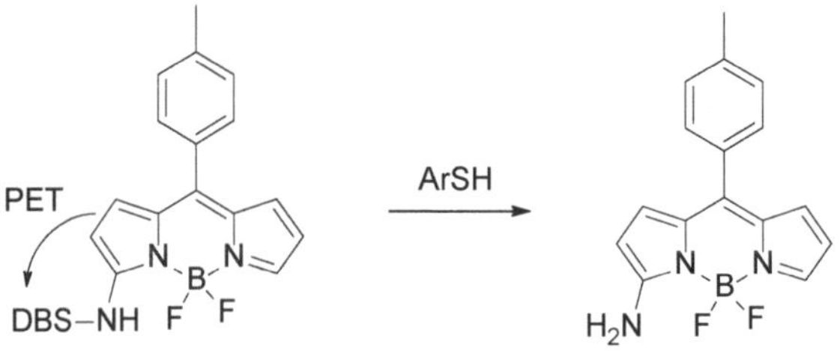

图 4-14 探针 19 的响应机理

在 2012 年的美国分析化学报道中，Wang 等人[161]研究制备了一种以萘酰亚胺作为荧光基团、以强吸电子基的 2,4-二硝基磺酰胺作为识别单元、以 2,3-二羟基咪唑吡啶作为连接基的苯硫酚荧光探针 20(图 4-15)，探针可在水溶液中对苯硫酚进行专一性识别。所制备的这种荧光探针显示出高的关/开信号比、良好的选择性。探针的检测下限可达到 20 nmol/L。在回收率实验中，11 个样品浓度为 0.33 mol/L 的苯硫酚检测结果的标准偏差为 1.7%，表明探针可有效地应用于定量测定水中的苯硫酚(回收率 94%～97%)。这种探针的激发和发射波长分别为 481 nm 和 590 nm，在实验中带来较小的背景干扰。探针的这些特性保证它在实际应用中能够有令人满意的应用价值。

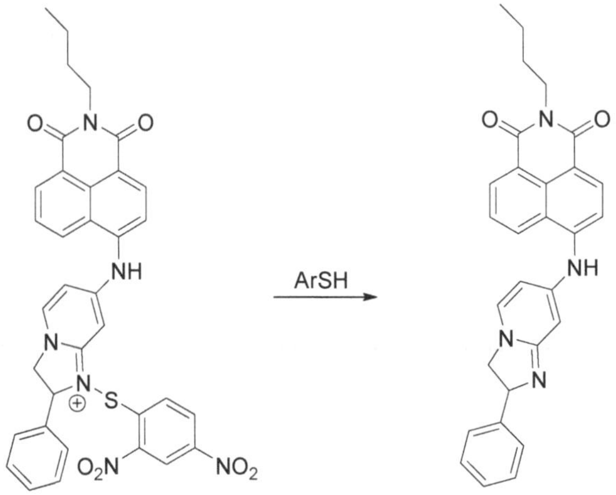

图 4-15 探针 20 的响应机理

Lin 等人[58]在 2010 年合成了探针 21(图 4-16)，该探针将 2,4-二硝基苯氟连接到香豆素衍生物上，苯硫酚可对探针分子上的磺酰胺键进行切断，从而达到检测的效果。实验报道探针可在 pH=7.0 的 PB 缓冲溶液(45%的 DMF 作助溶剂)中检测苯硫酚。实验结果表明,探针对苯硫酚的检测的灵敏度较高,同时,反应结束后溶液的荧光量子产率由原先探针的 0.006 增加到了 0.5,荧光强度有 165 倍的增强,并且当苯硫酚在 $4.0\times10^{-9}\sim3.0\times10^{-6}$ mol/L 这一浓度段时,溶液的荧光强度和苯硫酚浓度有较好的线性相关性,计算得出探针对苯硫酚的检测下限可达到 1.8×10^{-9} mol/L,这在检测苯硫酚的探针中是最灵敏的。反应结束后溶液颜色由原来的黑色变为绿色。该实验突破性地将探针与试纸相结合,为探针在实际运用中提供了实际依据。实际水样和生物细胞中的苯硫酚的检测和荧光成像,表明了探针有良好的细胞渗透性和较低的毒性。

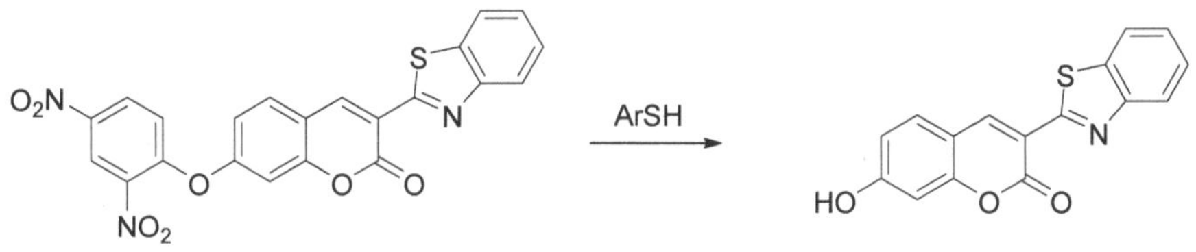

图 4-16 探针 21 的响应机理

Sun 组[162]设计了基于 PET 机理的 BODIPY 染料探针 HKOCl-1,与次氯酸盐反应之前,对甲氧基苯酚部分的 HOMO 能级(−8.71 eV)比 BODIPY 单元的更高(−9.14 eV),因此,HKOCl-1 的荧光通过 PET 过程淬灭。氧化以后,苯醌部分的 HOMO 能级(−10.9 eV)比 BODIPY 单元的更低,因此,PET 过程被禁阻,产物出现荧光。

基于硅基罗丹明的近红外发光荧光探针 7 及其衍生物是关环型探针[121],可以在次氯酸的作用下,生成开环的氧化产物 8,并产生增强型的荧光信号输出(图 3-57)。

Kim 等人通过迈克尔亲核加成反应合成得到了荧光探针 12(图 2-22),用于谷胱甘肽的检测。

亚硫酸盐作为防腐剂的有效成分,被广泛应用于饮料和食品中。它具有毒性,并且与过敏反应等有关联。乙酰丙酸异吩噁唑酮在亚硫酸根(SO_3^{2-})的诱导下选择性脱去乙酰丙酸基团的基础上,Chang 等人报道了一个在溶液中的亚硫酸根选择性的化学传感器 56(图 3-74),化合物 56 对 SO_3^{2-} 的选择性较高,且不受其他阴离子的干扰。

与化合物 56 的机理相类似,BODIPY 衍生物 57[163]也是用来检测 SO_3^{2-} 的,且是一个比率型荧光探针,其传感机理如图 4-17 所示。

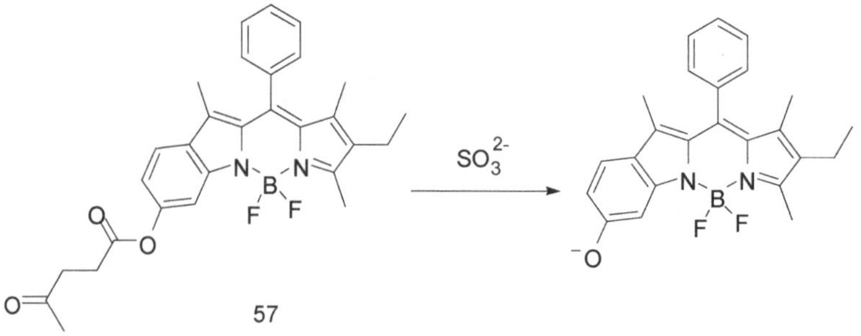

图 4-17　化合物 57 的传感机理

4.1.2　阳离子检测

1. 反应型 Hg^{2+} 化学传感器

Hg^{2+} 是一种嗜硫的重金属离子,可以与许多含硫化合物发生作用。例如与硫羰基化合物发生脱硫反应生成相应的羰基化合物[164],诱导硫脲衍生物脱硫化氢成胍反应[165],以及汞促进氨基硫脲转化为 1,3,4-噁二唑的反应[166],反应后 Hg^{2+} 一般以硫化汞的形式存在。反应型 Hg^{2+} 化学传感器的设计正是基于这些化学反应,通过巧妙设计的分子结构,把反应活性基团与荧光团或发色团结合起来,利用反应前后化合物光物理性质的不同,对 Hg^{2+} 进行检测。另外,水溶液中 Hg^{2+} 可以与炔烃或烯烃发生羟汞化反应[167],也可以作为反应型化学传感器分子设计的基础。

Ziessel 组[168]的 BODIPY 染料,在 PBS 溶液中有两个强的 522 nm 和 567 nm 吸收峰,567 nm 的峰表现出聚集态的特点,探针带一个酸性官能团,可以通过酰胺键结构结合生物分子,适合作为荧光生物标签使用。

由于 Hg^{2+} 有较强的硫亲和力,因此与汞引起的脱硫反应(包括水解、环化和消除)而相关的荧光变化已被设计用于 Hg^{2+} 的化学计量器。但是,这一领域仍然存在若干重大挑战。例如,为了促使这些脱硫反应完成,通常需要使用升高的温度或过量的 Hg^{2+}。尽管 Hg^{2+} 的亲硫性较弱,但其他金属离子(如 Ag^{+} 和 Pb^{2+})也可促进脱硫反应。因此,Hg^{2+} 的最佳比例式化学计量器必须在环境温度下具有快速响应时间,并且能够选择性地和化学计量地检测

Hg^{2+}。最后，剂量计应该在含水介质中操作，并且足够敏感，以在十亿分之几的水平上检测 Hg^{2+}。目前已经设计了少量的重金属离子荧光化学传感器，利用螺内酰胺（非荧光）来打开罗丹明衍生物的酰胺（荧光）平衡开放。图 4-18 为氨基硫脲在 Hg^{2+} 的促进反应下形成 1,3,4-噁二唑，该反应将作为新型的用于 Hg^{2+} 的化学计量器的基础[10]。

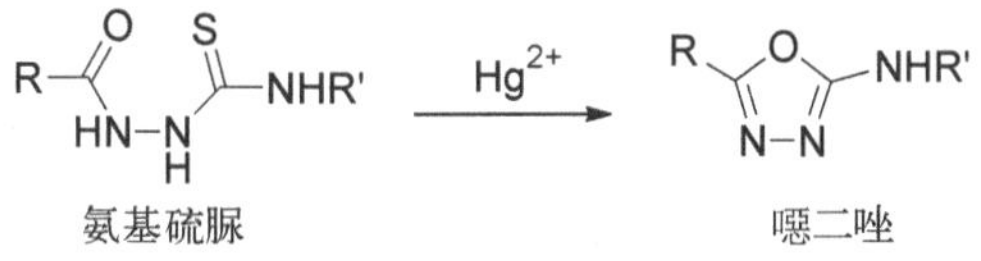

图 4-18 Hg^{2+} 促进氨基硫脲的反应机理

虽然 Hg^{2+} 的一些探针基于多个氮原子与金属离子的配位，但 Hg^{2+} 的大多数探针基于极强的 Hg-S 结合。图 4-19 中 Hg^{2+} 促进了荧光掩蔽烷基团裂解，从化合物 2 得到裂解产物 4，这样的系统可以用于 Hg^{2+} 检测。Hg^{2+} 催化炔烃的水合作用形成相应的酮。酸促进了汞催化水合作用的周转频率，但也可能直接通过醚裂解将化合物 2 转化为化合物 4。为了抑制在没有 Hg^{2+} 的情况下酸催化的醚裂解，化合物 2 和 Hg^{2+}（1 当量）在 pH=7 的缓冲液中在

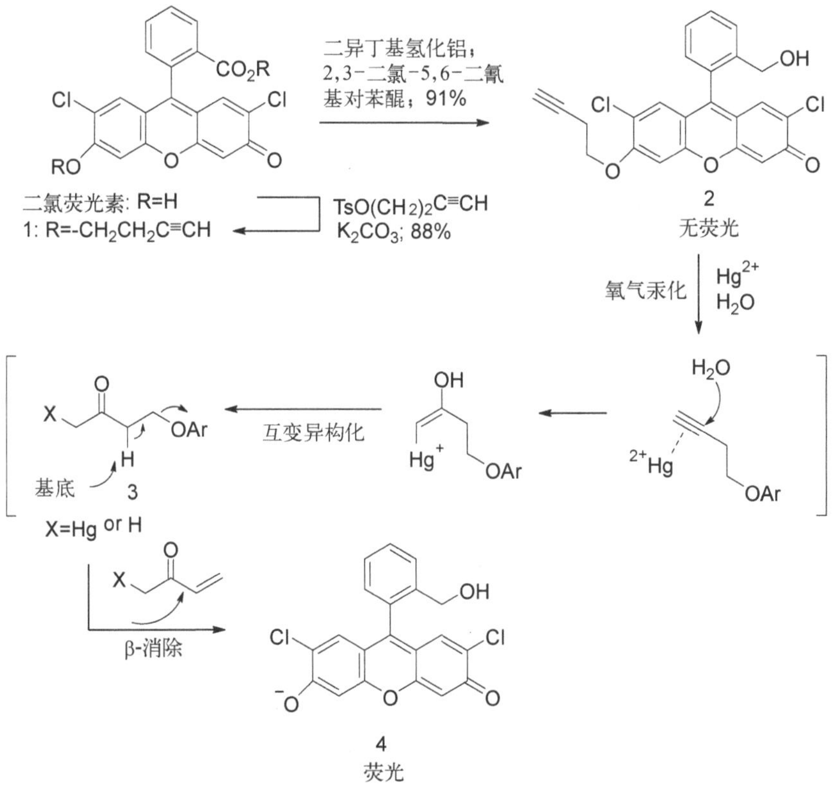

图 4-19 Hg^{2+} 促进烷基团裂解从化合物 2 得到裂解产物 4 的反应机理

90℃下通过加热进行化合物 2 到化合物 4 的转化；可能因为消除步骤比羟汞化更快，所以化合物 3 不能被分离出来。化合物 4 被分离出来，回收率为 61%，通过 HPLC 检测甲基乙烯基酮可作为生成间接的化合物 3 的中间性证据[11]。

2. 汞促进脱硫和脱硫醇反应

1992 年，Czarnik 等人[169]报道了第一个用于检测 Hg^{2+} 的反应型传感器 24(图 4-20)。化合物 24 中的硫代酰胺基团是一个有效的分子内荧光淬灭基团，通过光诱导电子转移(PET)过程可以淬灭蒽荧光团的荧光。加入 Hg^{2+} 后，化合物 24 发生脱硫反应，生成羰基产物 25，导致 PET 过程被打断，从而使荧光得以恢复。发生脱硫反应后，体系荧光增强了 56 倍。这一传感器灵敏度高，响应较快(加入 Hg^{2+} 10 分钟后可以达到 87%的饱和荧光强度)，可以在水溶液中检测，并且展示了一种新的基于化学反应体系的荧光信号增强的传感机制。然而，传感器 24 也可以与 Ag^{+} 发生反应，并产生较强的荧光增强，这使得它的选择性受到限制。

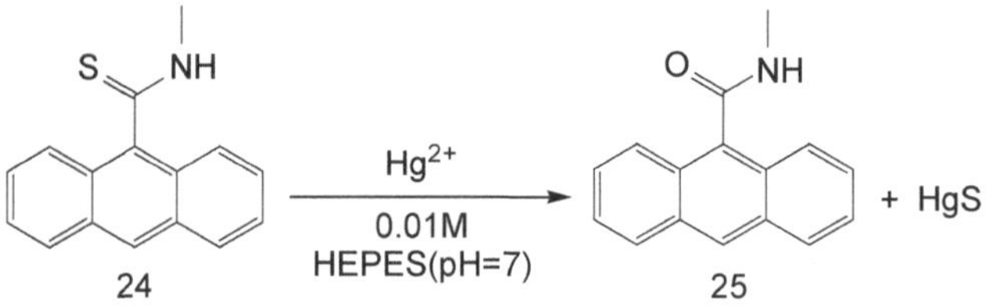

图 4-20 化合物 24 与 Hg^{2+} 的反应机理

张德清等人[170]报道了含 1,3-二硫酸-2-硫因基团和蒽荧光团的化合物 26(图 4-21)。1,3-二硫酸-2-硫因基团和蒽荧光团之间存在光致电子转移以及能量转移过程，使得化合物 26 在溶液中只有很低的荧光量子产率。在 Hg^{2+} 存在下，化合物 26 发生脱硫反应生成产物 27，新的化合物中能量转移效率降低，同时光致电子转移过程受到抑制，导致荧光增强。在 THF-水(体积比 20∶1)溶液中，化合物 26(10 μmol/L)与 Hg^{2+} 的作用使 418 nm 处的荧光强度随 Hg^{2+} 浓度增加而线性增强，该变化曲线可以作为实时检测的标准曲线。传感器 26 具有很高的灵敏度和很好的选择性，对 Hg^{2+} 检出下限达到 0.05 μmol/L，包括 Ag^{+} 在内的其他金属离子对其不构成干扰，提高其水溶性可使其更具实际应用的价值。

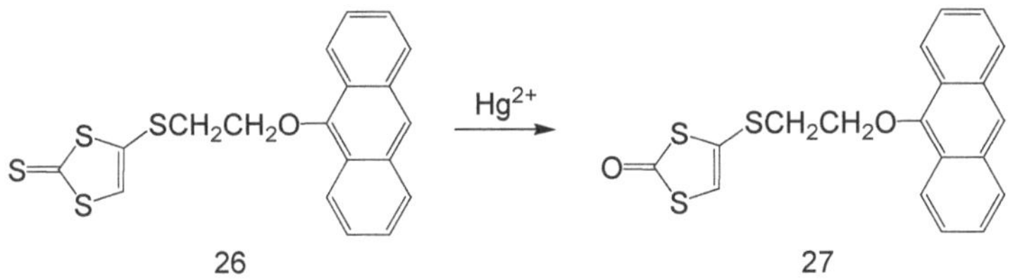

图 4-21 化合物 26 对 Hg^{2+} 的传感机理

Martínez-Máñez 等人[171]合成了一种含方酸菁染料基团的 Hg^{2+} 指示剂 28(图 4-22)。与一般传感体系对已有吸收和荧光性质进行调节的方法不同,作者采用了一种金属离子诱导染料生成(metal-induced dye release)的方法。其中,硫醇作为一种光谱抑制剂(spectroscopic inhibitor),与染料分子 29 发生加成反应,生成无光谱性能的化合物 28,这相当于染料分子的光谱性能被关闭。而加入 Hg^{2+} 后,由于强烈的亲硫特性,Hg^{2+} 可以与传感器 28 发生脱硫醇反应,抑制剂被除去,使得染料分子被释放出来,染料分子的吸收和荧光性能被打开。在水-乙腈(体积比 4∶1,0.01 mol/L CHES 缓冲液,pH=9.6)混合溶液中,传感器 28 发生脱硫醇反应后,分别在 642 nm 处和 670 nm 处产生新的吸收峰和荧光信号,传感器 28 对 Hg^{2+} 的检出下限低于 2 ppb。不同于一般的反应型化学传感器,反应过程表明传感器 28 具有可再生性,因此固载化制备的固体传感材料可以对 Hg^{2+} 进行循环检测。

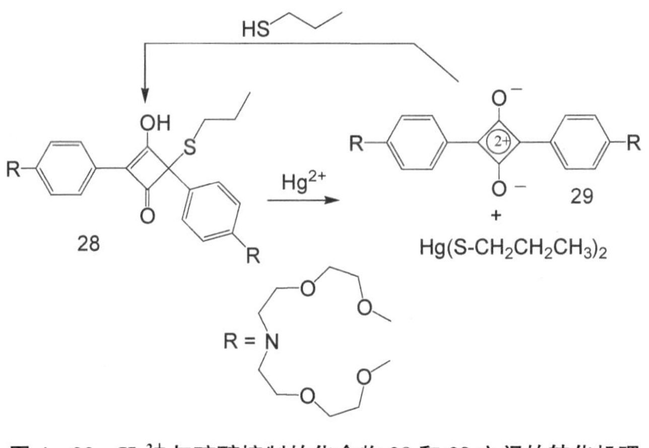

图 4-22 Hg^{2+} 与硫醇控制的化合物 28 和 29 之间的转化机理

8-羟基喹啉对于 Zn^{2+},Cu^{2+},Fe^{3+} 和 Hg^{2+} 来说是很好的配体,可以与这些离子进行有效的络合,已被广泛用于识别金属离子化学传感器的设计合成[172](图 4－23)。Chang 等人[173]将硫代酰胺基团连接到 8－羟基喹啉上，得到弱荧光的化合物 30，在 Hg^{2+}存在下，化合物 30 发生脱硫反应，生成强荧光产物 31。化合物 30 在 30%乙腈水溶液中可以选择性地检测 Hg^{2+}，对 Hg^{2+}的检测限为 0.5 μmol/L。

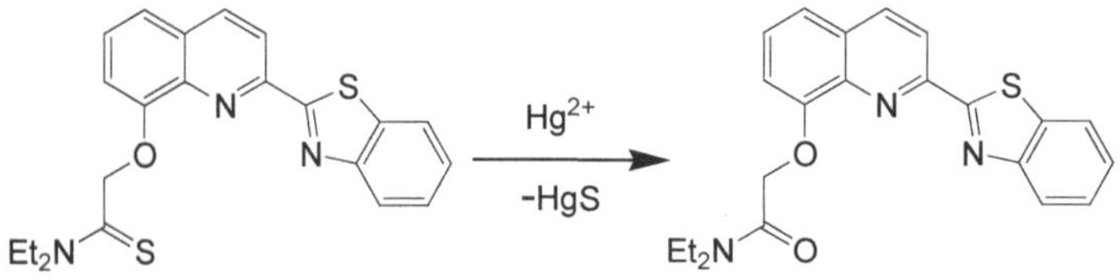

图 4－23　Hg^{2+}诱导化合物 30 发生脱硫反应的机理

3. Hg^{2+}促进硫脲衍生物脱硫化氢分子内成环反应

2005 年，刘斌和田禾[74]设计合成了一个以硫脲为反应识别基团含萘酰亚胺荧光团对 Hg^{2+}具有选择性的反应型指示剂 10。它对于 Hg^{2+}的识别基于分子内汞促硫脲成胍(咪唑啉)反应：在乙腈-水溶液中，Hg^{2+}促进 10 发生脱硫化氢作用(dehydrothiolazition)，生成分子内环合的胍类衍生物——含咪唑啉的萘酰亚胺化合物。这种脱硫化氢作用使产物中萘酰亚胺基团 4 位氨基上的推电子能力减弱，从而使吸收光谱和荧光光谱发生蓝移。在乙腈-水(体积比 80∶40)混合溶液中，反应前后溶液的最大吸收和发射波长分别从 350 nm 和 475 nm 蓝移到 435 nm 和 530 nm，溶液的黄绿色褪去变为无色，荧光颜色由黄绿色变成蓝色。这一传感体系通过对最大吸收和发射波长位置的调节，实现了比色和荧光比率传感，这是第一个报道的 Hg^{2+}比色和荧光比率反应型化学传感器(图 3－21)。

对 Hg^{2+}专一的反应可以与不同的信号基团相结合，通过巧妙的分子结构设计可得到具有比色或者荧光传感性能的传感器。2007 年，Kim 等人同样基于分子内汞促硫脲成胍的反应，设计合成了对 Hg^{2+}有很好选择性识别的罗丹明化合物 34[174](图 4－24)及偶氮苯化合物 36[175](图 4－25)。CH_3OH－H_2O(9∶1，体积比)溶液中，化合物 34 在 Hg^{2+}存在下先后经历开环—成环过程，生成化合物 35，反应后溶液由无色、弱荧光变成粉红色、强荧光发射。离子滴定光谱实验表明产生了位于 532 nm 的新吸收峰和 555 nm 处的新发射峰，表现为光信号由关闭到打开的过程。化合物 34 可以在很宽的 pH 值范围内(pH=5～10)对 Hg^{2+} 进行识别，其他金属离子不会对 Hg^{2+} 的识别造成干扰。

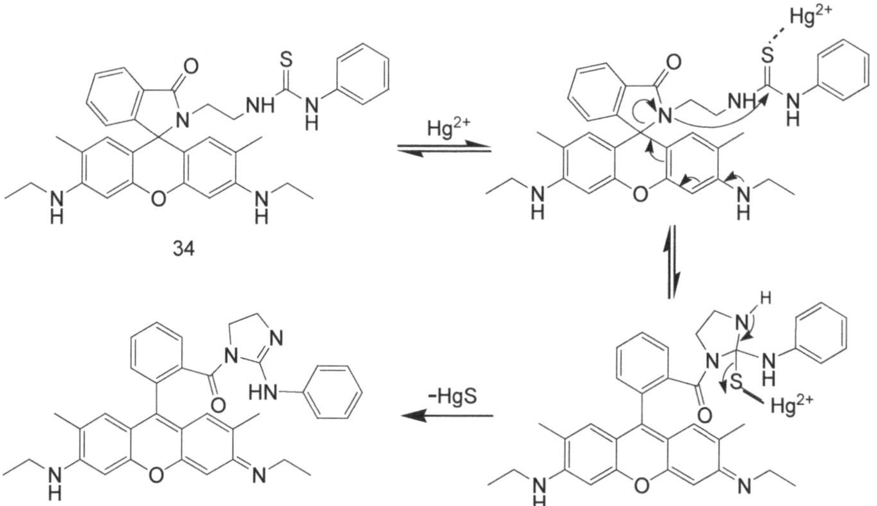

图 4-24　化合物 34 的汞促开环和分子内硫脲成胍反应机理

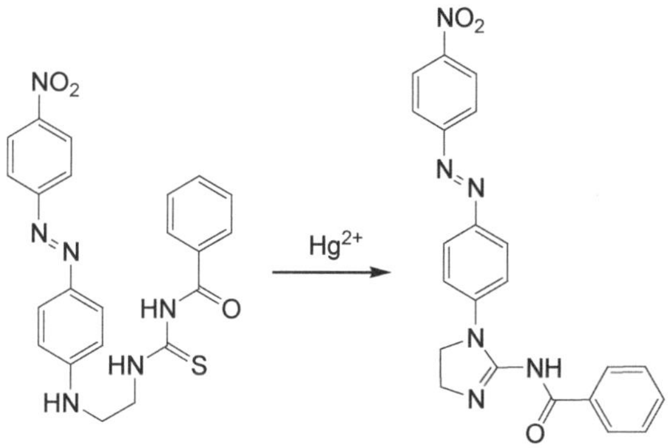

图 4-25　化合物 36 的汞促分子内硫脲成胍反应机理

化合物 36 将识别基团与发色团相连，是一个比色化学传感器。在 DMSO-H_2O(体积比 80∶20)溶液中与 Hg^{2+} 反应后生成产物 37，发色团给电子端的推电子能力减弱，从而使得吸收峰发生蓝移(从 486 nm 到 406 nm)，溶液的深黄色褪去变为无色。通过与 Hg^{2+} 1∶1 的计量反应，可以在 pH=4～9 的范围内对 Hg^{2+} 进行识别。

2005 年，Tae 等人利用 Hg^{2+} 促进氨基硫脲转化为噁唑的经典反应，合成

了对 Hg^{2+} 有很好选择性识别的罗丹明化合物(图 3－13 中化合物 1)，通过与 Hg^{2+} 1∶1 的计量反应，在水-乙醇(体积比 80∶20)溶液中荧光信号增强 26 倍，对 Hg^{2+} 的检出限量为 2 ppb。这一传感器可以在室温下对 Hg^{2+} 的快速响应(<1 min)，对 Hg^{2+} 的专一反应确保了其具有很好的选择性，包括 Ag^+ 在内的其他金属离子对 Hg^{2+} 的检测不构成干扰。传感器良好的水溶性使其可以用于生物样品的检测，研究者将其成功地用于活体细胞和动物器官内 Hg^{2+} 的实时检测和荧光成像，这是第一个利用化学传感器进行 Hg^{2+} 活体检测的报道。

4. 羟汞化反应

Ahn 等人[176]利用汞促进乙烯基醚水解的反应，设计合成了一个乙烯基醚荧光素衍生物 42(图 4－26)。化合物 42 在 PBS 缓冲液(pH＝7.4，含 5% DMSO)中荧光很弱，加入 $HgCl_2$ 后，溶液的荧光大大增强，显示了“关-开”型的荧光信号响应。对化合物 42 进行离子滴定后产物的分离与表征，表明化合物 42 与 Hg^{2+} 作用后生成了强荧光化合物 43，化合物 42 与 Hg^{2+} 2∶1 的化学计量比使荧光强度达到饱和状态，反应机理如图 4－26 所示。在甲基汞(CH_3Hg^+)存在下，化合物 42 同样可以发生水解反应，生成产物 43。相同条件下化合物 42 对甲基汞的荧光光谱滴定实验显示 1∶1 的化学计量比。这一研究实现了同时对无机 Hg^{2+} 和有机汞的荧光检测，这对于对生物体具有更大危害的有机汞化合物的检测具有重要意义。研究者还首次对生物细胞内甲基汞的存在进行了荧光成像。

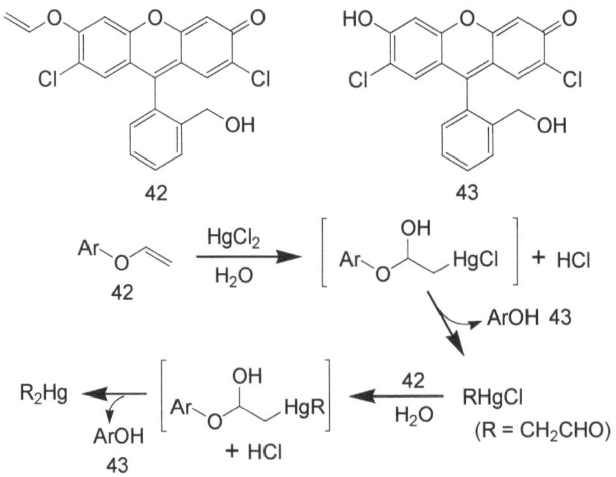

图 4－26　水溶液中化合物 42 在 $HgCl_2$ 和 RHgCl 存在下的水解反应机理

5. 其他类型反应传感

2008年，Torroba等人[177]报道了第一个对Hg^{2+}和$MeHg^+$能够很好选择性识别的有机钯化合物44(图4-27)。在乙醇-水(体积比1∶1)溶液中，化合物44最大吸收波长为455 nm，加入Hg^{2+}后，吸收峰红移到500 nm，肉眼可观察到溶液颜色由黄色变为紫色。等摩尔量化合物44和$Hg(ClO_4)_2$的反应生成红色针状晶体，对晶体的X射线衍射分析得到了$[45(H_2O)]ClO_4$的结构，证明了钯(Ⅱ)络合物和汞衍生物之间进行甲基转移的反应机理。对比$[45(H_2O)]ClO_4$与等摩尔44/Hg^{2+}在乙醇-水(体积比1∶1)溶液中的吸收光谱，进一步确认产物45的生成导致了吸收光谱的变化。^1H和^{31}P NMR滴定实验也显示了钯络合物中甲基峰的消失，为甲基转移反应机理提供了佐证。在等物质的量的44/Hg^{2+}混合溶液中，交替加入二巯基化合物46和Hg^{2+}，溶液颜色及吸收光谱均显示出可逆变化，表明化合物44是一个可再生的反应型化学传感器，同时化合物45可以作为对$MeHg^+$选择性识别的比色化学传感器。化合物44对Hg^{2+}具有很好的选择性和很高的灵敏度，对Hg^{2+}的检出限量为0.3 μmol/L。

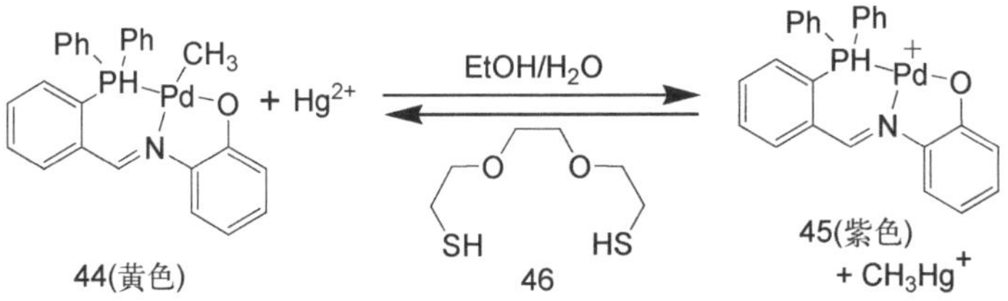

图4-27 化合物44与Hg^{2+}之间的甲基转移反应机理

相对于传感器分子与检测对象之间以非共价力络合的超分子体系，反应型化学传感器由于对检测对象专一的反应，从而具有很好的选择性，成为当前传感器发展的方向之一。相对来说，反应型化学传感器在CN^-和Hg^{2+}的检测方面已经有了很大发展，而将其应用于其他离子及有毒中性客体的检测依然是一项具有挑战性的工作。开发新型的具有选择性的反应需要研究者大量艰苦的工作，基于对一些已有反应的应用和改进，可设计合成更多反应型指示剂。将对检测对象专一的化学反应与能够对识别事件进行有效的信号传递及表达的基团相结合，是提高传感器选择性与灵敏度的关键。

6. 分子内环化硫脲衍生物的鸟苷酸化

胍是重要的化合物，它不但是许多与生物相关的化合物模块，而且也是有机合成中重要的碱催化剂。因此胍的合成受到了重视。由此氨的鸟苷酸化的许多方法被研究,包括氨和硫脲衍生物通过运用 Mukaiyama 试剂的反应调节及使用钛催化碳化二亚胺的氢胺化反应,使用钒酰亚胺化合物和二碘化钐作为催化剂[178]。另外,Hg(Ⅱ)可以有效激发分子内和分子间鸟苷酸化。尽管对 Hg(Ⅱ)催化的硫脲分子间转化为胍的研究已经有一段历史了,但还是很少被注意到这是个潜在的荧光底物反应,因为最多的硫脲衍生物有同样的颜色或荧光,像胍类化合物一样。图 3-21 中的探针是第一个基于 Hg(Ⅱ)激发分子间环化鸟苷酸化的荧光化学比例计。

尽管很多努力去提高 Hg(Ⅱ)化学比例计对金属离子的响应性、扩大激发范围、提高发射波长和量子产率,但它们的生物应用因为水溶性和较差的灵敏性而受到限制。为了解决这个问题,Kim 组合成了 Nile Blue(Ⅱ)的新衍生物,研究了在 100%水溶液中检测 Hg(Ⅱ)的化学比例计性能[179]。室温下(pH 值在 2~9 范围内)探针 11 对 Hg(Ⅱ)有高效的比色和荧光比率检测效果,而且选择性非常好,特别是容易对硫元素有响应的 Cu(Ⅱ)和 Ag(Ⅰ)的荧光没有变化(图 4-28)。

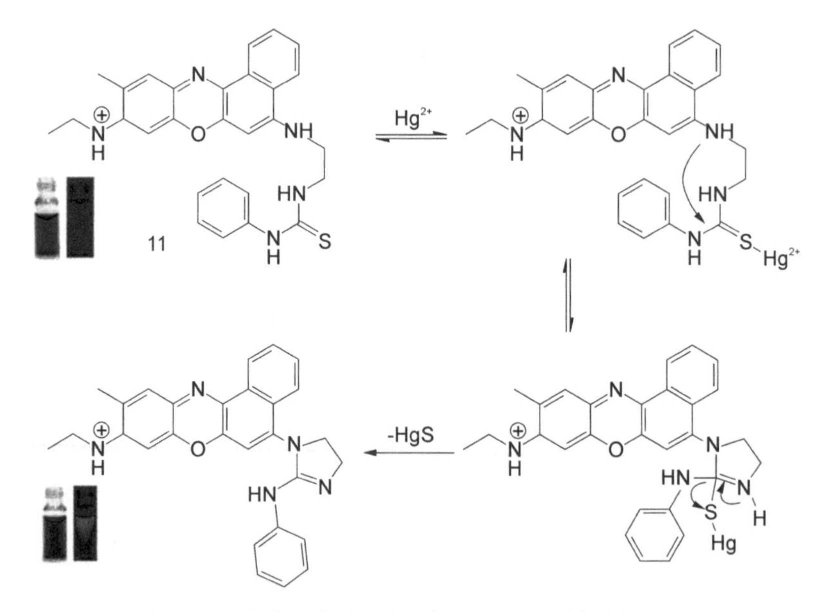

图 4-28 化学反应型荧光探针 11 对于 Hg^{2+} 的检测机理

7. 化学反应型荧光探针对于 Cu^{2+} 的检测

Weiying Lin 等人[180]发展出了一种以罗丹明为荧光团、基于 FRET 机理

的对于 Cu^{2+} 响应的荧光探针。如图 4-29 所示，铜离子与荧光探针一端的酰胺络合，螺环开环，酰胺分解成了羧酸，FRET 效应由“关”变成了“开”，荧光发射光谱显出比率荧光图像，呈现出了非常大的荧光比率(1 581 nm/1 473 nm)和两个明显的峰形变化。此荧光探针另有一些突出特点，包括高灵敏度、高特异性、低毒性和良好的细胞膜通透性。

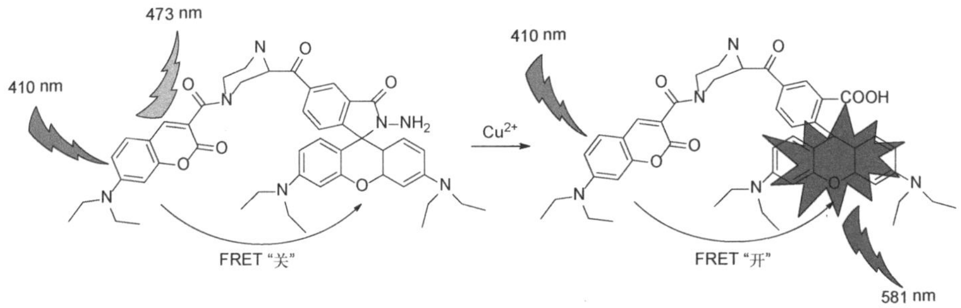

图 4-29　基于 FRET 机理的荧光探针对于 Cu^{2+} 的检测机理

ChingHsuan Tung 等学者[181]设计制备出了一种苯并唑联炔类荧光探针。铜的催化在有机合成中起着十分重要的作用，因此铜的金属有机性质如图 4-30 所示。在酸根的作用下，Cu^{2+} 转变为 Cu^{+}，进而 Cu^{+} 与探针上一端的炔烃反应生成了荧光淬灭的金属有机物。这一反应表明该探针对 Cu^{2+}/Cu^{+} 有比较好的灵敏性与选择性。

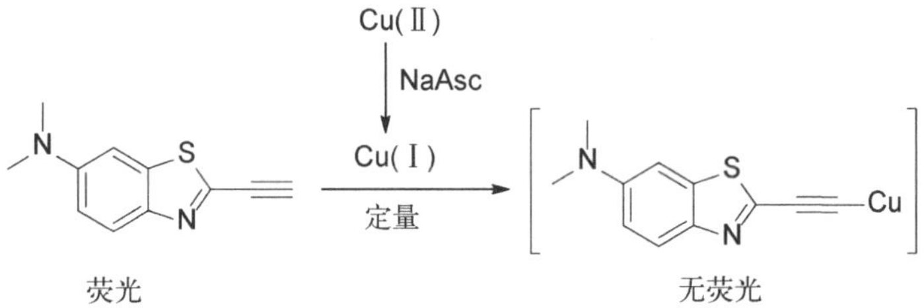

图 4-30　化学反应型荧光探针对于 Cu^{2+} 的检测机理

Weiying Lin 课题组[182]研制出了利用 Cu^{2+} 催化氧化作用的荧光探针。如图 4-31 所示，在 Cu^{2+} 作用下，荧光淬灭的探针在水溶液中被氧化为有荧光发射的溶液体系。实验表明，在存在其他金属阳离子时，荧光探针不能被氧化，因此荧光强度也就没有发生变化。并且随着 Cu^{2+} 浓度的增加，该荧光探针的荧光强度也随之增加，表现出了高选择性和高灵敏性。

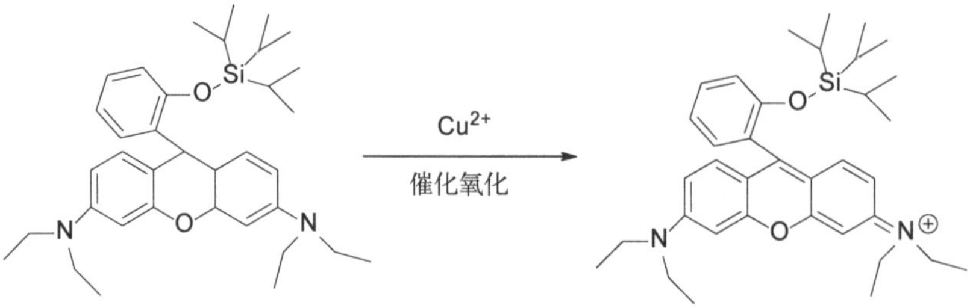

图 4－31　化学反应型荧光探针对于 Cu^{2+} 的检测机理

8. 螺环化合物系统的开环

Czarnik 组利用罗丹明 B 衍生物的开环反应设计了检测 Cu(Ⅱ)的化学比例计探针[56]。

9. 其他金属离子的检测

如图 4－32 所示，荧光探针主要由两部分组成，BODIPY 荧光团和羟胺基团。加入 Fe^{3+} 之前，由于羟胺基团供电子产生 PET 效应，导致荧光探针淬灭。加入 Fe^{3+} 之后，通过 Fe^{3+} 的氧化将羟胺基团变为甲基，甲基不能供电子，所以 PET 效应消失，荧光探针的荧光强度增强[183]。此荧光探针对于 Fe^{3+} 有很好的选择性，同时在 pH=6～8 范围内比较稳定，适合于生理环境下的细胞显影实验。

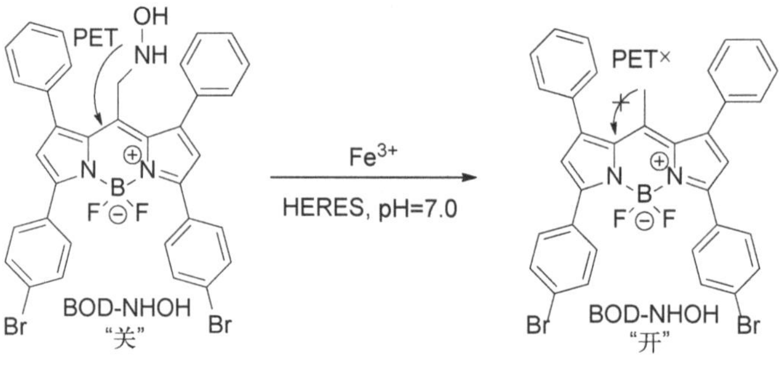

图 4－32　化学反应型荧光探针对于 Fe^{3+} 的检测机理

Amrita Chatterjee 等人[184]发展了一种用于检测 Ag^+ 的化学反应型的荧光探针。研究者以罗丹明为荧光团，巧妙利用 Ag^+ 与 I^- 反应生成 AgI 沉淀设计出检测 Ag^+ 的荧光探针。如图 4－33 所示，中间经历的化学过程包括了化学键的断裂与重排，最终形成了一个五元杂环。前后无论是在可见光下还是在 365 nm 紫外灯下，颜色都发生了明显的变化。该探针不仅可以用来检测溶液中的 Ag^+，而且还可以检测溶液中的纳米银粒子。

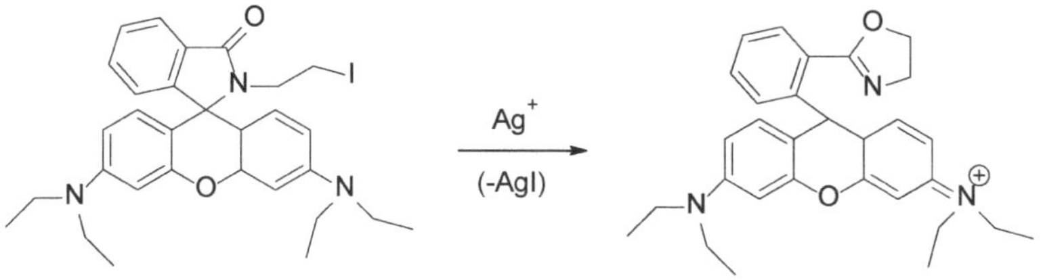

O N I N O N Ag+ (-AgI) O N O N N⊕

图 4－33　化学反应型荧光探针对于 Ag^+ 的检测机理

Kazunori Koide 等人[185]研制出了通过化学反应来检测 Pd^0 的荧光探针。如图 4－34 所示，连接在荧光团上的烯丙基与 Pd^0 发生加成反应，在亲核试剂的进攻下，这一部分发生脱落，从而使得荧光探针前后的吸收和荧光发射发生明显变化。

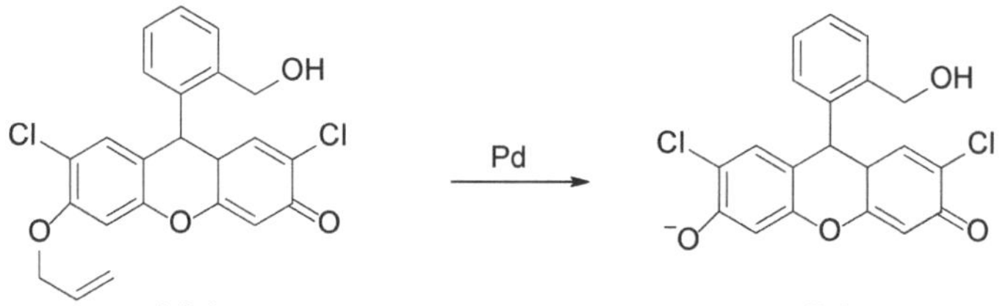

OH Cl Cl O O O Pd OH Cl Cl $^-$O O O

无荧光　　荧光

图 4－34　化学反应型荧光探针对于 Pd 的检测机理

4.2　络合型检测基团

DPA 基团用于检测 Zn^{2+} 有很好的选择性[186]（图 4－35）。

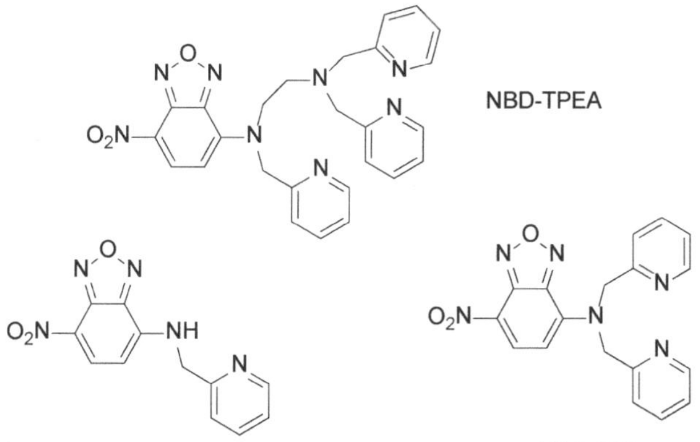

N O N O_2N N N N N NBD-TPEA

N O N O_2N NH N NBD-PMA

N O N O_2N N N N NBD-BPA

图 4－35　用于 Zn^{2+} 检测的络合型荧光探针

铱(Ⅲ)络合物在 CH_3CN 中与锌的络合性质也被研究。发射强度的变化归因于锌离子与 DPA 单元的特异性结合。值得注意的是，加入锌离子后，复合物 1a 和 2a 均显示红移，但对配合物 3a 和 4a 没有观察到类似的反应。由于预期锌离子与 DPA 部分的胺的配位分别导致 MLCT 发射的红移和 NLCT 发射的蓝移，因此复合物 1a 和 2a 的这种红移意味着 NLCT 特征的显著抑制，以及随后在它们的发射状态中的 MLCT 特征的流行。复合物 1a 和 2a 的 MLCT 状态的极性依赖性，复合物 3a 和 4a 的极性不敏感的 IL 特征在络合过程中变得有利[187]（图 4－36）。

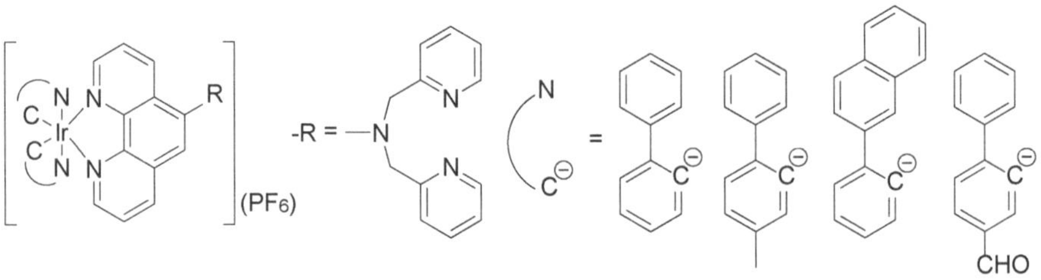

图 4－36　荧光探针对铱(Ⅲ)的络合

关于染料附着的大环 L^2 -溶液和固态研究[188]也已开展（图 4－37）。现在已经报道了许多基于金属离子诱导的电荷转移现象的发色系统，包括使用大环作为金属结合位点的系统。使用偶氮-大环衍生物 L^2 的这种类型应注意，染料附着系统 L^2 具有与 L^1 中相似的大环金属配位结构域，因此预期这两种配体都具有平行的金属结合行为。硝酸铜(Ⅱ)(6)和高氯酸铜(Ⅱ)(7)络合物的 X 射线结构已获得，在复合物 6 的情况下，X 射线分析证实了 1∶1 种类型[$Cu(L^2)NO_3$]NO_3 · CH_2Cl_2 中 Cu(Ⅱ)离子具有赝 6 -配位环境，铜与 L^2 的三个氮供体和一个来自受约束的单原子螯合硝酸盐配体的氧结合；来自大环配体的两个醚氧也与铜弱相互作用：Cu1－O1 3.048Å，Cu1－O22.912Å。第二硝酸根阴离子不配位(Cu1－O104.333Å，未显示)。涉及具有连接偶氮取代基的叔氮的 Cu1－N_2 键[2.081(5)Å]的存在对于诱导观察到的从游离配体中的红色到本复合物的浅黄色的颜色变化无疑是重要的。在这类发色团中，它是

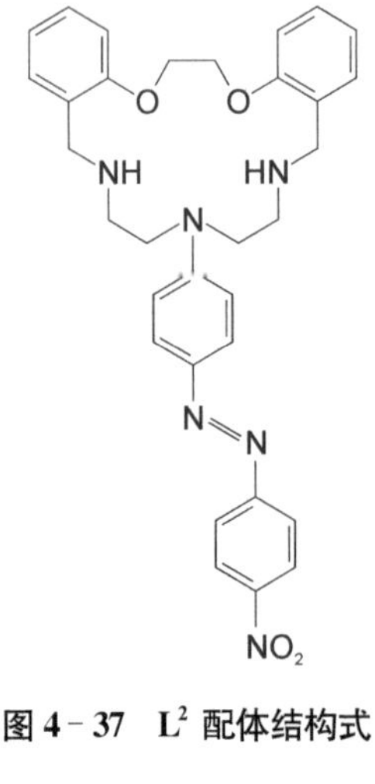

图 4－37　L^2 配体结构式

从供体基团(叔氮)到受体基团(苯并氮杂发色团)的净电子电荷转移,将影响发色团的颜色。L^2 与 Cu(Ⅱ)反应,高氯酸盐产生深色晶体,其X射线分析证实了$[\{Cu(L^2)\}_2(\mu-OH)_2](ClO_4)_2 \cdot 2CH_2Cl_2 \cdot 2H_2O$ 型的二聚体结构。由于在两个铜原子的中心处存在强制反转,因此不对称单元包含一个 L^2 分子、一个铜原子、一个氢氧根离子和一个高氯酸根离子。该结构包含菱形 $Cu-(OH)_2-Cu$ 核连接两个结合的大环,每个Cu(Ⅱ)是五配位的,与来自一个大环和两个桥连OH-基团的三个外向取向的仲胺氮结合,两个大环都采用弯曲配置。正如目前类型其他相关的 O_2N_3-供体大环化合物的Cu(Ⅱ)络合物所发现的一样,二聚体排列中每个大环的大环氧供体不配位。叔(苯胺基)胺 N_2 占据相对于方形平面的轴向位置,产生整体扭曲的正方形锥体配位几何构型。

已知吡咯封端的二乙烯基芳族体系12是用于合成电致变色13和低带隙14聚合物的强荧光结构单元[189]。由于已知联吡啶部分是过渡金属离子的良好配体,因此使用Wittig-Horner反应设计了一些吡咯封端的5,5′-二乙烯基-2,2′-联吡啶衍生物(图3-50中3a—c)。相应地,吡咯甲醛(1)和2,2′-联吡啶二磷酸盐(2)的产率为25%~40%。

从机械学观点来看,具有柔性配位几何形状的d10电子配置的抗磁性 Zn^{2+} 有利于特异性结合。结合 Zn^{2+} 后,由于两个吡啶基部分之间的扭转角减小,3c的吸收和发射发生红移,导致3c-Zn^{2+} 络合物的近平面构象,从而改变初始荧光"开"状态A到"开"状态B,顺磁性 Cu^{2+} 的结合使发射猝灭以形成荧光"关"状态。因此,荧光技术成为在与生物样品相容的发射波长下区分 Zn^{2+} 与其他竞争阳离子的有效视觉工具。

口服活性铁螯合剂可用于治疗与地中海贫血和相关疾病相关的铁超负荷。30多年来,药物化学家一直在寻找合适的铁选择性口服活性剂。图4-38为5种铁(Ⅲ)的配体,双齿配体和三齿配体都被认为是主要的候选物,因为它们具有低分子量和穿透细胞的能力。三齿配体与双齿配体相比被认为是优异的清除剂,因为它们不太可能形成不完全配位的铁(Ⅲ)的配合物。在pH=7.4时,一些三齿配体利用氧和氮原子来配位铁(Ⅲ)。与"硬"氧原子(具有高电荷密度的氧原子)相比,氮原子结合高自旋铁(Ⅲ)的能力较低。配体具有明显的结合铁(Ⅱ)和铁(Ⅲ)的能力,由于氧化还原循环而具有潜在的毒性,导致产生有毒的羟基自由基。此外,含有氧和氮的配体的铁选择性降低,并且在生理条件下将结合其他金属离子如锌和镍。原则上,使用含有三个"硬"供氧原子的三齿配体可以实现最佳的铁(Ⅲ)选择性。基于此,研究者尝试设计这种基于1,2-二甲基-3-羟基吡啶-4-酮3(去铁酮)和三个潜在螯合氧原子的化合物(化合物4、化合物5)。虽然这些螯合剂原则上能够以三齿模式结合铁(Ⅲ),但使用pH依赖性紫外分光光度滴定未能提供任何三齿螯合的证据,反而证实了双齿配位。结论是,与第三配体的参与相关的熵损失超过了在三齿模式下配位铁(Ⅲ)所获得的焓。

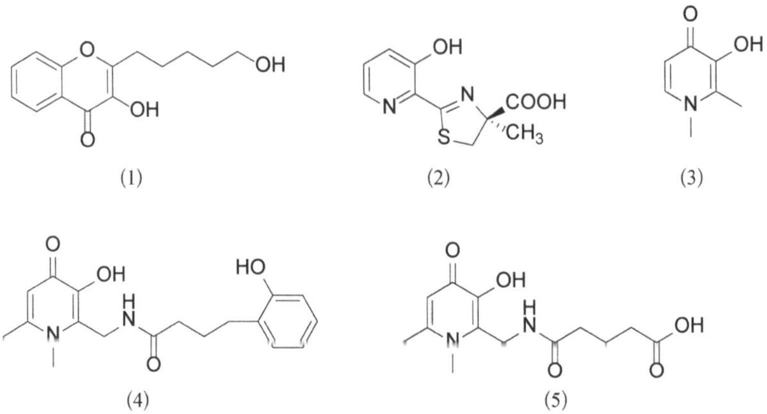

O OH OH (1)
OH N COOH S CH_3 (2)
O OH N (3)
O OH H N HO N O (4)
O OH H N OH N O O (5)

图4-38 铁(Ⅲ)的配体

大多数重金属离子和过渡金属离子一般与探针/受体分子相互作用引起非特异性荧光淬灭。例如,Hg^{2+}和顺磁性Cu^{2+}金属离子通常会引起荧光淬灭,原因分别是能量或电子转移机制的增强旋轨耦合(图4-39)。

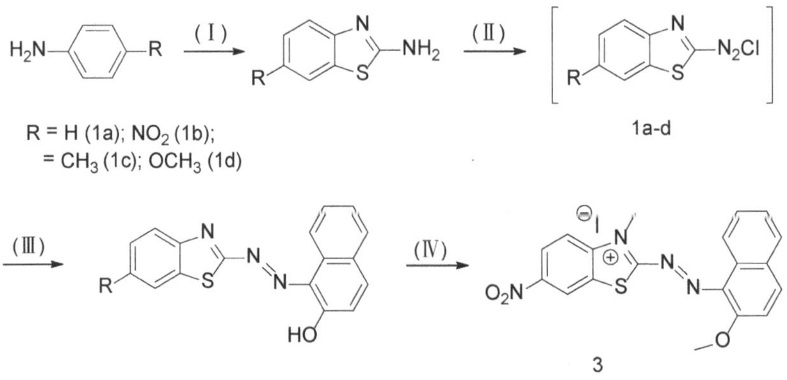

H_2N R (Ⅰ) N NH_2 R S (Ⅱ) N N_2Cl R S 1a-d
R = H (1a); NO_2 (1b); = CH_3 (1c); OCH_3 (1d)
(Ⅲ) N N N R S HO (Ⅳ) I N O_2N S N N O 3

图4-39 能量或电子转移机制引起荧光淬灭

以BODIPY为荧光团,化合物26[190]是一种PET型的Hg^{2+}荧光传感器。

在甲醇中，化合物25与Hg^{2+}作用后，在520 nm波长处的荧光明显增强，络合比为1∶1，同时它能够在Hela细胞中对Hg^{2+}成像(图4-40)。

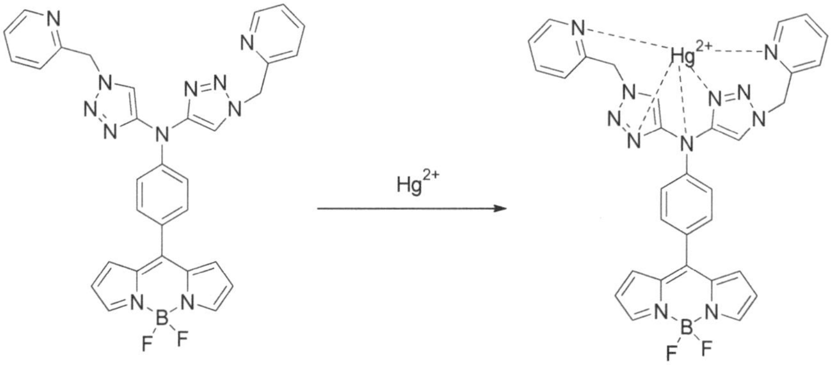

图4-40　一例基于PET机理的Hg^{2+}荧光传感器

化合物27[191]也是基于PET的Hg^{2+}荧光传感器。在CH_3CN∶H_2O的体积比为3∶2的溶液中，Hg^{2+}与化合物27的哌嗪和三唑中的N络合后，降低了荧光团BODIPY的电子密度，荧光淬灭，该反应是一个具有氧化特性的PET过程(图4-41)。

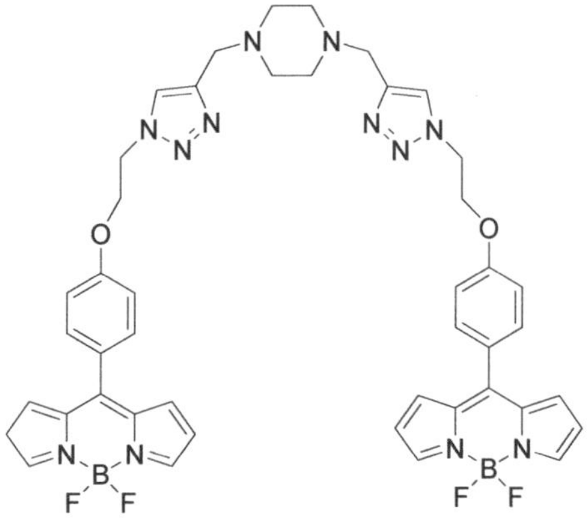

图4-41　基于PET机理的Hg^{2+}荧光传感器27

很多基于ICT机理的荧光传感器是这样设计的：将含N的识别基团直接连接到荧光团上，N对荧光团和金属离子都起到了电子供体的作用。

化合物28[192]是一种基于ICT机理的Hg^{2+}荧光传感器，是由两个萘基团构成的席夫碱结构。在DMSO溶液中，化合物28与Hg^{2+}的络合比是2∶1。未加入Hg^{2+}时，化合物28因为ICT的作用，两个萘分子不在同一平面上，故而以356 nm波长激发，化合物28本身没有荧光发射。化合物28与Hg^{2+}络合后，以356 nm波长激发，在413 nm波长处发射出蓝色荧光，溶液颜色由黄色褪为无色，实现了裸眼识别。化合物28对Hg^{2+}的响应时间为150 min(图4-42)。

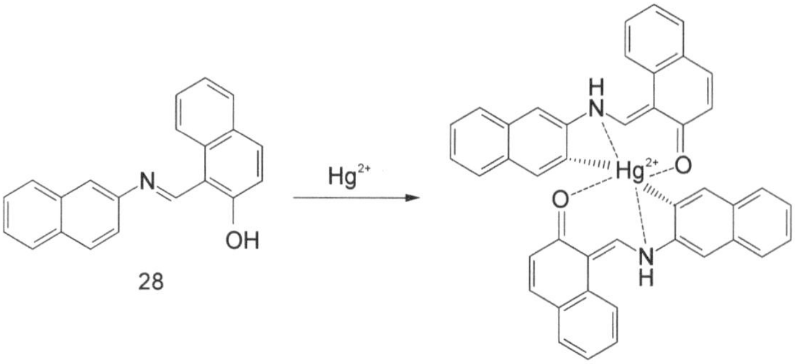

图 4-42 基于 ICT 机理的 Hg^{2+} 荧光传感器 28

化合物 29a 和 29b 也是基于 ICT 机理的荧光传感器[193]，它们均能识别 Hg^{2+} 和 F^-。在紫外灯下，与 Hg^{2+} 作用后，化合物 29a 由深蓝色变为黑色，化合物 29b 由黄色变为黑色。在 THF 溶液中，化合物 29a 和化合物 29b 对的检测限分别是 3.0×10^{-8} mol/L 和 4.9×10^{-8} mol/L（图 4-43）。

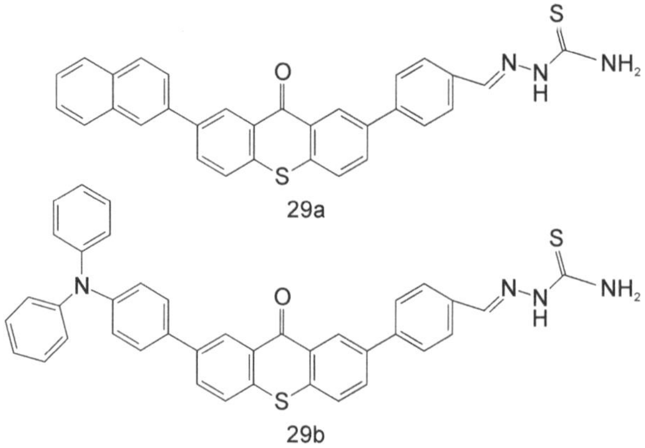

图 4-43 基于 ICT 机理的 Hg^{2+} 荧光传感器 29a 和 29b

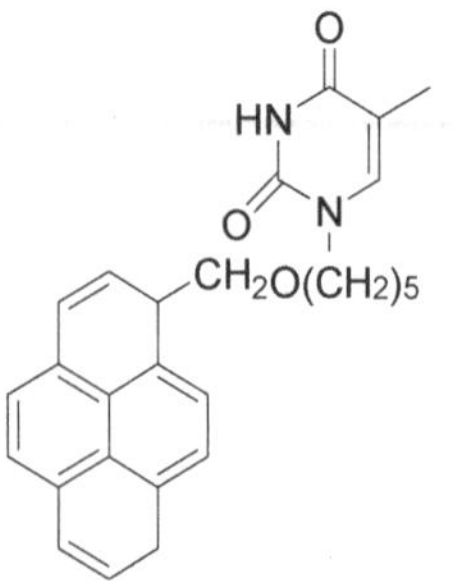

图 4-44 激基缔合物型 Hg^{2+} 荧光传感器 30

在激基缔合物型 Hg^{2+} 荧光传感器的研究中，萘、蒽、芘等荧光团常被用于激基缔合物型荧光传感器的设计合成，这是因为它们具备较长的激发单线态寿命，容易形成激基缔合物，化合物 30[194]（图 4-44）是此类型的 Hg^{2+} 荧光传感器。化合物 30 与 Hg^{2+} 能形成“T-Hg-T”键，同时随着 Hg^{2+} 的不断加入，激基缔合物的峰逐步增强。

利用配体分子与镉离子的螯合，Mahajan 等人[195]

合成了 *N* -甲基靛红（*N* - MI），并将其制备成纳米粒子（N - MINPs），用于 Cd^{2+} 的荧光检测。*N* - MI 分子溶解在溶液中时，有强烈的蓝绿色荧光（激发波长 347 nm，发射波长 495 nm）；形成纳米粒子后，单体分子之间的 π - π 叠加作用使得溶液呈蓝色荧光（激发波长 298 nm，发射波长 417 nm）。Cd^{2+} 加入后，由于 *N* - MI 分子与 Cd^{2+} 的配位作用而形成纳米粒子（N - MINPs）/Cd^{2+} 复合物，其体系的荧光增强。在水溶液中，*N* - MI 分子由于疏水性，会逐渐聚集形成纳米粒子。此纳米粒子的分散溶液，在 298 nm 激发光下，可以观测到 417 nm 的荧光。Cd^{2+} 加入溶液中，与纳米粒子形成复合物，溶液在 417 nm 处的荧光增强。由于其对镉离子的高选择性及 *N* - MINPs 与 Cd^{2+} 之间高结合常数，使得该探针体系能够实现对痕量 Cd^{2+} 的检测。

Azadbakht 等人[196]报道了一种基于 ESIPT 机理的 Al^{3+} 荧光探针。向该探针中加入 Al^{3+} 之后会导致其吸收光谱和荧光发射光谱均发生明显变化，因此该探针也可以对 Al^{3+} 进行比色和荧光的同时检测。实验结果表明，加入 Al^{3+} 会使荧光显著增强，这主要是因为探针自身存在着烯醇胺和烯胺酮的互变异构，存在 ESIPT 现象，当该探针与 Al^{3+} 配位之后，这种 ESIPT 现象会得到抑制，从而使荧光发生明显地增强。

Alici 等人[197]合成出来一个基于氰基联苯结构的配体，作为 Al^{3+} 的荧光探针，并对该探针对 Al^{3+} 的识别机理进行了研究。由于该探针中的席夫碱 N 原子上具有孤对电子，存在着向联苯结构的光诱导电子转移的 PET 现象，因此在乙腈和水的混合溶液中，探针自身几乎不发射出荧光；而当在探针中加入 Al^{3+} 之后，该探针和 Al^{3+} 的配位会抑制 PET 现象，从而导致荧光显著增强。该课题组还测定了该探针对 Al^{3+} 的响应时间，结果表明该探针对 Al^{3+} 的荧光响应非常迅速，大概在 30 s 之内荧光就增强到最高值。该课题组的工作克服了以往大多数 Al^{3+} 荧光探针响应比较慢的缺点，可以对 Al^{3+} 进行实时检测。

4.3 冠醚类检测基团

Coppersensor - 1（CS1）是一种新的水溶性、开启式荧光传感器，具有高选择性和对 Cu^{+} 的敏感性[198]，其合成机理如图 4 - 45。这种基于 BODIPY 的试剂是第一个具有可见激发和发射分布的 Cu^{+} 响应探针，并且为检测该离子提供了10倍的“开”响应。CS1结合的BODIPY荧光报告基具有良好的光学性质和生物相容性，富含硫醚的受体能有选择性且稳定地结合水中的Cu^{+}。苯基桥联BODIPY带硫醚大环化合物用于检测Cu^{2+}在乙腈溶液已经被报道。CS1显示了apo形式的弱荧光（$\Phi=0.016$）由于高效的PET淬灭通过azatetrathia受体。加入Cu^{+}后，CS1的荧光强度增加大约增加10倍（$\Phi=0.13$），略带蓝色发射最大值偏移到561 nm。

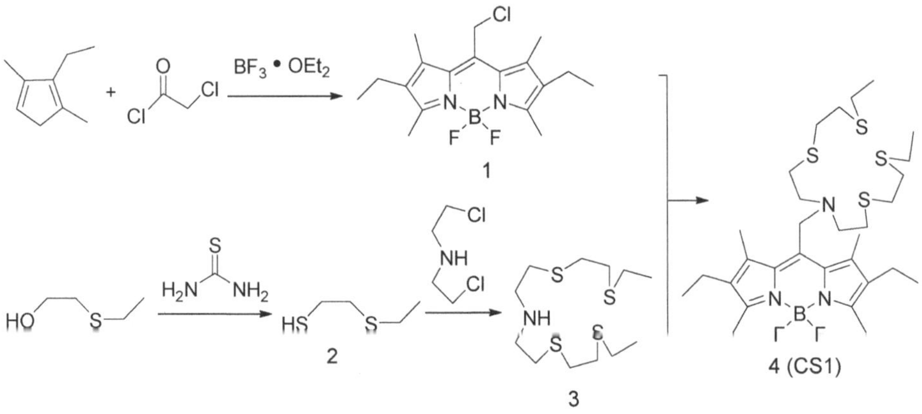

图 4-45　Coppersensor-1(CS1)的合成

结合这种几乎解耦的探头设计，允许有效的荧光开关具有选择性地开发了thia aza冠受体产生染料1（图4-46），该资料有强烈的荧光增强选择性检测Hg(Ⅱ)、Ag(Ⅰ)和Cu(Ⅱ)[199]，在1的BDP受体和苯胺供体单元的系统中高度扭曲并且很大程度上解耦。吸收在任何极性的溶剂中的光谱在500 nm处显示BDP发色团的特征，没有观测到明显的电荷转移(CT)带。相反，发射光谱是强溶剂依赖性的。在比烷烃极性更大的溶剂中，荧光强烈淬灭，观察到双重发射。BDP吸收带的激发导致局部激发(LE)状态，可以经历超快激发态对高极化发射CT状态的反应，而BDP局部的，窄的LE发射带的镜像形状在510 nm处对溶剂极性不敏感，随着溶剂极性增加，红移、宽、无结构的CT带位移到更低能量。原因是CT状态的稳定。时间分辨荧光测量显示两个激发态的前驱-后继平衡。

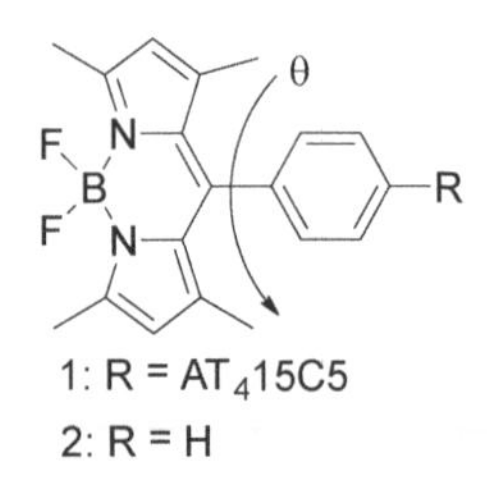

图 4-46　染料1的化学结构式

Baruah组[200]合成的荧光探针对K^{+}有高度识别性，氮杂-18-冠醚-6作

为 K^+ 的螯合物通过荧光团 BODIPY 的 3 位的氮原子连接，探针的结构增加了在 BODIPY 的 3 位碳原子和连接氮杂冠醚环的氮原子之间的化学键的扭转角度，将氮原子的孤对电子推离共轭 π 系统，ICT 能有效淬灭荧光。在乙腈溶液中络合 K^+ 后，吸收蓝移 20 nm，在 505 nm 处，发射峰在 525 nm，胺的电子给体性能减小，ICT 过程被部分阻止，荧光强度增加。

Atilgan 组[201]在 BODIPY 染料探针中引入双倍的苯乙烯基缩合，逐渐滴入 Hg^{2+} 后，690 nm 处吸收峰下降，650 nm 处吸收峰上升，峰强度增加，其他金属离子无效。Hg^{2+} 紧紧络合在二噻嗪氮杂冠配体上后有大的光谱重叠。

有不同接受器的 BODIPY 染料探针由 Bozdemir 组[202]研究，如图 4 - 47 所示，二硫氮杂冠配体对 Hg^{2+} 的选择性超过了其他金属离子，二甲基吡啶酰胺配体对 Zn^{2+} 有高识别能力，可以使用不同的金属离子作为输入来设计分子逻辑门。

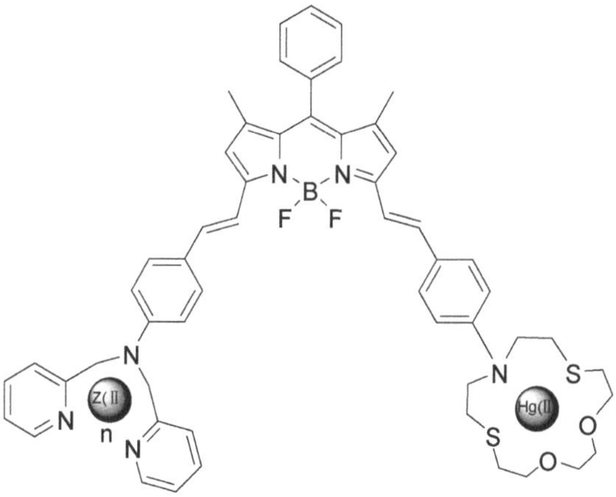

图 4 - 47　BODIPY 染料探针同时络合 Zn^{2+} 和 Hg^{2+}

冠醚类化合物常被用来选择性结合各种阳离子，也使得其成为设计 Hg^{2+} 化学传感器的首选。Rurack 等人[203]以硫原子代替冠醚中氧原子，使得其对 Hg^{2+} 等其亲硫的重金属离子有着较好的选择性。以此为基础，他们设计了一系列 Hg^{2+} 的化学传感器(图 4 - 48)。

最初的冠醚类 Hg^{2+} 传感器 3 以哒嗪作为荧光基团。测试的结果表明，加入 Hg^{2+} 后传感器 3 的荧光光谱位置没有发生改变，但强度有所增加。该传感器有较好的选择性，灵敏度很高，最低检出限为 5×10^{-7} mol/L。后来，Rurack 等人[199]又将类似的冠醚结构与另一种荧光基团(硼化二吡咯甲基)相连得到化合物 4，作为 Hg^{2+} 的化学传感器。这种硼化二吡咯甲基基团有好的光稳定

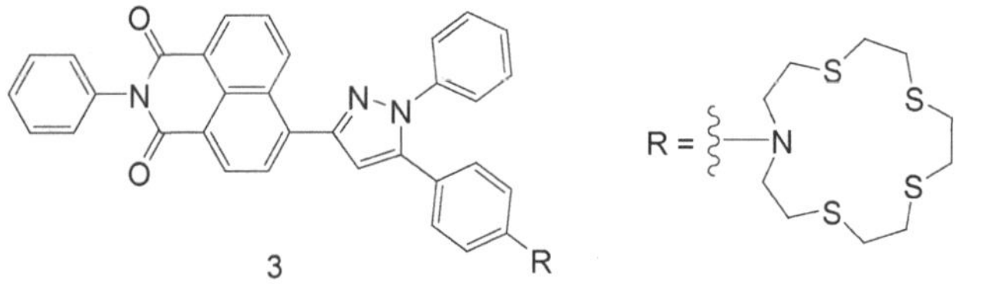

图 4-48　Hg^{2+} 化学传感器 3～5 的分子结构式

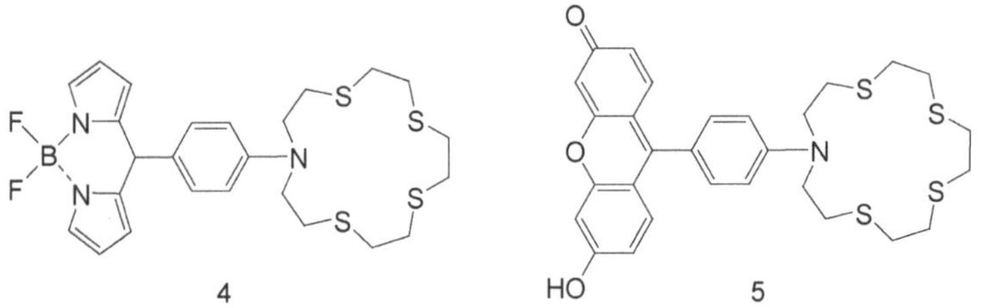

性、高的荧光量子产率(Φ>0.5)以及能在较长波长下(约 500 nm)激发等优点。最近,Chang 等人[204]报道了荧光化学传感器 5,因发生 PET 过程,传感器 5 本身无荧光,而 Hg^{2+} 与其结合后荧光增强超过 170 倍(Φ=0.16),研究者用传感器 5 检测鱼中存在的汞,可达到其安全检测限的范围。

除了含 S 的冠醚外,含 N 的冠醚也被用于 Hg^{2+} 化学传感器的设计。早在 1995 年,Porter 等人[205]设计并合成了化合物 6 和化合物 7 作为 Hg^{2+} 的选择性提取剂,并指出在 Hg^{2+} 配位后,化合物 6 和化合物 7 的吸收光谱有红移。Savage 等人[206,207]在此基础上,设计了化合物 8 作为 Hg^{2+} 的化学传感器。在甲醇∶水(体积比为 70∶30)溶液中,化合物 8 只同 Hg^{2+}、Cu^{2+} 和 Cd^{2+} 形成配合物,而与其他离子的配合常数很小($\lg K_a$<2.5)。在同 Hg^{2+} 配合后,传感器 8 的荧光明显增强,检出限为 10^{-8} mol/L。而 Cu^{2+}、Cd^{2+} 的配合物没有荧光。此外,Hg^{2+} 能将 Cu^{2+}、Cd^{2+} 等离子从其配合物中取代出来,形成有荧光的配合物。因此 Cu^{2+}、Cd^{2+} 等离子对 Hg^{2+} 的检测并不产生干扰(图 4-49)。

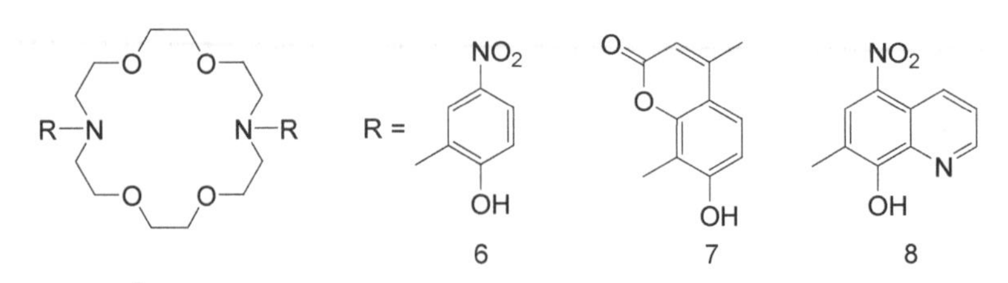

图 4-49　Hg^{2+} 化学传感器 6～8 的分子结构式

纯冠醚结构对 Hg^{2+} 配合能力差。但 Sancenon 等人[208]的研究表明,开链

多醚对 Hg^{2+} 的结合较好，并以此为基础设计合成了化合物 9、化合物 10 和化合物 11 以期能找到合适的 Hg^{2+} 化学传感器。这一系列化合物在可见光波段(460 nm)有一强吸收峰，其溶液呈橙黄色。在该 3 种化合物溶液中加入 Li^{+}、Na^{+}、Ag^{+}、Hg^{2+}、Cd^{2+}、Pb^{2+}、Al^{3+} 等近 20 种离子，只有 Hg^{2+} 使化合物 10 的吸收红移，从而溶液的颜色由橙黄色变为红色。这说明化合物 10 对 Hg^{2+} 有着很好的选择性。此外，Hg^{2+} 对化合物 9 和化合物 11 的影响较小，说明开链醚的链长对 Hg^{2+} 的结合能力有很大影响(图 4－50)。

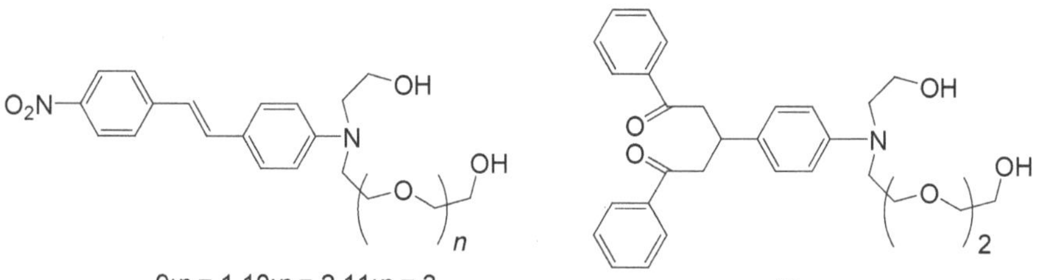

图 4－50　化合物 9～12 的分子结构式

Sancenon 等人[209]以开链多醚为基础又设计出化合物 12。在二氧六环∶水(体积比为 70∶30)溶液中，加入 Hg^{2+} 使得二酮结构发生关环反应，形成吡喃盐形式，吸收峰从 380 nm 红移到 550 nm。由于采用了与同传感器 10 的相同的识别基团，传感器 12 对 Hg^{2+} 选择性也很高，对 Hg^{2+} 检测限达到了 10^{-9} mol/L。

一种新的高选择性和敏感度、基于 PET 机制、在水溶液中的“关”-“开”荧光 Cd^{2+} 传感器 1[210]被报道。为了在水溶液中获得真正高灵敏度和选择性的 Cd^{2+}“关”-“开”传感器，具有潜在的实际应用，选择 BODIPY 作为荧光团，引入吸电子基团的氰基 8b 和类似于冠的水溶性聚酰胺作为受体。当向探针溶液中加入 Cd^{2+} 时，在 562 nm 处出现新的吸收峰，并且在 578 nm 处的吸收峰降低，等吸光点在 566 nm 处。570 nm 处的荧光强度显著增强约 195 倍，并且量子产率增加约 100 倍(高达 0.3)，而波长没有变化。传感器 1 可以用于定量检测 Cd^{2+} 浓度(图 4－51)。

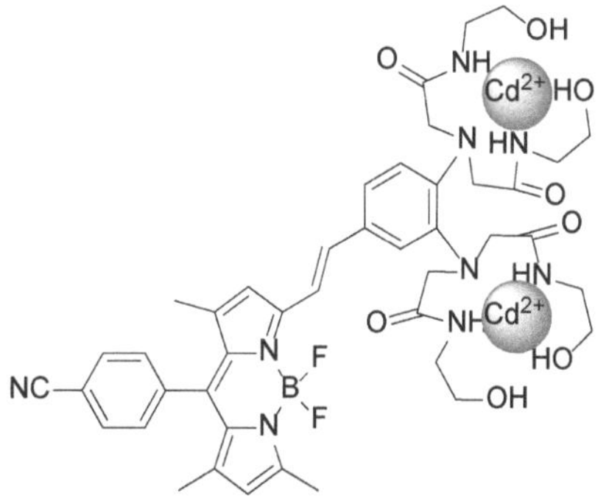

图 4－51　传感器 1 络合机理

Li 等人[211]设计并合成了一种基于冠醚结构的芳香环化合物，并将其作为 Al^{3+} 的比率型荧光探针进行研究，而且还研究了该探针对 Al^{3+} 的识别机理。实验结果表明，在该探针中加入 Al^{3+} 之后，会使荧光发射光谱发生明显的红移，而且颜色发生明显的变化。这主要是由于加入 Al^{3+} 之后，形成的配合物的最低未占轨道的能量更低，导致了 ICT 的增强。亮点在于，所合成的这种探针既可以对 Al^{3+} 进行比色检测，又可以作为比率型荧光探针对 Al^{3+} 进行检测，并且用肉眼就可以分辨出加入 Al^{3+} 前后荧光颜色的变化(图 4－52)。

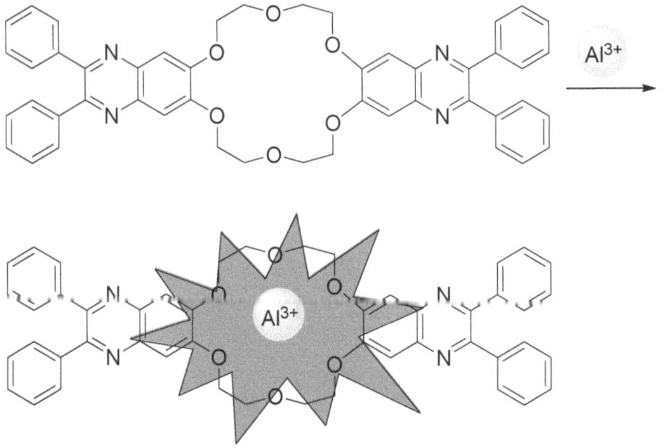

图 4－52　比率型荧光探针识别铝离子原理

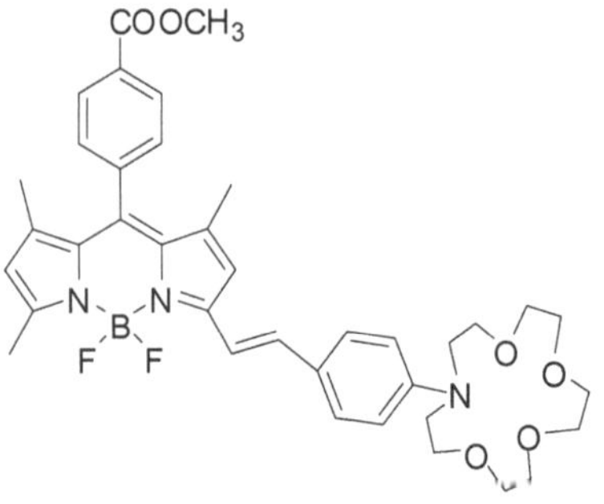

Qin 组[212]描述了荧光比率型 BODIPY 连氮杂冠醚化学传感器 53(图 4－53)对 K^{+} 有高的选择性，能在可见光波长范围内激发。用 BODIPY 作为荧光团通过酚在 3 位偶联大的四氧杂环。比较氨取代的 BODIPY 染料的吸收和荧光性能，有强烈的溶剂依赖性。

图 4－53　化学传感器 53 的结构式

质子化以及含金属离子的络合物的构成阻碍了极性激发态的形成，导致了非极性态的荧光的大幅度增加，新 BODIPY 染料是非常敏感的荧光探针，在分析有用的波长范围内对几种金属离子表现了大的吸收和荧光变化。

如图 2－23 所示，化合物 13 和化合物 14 是通过在其 4 位引入给电子单元而衍生出来的新的氮杂冠醚。该类荧光探针能够高效地选择性识别钙离子络合阳离子，实验结果显示该化合物与钙离子有很强的亲和力[35]。

4.4　酰胺类检测基团

基于BODIPY荧光团和聚酰胺受体设计并合成了一系列PET荧光传感器分子[213]。研究者对照这些传感器分子的光物理特性，配有二、三、四-酰胺受体，提供了深入了解，展望了聚酰胺-Hg^{2+}相互作用和不寻常的正配合四酰胺-Hg^{2+}络合作用。另外，传感器S3显示出几种有利的传感特性(图4-54)。

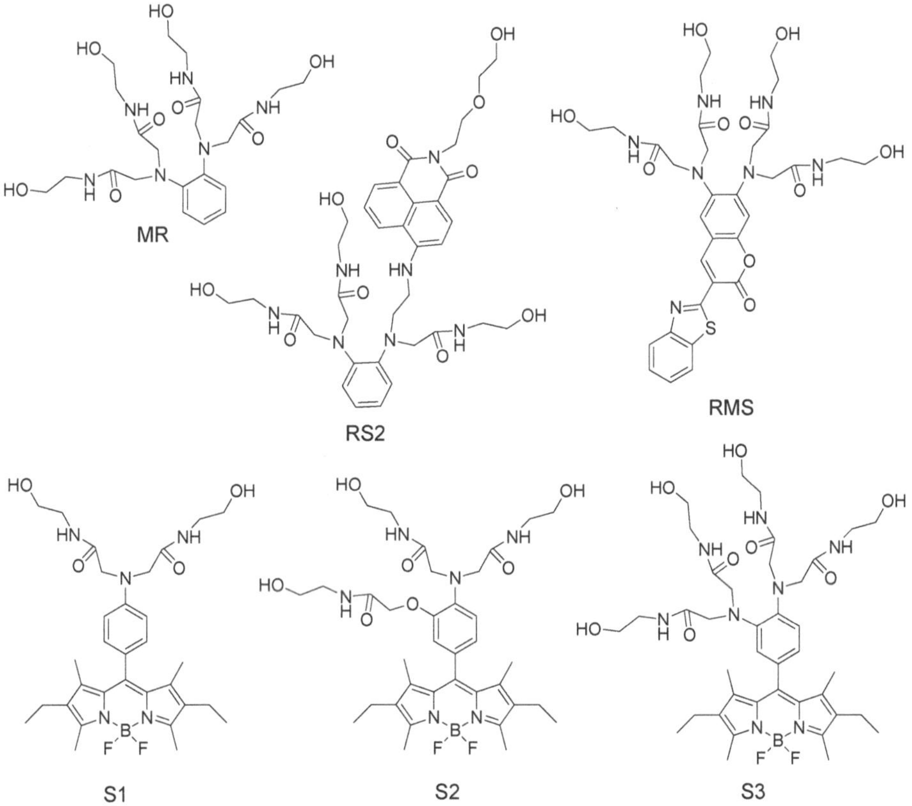

图4-54　基于BODIPY荧光团和聚酰胺受体的一系列传感器分子化学结构式

多胺配体对过渡金属和重金属有着很好的结合性，因而在离子传感器的设计中有着重要价值。然而，由于多胺配体有着较强的结合能力，其选择性往往较低。因此如何提高多胺配体对离子的选择性是化学传感器研究中一个难点。

Yoon 等人将多胺配体固定在荧光基团上获得一个 Hg^{2+} 化学传感器 13。测试表明,在化合物 13 的溶液中加入 Hg^{2+} 后其荧光强度低了 18 倍。同时,在化合物 13 的溶液中加入 8 μmol/L 的 Hg^{2+} 以及 1 mmol/L 的 Ca^{2+}、Cd^{2+}、Cr^{2+}、Cu^{2+}、Mg^{2+}、Pb^{2+}、Ni^{2+} 所得到的荧光强度同单独加入 8 μmol/L 的 Hg^{2+} 所得到荧光强度是一样的。这说明了传感器 13 对 Hg^{2+} 有着很好的选择性(图 4-55)。

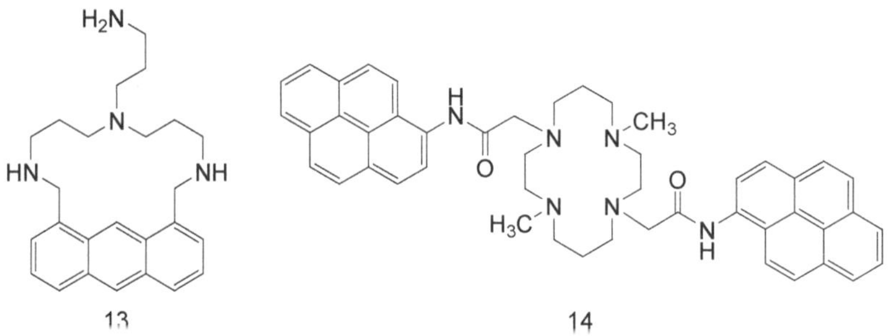

H2N
N
HN
NH
13
H
N
O
N
N
CH3
H3C
N
N
O
N
H
14

图 4-55 化合物 13、14 的分子结构式

Yoon 等人[214]还设计合成了以大环多胺为识别基团的荧光化学传感器 14。化合物 14 将两个芘荧光团对称地接在大环多胺的两侧,并用甲基取代另外两个 N 原子上的氢,以扩大空间位阻,使位于大环多胺两侧的芘荧光团相互靠近,形成激基缔合物。当大环多胺与 Hg^{2+} 配合后,由于环内张力的增加,激基缔合物的结构被破坏,因此其荧光强度随着 Hg^{2+} 浓度的增加而下降直至完全被淬灭。化合物 14 对 Hg^{2+} 检测限达 1.3 μmol/L。这种“开-关”型荧光性质是由 Hg^{2+} 离子诱导发生构象变化所致。

化合物 15 是钱旭红等人[215]合成的 PET 型传感器。萘酰亚胺是化合物 15 的荧光团,2,6-二胺甲基吡啶上的 N 既是荧光团的淬灭剂又是金属离子的结合位点。它的半刚性结构可增强与金属离子结合的选择性。羟基的引入则可增强其水溶性。在 pH=6.98 的 HCl-Tris 缓冲溶液中,化合物 15 自身的荧光较弱(Φ=0.007),Zn^{2+}、Cd^{2+}、Ag^{+} 和 Pb^{2+} 均能使其荧光不同程度地增强($\Phi/\Phi_0<3$),Hg^{2+} 可以使其荧光增强 17 倍,且红移了 8 nm,这是由于化合物 15 配合 Hg^{2+} 后,两个荧光团距离缩短了,形成分子内的激基缔合物(excimer)。而其他金属离子的加入并不影响其荧光行为(图 4-56)。

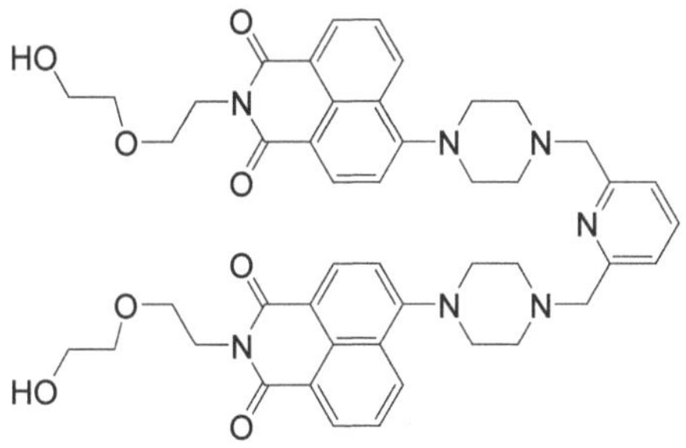

图4-56 化合物15、16的分子结构式

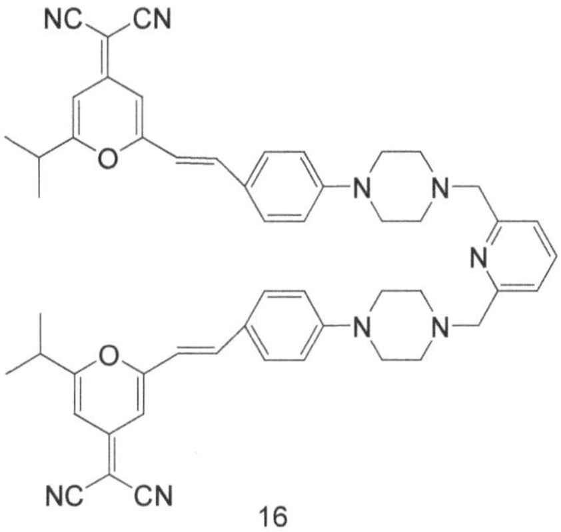

朱为宏等[216]以DCM染料作为荧光团，二胺甲基吡啶作为识别基团，合成了化合物16。16是一个对Hg^{2+}和Cu^{2+}具有选择性的荧光化学传感器，在乙腈-水(体积比为4∶1)混合溶剂中，Hg^{2+}使其荧光增强，Cu^{2+}使其荧光淬灭。有趣的是，在Hg^{2+}和Cu^{2+}的当量配比一定时，改变二者加入的次序，能够产生不同的荧光响应，先加Hg^{2+}，后加Cu^{2+}，体系荧光增强；反之，先加Hg^{2+}，后加Cu^{2+}，则体系荧光淬灭。这种次序依赖性的荧光响应使得化合物16可以作为具有记忆功能的分子逻辑门器件。

4.5 杯芳烃类Hg^{2+}检测基团

杯芳烃在化学传感器的设计中有着非常重要的位置。这是因为杯芳烃类化合物在灵敏度、选择性及配位的效率上都有着独特的优点。同时由于杯芳烃的大小、电子给体的类型及取代基的位置对于离子的选择性有很大的影响，因而在设计时有着较大的灵活性。目前，有关杯[4]芳烃用作金属离子选择性载体的研究最详细。

Talanova等人[217]报道了第一个基于杯[4]芳烃的Hg^{2+}化学传感器。研究者将萘磺酰胺衍生物修饰在杯[4]芳烃上得到化合物17。该化合物的氯仿溶液在520 nm处有强的荧光。加入Hg^{2+}后，其荧光强度大为减小，并随着Hg^{2+}浓度的增加呈线性变化，最低检出限为10^{-3} mol/L。这种荧光强度的变化是由于Hg^{2+}的配位诱发了从磺酰胺基团到Hg^{2+}之间的电子转移。

陈绮英等人[218]研究了由杯芳烃类含氮冠醚类化合物与丹磺酰氯反应制得对 Hg^{2+} 具有荧光选择性的化合物 18。通过 Job' plot 方法测得化合物 18 与 Hg^{2+} 形成 1∶1 型配合物。在乙腈-水(体积比为 4∶1)溶剂中,进行荧光滴定实验,当化合物 18 浓度为 1.0×10^{-5} mol/L,$\lambda_{max}=338$ nm 时,在 520 nm 处出现丹磺酰氯基团的典型发射峰。这可能是由激发态的丹磺酰氯将电子转移给 Hg^{2+} 所致(图 4-57)。

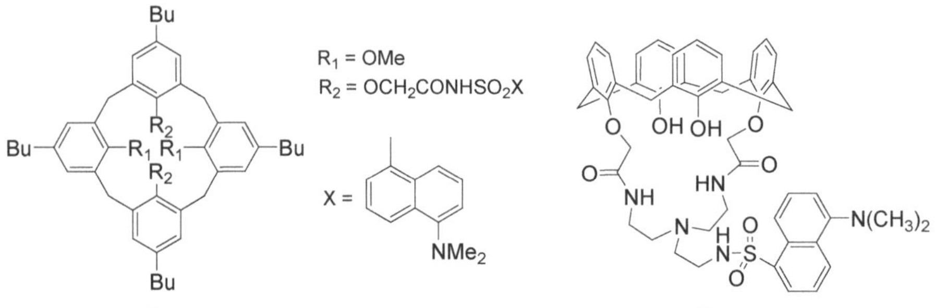

R_1 = OMe
R_2 = $OCH_2CONHSO_2X$
X =

图 4-57 化合物 17、18 的分子结构式

4.6 其他类型 Hg^{2+} 检测基团

卟啉化合物也被用作 Hg^{2+} 的识别基团。Delmarre 等人和 Zhang 等人[219]报道了这一类型的传感器。Delmarre 等人设计并合成了化合物 20,在没有 Hg^{2+} 存在时,化合物 20 在 620～700 nm 处有强的荧光;加入 Hg^{2+} 后,荧光的位置没有变化,但强度随 $M_{[Hg^{2+}]}$ 的增加而减弱。由于采用的是荧光猝灭机制,其他重金属离子有一定的干扰,限制了该传感器的应用。Zhang 等人在此基础上作了改进,用苯取代化合物 20 中的甲基吡啶,并将得到的卟啉化合物与光纤设备相连,得到很好的选择性,灵敏度也大为提高,最低检出限为 5.2×10^{-7} mol/L。

喹啉类衍生物也可作为 Hg^{2+} 的识别基团。Chang 等人[220]先后设计合成了化合物 21 和化合物 22 作为 Hg^{2+} 的化学传感器。化合物 21 是将 8-羟基喹啉与硼化二吡啶甲基(发光基团)相连;化合物 22 是将 8-氨基喹啉与苯并噻唑相连。在二氧六环-水的混合溶剂中，它们均显示了对 Hg^{2+} 的高选择性和高灵敏度。江云宝等人[221]合成了化合物23，它能和 Hg^{2+} 形成 1∶1 的配合物，同样对 Hg^{2+} 表现出很高的选择性(图 4-58)。

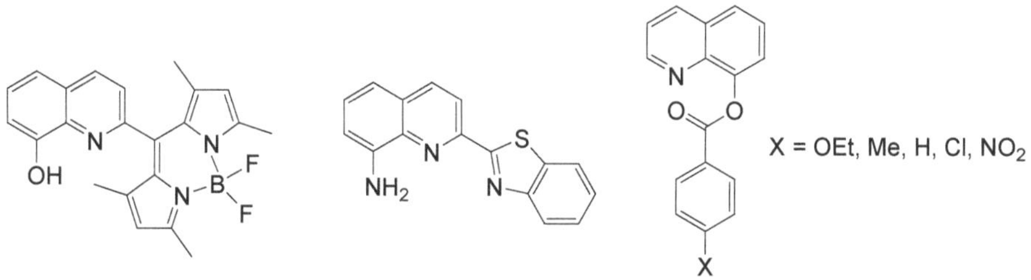

图 4-58　化合物 21～23 的分子结构式

4.7　席夫碱检测基团

席夫碱是具有各种供体原子的配体，其表现出对各种金属的有趣配位模式。

Wang 组[222]报道了图 4-59 中的化合物 31 的荧光量子产率是 0.002，这是因为电子转移从胺的氮原子到激发态 BODIPY 化合物淬灭发射。在室温下 pH=7 的水溶液中，Cu^{2+} 与化合物 31 的 NO 双齿配体作用激发胺的脱氢反应，使化合物 31 的荧光增强，导致席夫碱-Cu^{2+} 络合物的形成。

Cu^{2+} 加入后，在 596 nm 处荧光增强，量子产率是 0.095，增加 256 倍，其他金属离子没有干扰。反应可以在 pH=5～9 的生理范围内进行，荧光是稳定的，在室温下强度至少可以保持 30 天，加入 EDTA 没有变化，说明化合物 31 和 Cu^{2+} 反应不可逆转。1-Cu^{2+} 配比为 2∶1。

Tian 等人[223]设计并合成了 2-(2-甲酰基喹啉-8-氧基)-*N*,*N*-双异丙基乙酰胺(FQDIPA)，此分子结构能够与镉离子螯合配位，研究者将其通过席夫碱形式接在硅纳米粒子表面(NC-FQDIPA)。由于硅纳米离子良好的稳定性和生物相容性，改性后的硅纳米离子作为镉离子的载体，并且在酸性条件下席夫碱断裂，FQDIPA 释放出来与镉离子结合。在 pH=3.0 的磷酸缓冲溶液中，NC-FQDIPA 溶液在 502 nm 处出现微弱的荧光发射峰(量子产率为

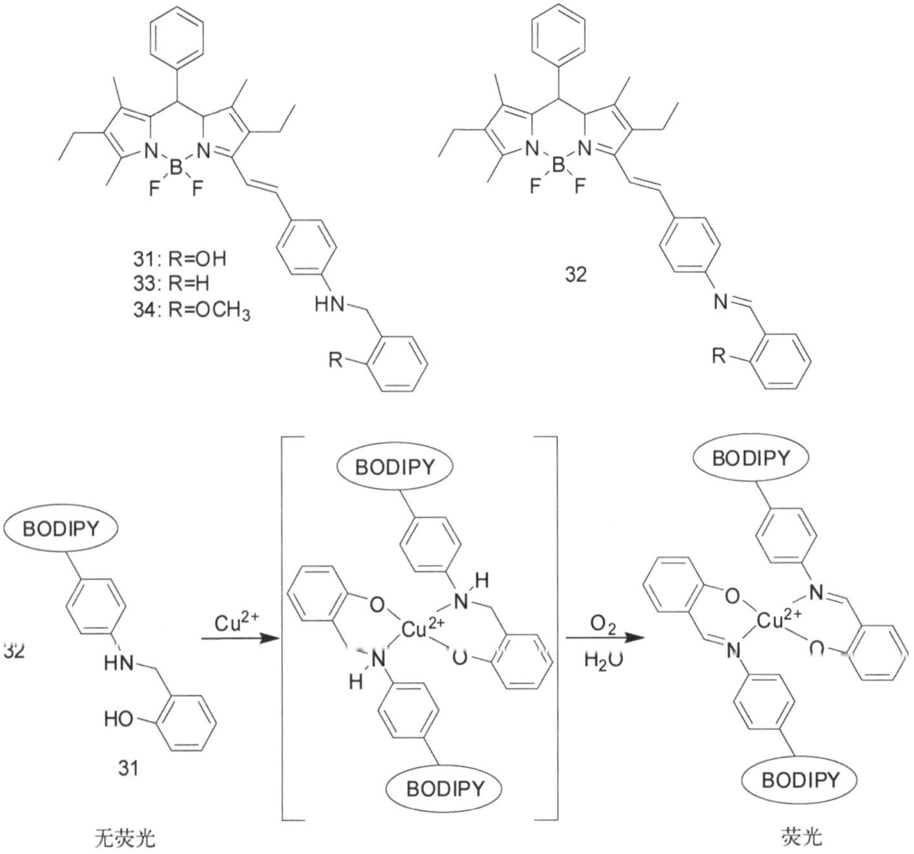

图 4-59 化学比例计 31 和参比化合物 32～34、Cu^{2+} 诱导化合物 31 的荧光增强机理

0.047 2)；1 当量的镉离子加入后，在 419 nm 处出现强烈的荧光发射峰(量子产率为 0.490 3)；以此实现了溶液中镉离子浓度的荧光检测。进一步将纳米粒子 NC-FQDIPA 用于生物体系中，对活细胞内的镉离子的浓度进行成像。将纳米粒子 NC-FQDIPA 加入细胞培养液中，培养 3 h 后，Hela 细胞呈现微弱的蓝色荧光；在加入 NC-FQDIPA 后，再加入镉离子进行培养，Hela 细胞呈现较强的蓝色荧光。NC-FQDIPA 探针实现了对活细胞中镉离子的荧光成像。

Zhou 等人[224]报道了一个基于两个萘环结构的 Al^{3+} 荧光探针，该探针也是基于 PET 机理。实验结果表明，由于该探针中的席夫碱氮原子上具有孤对电子，因此存在着向两个萘环的 PET 现象，从而使配体自身几乎不发射出荧光；而当在探针中加入 Al^{3+} 之后，两个席夫碱氮原子和两个羟基氧原子同时参

与和 Al^{3+} 的配位，从而使 PET 现象得到抑制，因此荧光显著增强。另外，该课题组还计算了该探针与 Al^{3+} 的结合常数和该探针对 Al^{3+} 的检测限，并且通过核磁滴定实验、质谱和 DFT 计算证实该探针与 Al^{3+} 之间是通过 1∶1 进行配位的（图 4－60）。

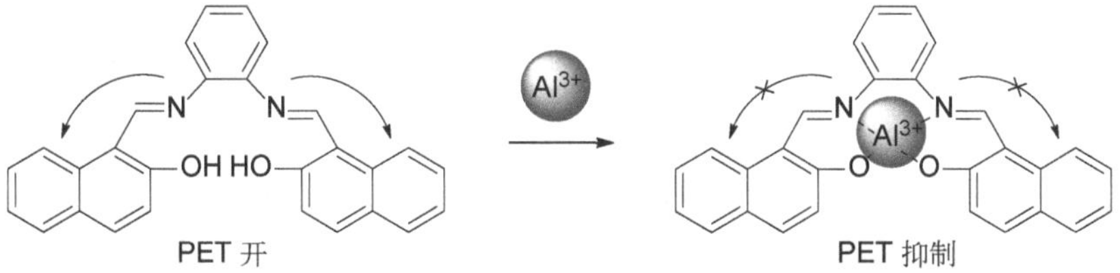

PET 开　　PET 抑制

图 4－60　基于 PET 机理的荧光探针对铝离子的识别机理

4.8　氧化还原型检测基团

4.8.1　常见次氯酸根荧光探针

图 3－63 中，无荧光的双通道荧光探针化合物 31 与次氯酸反应后，生成化合物 32 发出强烈绿色荧光[129]。

图 3－64 中是第一个用于 HClO 检测的双光子荧光探针 33 及其衍生物 34～37[130]。

如图 4－61 所示，杨丹课题组设计并合成了以 BODIPY 为母体，在缓冲液和含酶系统中对次氯酸具有高灵敏度和选择性的荧光探针 38[225]。化合物 38 与次氯酸反应后生成的化合物能发出绿色的荧光，非常适合用来显示巨噬细胞和次氯酸选择性结合的成像。

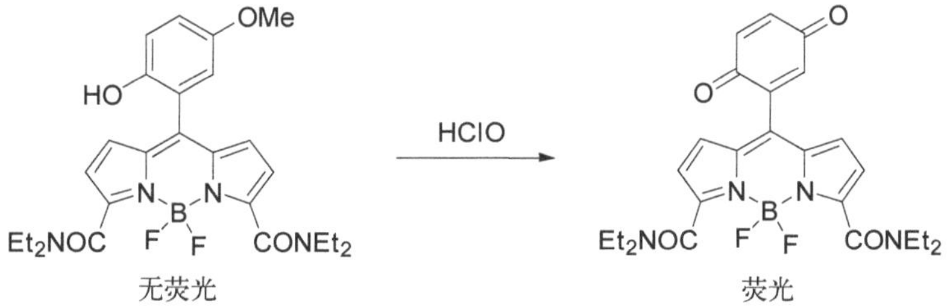

HClO

无荧光
38

荧光

图 4－61　化合物 38 的结构式及反应机理

4.8.2 常见过氧化氢荧光探针

通常,过氧化氢对于细胞来说是有毒的,会导致氧化应激的条件变宽,而这会导致细胞衰老。因此,对过氧化氢的检测和定量的需求在不断增加,过氧化氢瞬时产生于多种细胞表面受体的活化,可以作为传递信号的信使。

Chang 的研究小组设计了一个系列的基于氧杂蒽硼酸酯的化合物 39(图 3-65),能够在活海马神经元中检测过氧化物触发的氧化应激反应。

除了上述的双硼酸酯化合物外,单硼酸酯化合物比率荧光传感器(图 3-66)也可以应用于检测过氧化氢,且可应用于生物系统中的过氧化氢成像检测(图 3-67)。化合物 41 能够与在活细胞中达到自然免疫反应水平的过氧化氢成像,化合物 42 是一个双光子的活性荧光探针,可以在活组织深层中用于过氧化氢含量变化的双光子比例成像。化合物 43 是一个纯有机的检测过氧化氢的探针(图 3-68),它与醌甲基化物发生 1,6-消除反应,生成化合物 44,能够有效地在小鼠的急性炎症模型中对过氧化氢成像。化合物 45 是以过氧化氢作介质水解的磺酸盐化学传感器(图 3-69),可以用于检测活细胞内过氧化氢的变化。

4.8.3 其他常见 ROS/RNS 荧光探针

单线态氧($^1O_2$)是分子氧的激发态,并且作为高度反应性的分子,它对生物系统存在潜在的破坏性。它可以氧化各种生物分子,如 DNA、蛋白质和脂质。迄今为止,用于检测$^1O_2$ 的主要机制是基于内过氧化物的形成和蒽环组成的$^1O_2$ 诱导 1,4-环加成反应。唐教授和合作者报道了一个利用$^1O_2$ 诱导 1,4-环加成反应机理合成的花菁染料 46,其可应用于检测活细胞中$^1O_2$ 浓度的变化(图 3-70)。

超氧阴离子(O^{2-})是分子氧的一电子还原产物,半衰期较短,并参与活生物体的各种生理过程,如衰老、肌肉疲劳、贫血和炎症等。因此,在生理条件下对 O^{2-} 实行实时监控变得越来越重要。化合物 47 在细胞内与 O^{2-} 发生氧化反应生成荧光化合物 48[138](图 3-71)。

NO 是一个双原子自由基,它作为内皮衍生的松弛因子,能促进血管平滑肌松弛,在循环系统中调节血管扩张,并且使大脑中的长时程增强。但是,微摩尔浓度的 NO 可以触发活性氮物种的形成,导致癌变和神经变性疾病。因此，开发高选择性和敏感性的化学传感器来实时检测 NO 是非常重要的。

吩噻嗪结构中的硫原子在次氯酸作用下会发生氧化，形成亚砜或砜的结构(图 3－15)。在其他一些报道中，这样的转变同样可以在加热条件的过氧化氢高温环境下实现[66]，说明这一识别机制具有对次氯酸更好的选择性。更有意义的是，吩噻嗪材料氧化前后的分子结构都具有荧光发射，该材料是双通道比率荧光传感器的一个合适的染料母体。随着研究的深入，为了降低吩噻嗪的大 π 结构平面性，从而抑制染料刚性共轭平面的 π－π 堆叠作用，可在吩噻嗪母体上引入两个位阻型硼酸酯的结构。如果需要增加传感器的空间位阻效应，可在吩噻嗪的 N 原子上引入三苯基季鏻盐大位阻单元。

4.9　氢键型检测基团

之前报道的大多数受体通过 H 键诱导的 π 离域或 NH 去质子化起作用，这可能是识别氟化物的唯一机制。硫代碳腙硫脲衍生物具有独特的结构性质和化学性质。研究者设计并合成了两种不同的化学传感器化合物用于氟化物：1,5－双(2－乙酰基噻吩)硫代碳酰腙(C1)9 和 1,5－双(2－乙酰基呋喃)硫代碳酰腙(C2)[1,5－bis(2－acetylthiophene) thiocarbohydrazone(C1)9 and 1,5－bis(2－acetylfuran) thiocarbohydrazone (C2)](图 4－62)，作为双重作用模式传感检测氟化物。

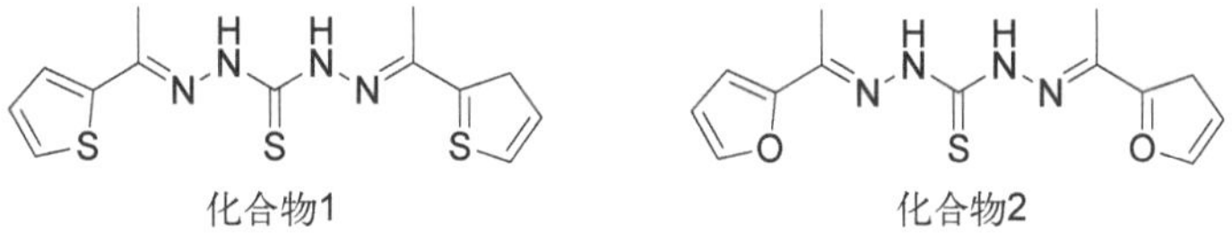

化合物1　　化合物2

图 4－62　化合物 C1 和 C2 的分子结构式

C1 能更好地识别氟离子，这可能是由于与呋喃环相比，噻吩的芳香性增强。C1 对氟阴离子的敏感性很强，这可能是由于噻吩的存在使其更加芳香，因此具有更好的 π－定位。加入氟化物后发射强度有很大提高[226]。

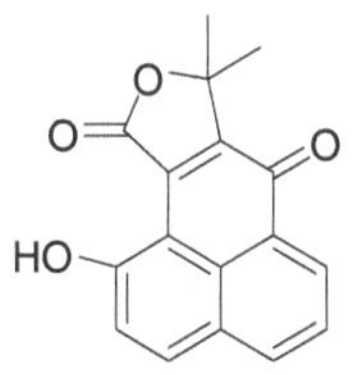

图 4－63
化合物 3a 的结构

Chen 组[227]报道了如图 4－63 所示的化合物 3a，其吸收峰在 432 nm 和 454 nm 处，发射峰在 478 nm 处，这一现象可能由于 phenalenone 结构的 π-π* 跃迁，理论计算支持这个原因，随着氟离子逐渐加入，432 nm 和 454 nm 处下降，502 nm 和 536 nm 处上升，在 468 nm 处有等吸收点，这表明是两种物质之间的转换，荧光在 478 nm 处没有变化，在 550 nm 处有明显的增强，符合 PCT 过程，加入其他阴离子没有变化，所以化合物 3a 可以作为氟离子探针。

氟离子与吡咯基团中的活泼氢形成氢键可用来实现识别氟离子。但是，氢键的强弱及选择性受溶剂极性的影响。Kim 等人[228]将香豆素类衍生物制成半导体聚合物来检测氟离子。但是聚合物对细胞膜渗透性差，导致在细胞内检测氟离子的难度增加。有关细胞内氟离子检测荧光成像的小分子荧光探针还没有报道。

4.10 金属配位型检测基团

Filatov 组[229]报道了系列芳香 π-扩展二吡咯分子 BDPs 和 NDPs（图 4-64）。BDPs 的吸收峰在 550～570 nm 处，NDPs 的吸收峰在 660～700 nm 处，作为自由碱基，它们的荧光非常弱，然而加入金属盐后，它们的荧光立刻提高，可通过改变金属配位的方式激活荧光。

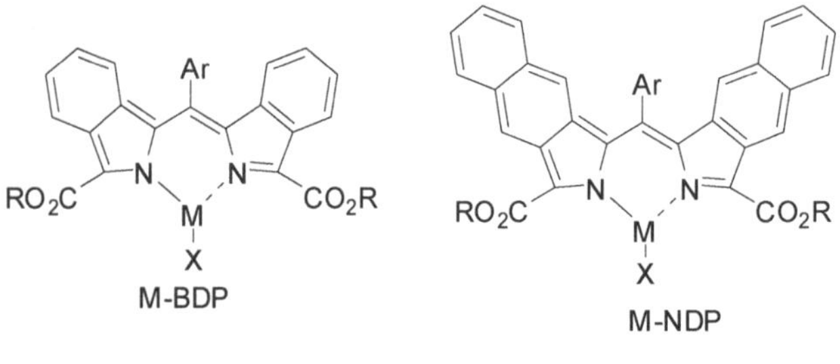

图 4-64 M-BDP 和 M NDP 的结构

Harriman 组[230]设计了图 4-65 中的 BODIPY 衍生物，分子中的配位基是三联吡啶（terpy），和 Zn^{2+} 配位时，terpy 的还原电势减少，导致分子内电子转移可能性显著增加。

在乙腈溶液中化合物 1a 的 terpy 的吸收峰在 290 nm 左右。小 Stokes 位移表明在基态和激发态之间，在结构和极性上没有变化。Zn^{2+} 滴定到化合物

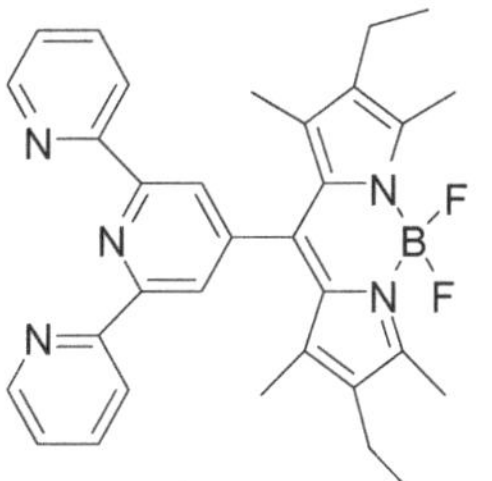

图 4-65　BODIPY 基螯合试剂和 Zn^{2+} 配位比为 2∶1 的化合物的结构式

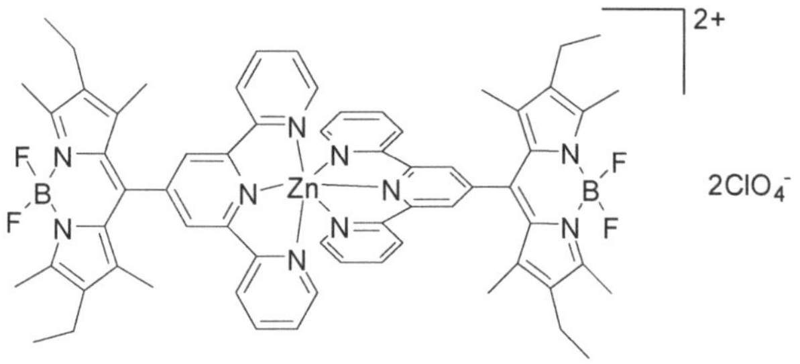

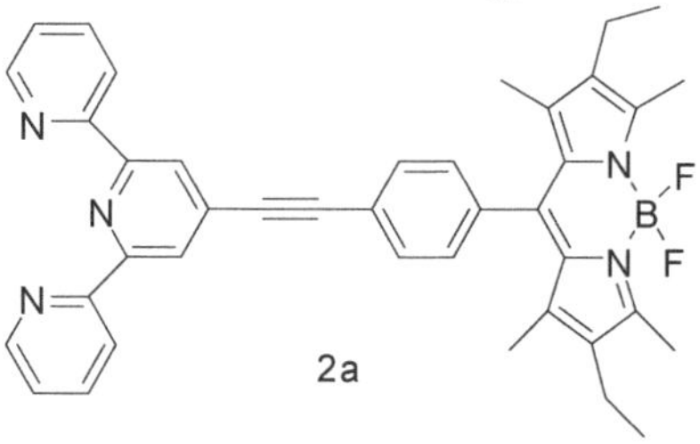

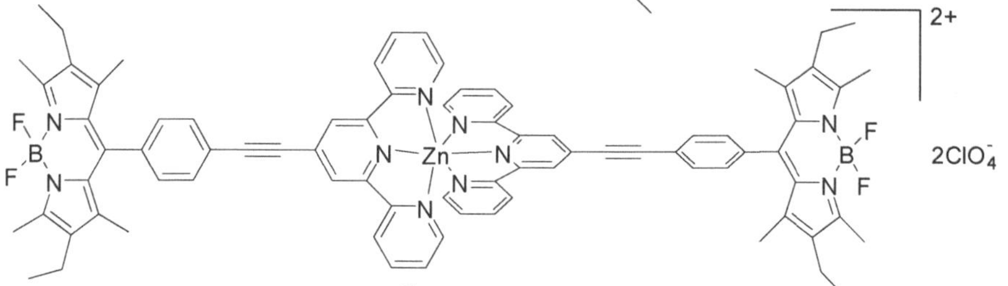

1a 的乙腈溶液中，在 330 nm 处有新吸收带，X 射线衍射数据表明新的吸收带归属于 Zn^{2+}-三联吡啶结构。

对于化合物 1a 和化合物 2a，加入 Zn^{2+}，荧光强度下降，化合物 2a 在 Zn^{2+} 的滴加下荧光不断消失直到一个平台出现，减少了 25 倍。荧光光谱表明，Zn-三联吡啶络合物可以作为光富集器和吸收通道。对于化合物 1b 和化合物 2b，从金属络合物到 BODIPY 染料单线态-单线态能量转移的速率超过 $5\times10^{10}\ s^{-1}$，在 Zn-三联吡啶的荧光和 BODIPY 相关跃迁偶极最合理方向的吸收之间有强的光谱重叠，表明存在偶极-偶极的相互作用。

Rosenthal 组[231]的 BOT1 中并列了一个 BODIPY 报告器，图 4-66 中受体是通过三唑桥连接的三足的二甲基吡啶胺，三唑桥提供了在 BODIPY 报告器和螯合配体之间的刚性空间，减小了荧光团和金属键之间的距离，确保了探针在“关”的状态时强烈地荧光淬灭。

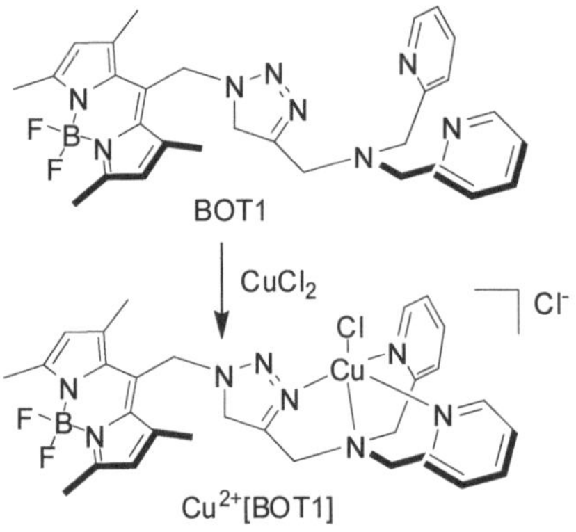

在 BOT1 的溶液中，加入 1 eq 的 $CuCl_2$，荧光强度下降为 1/12，寿命缩短为 1/30，这是由于从 BODIPY 单线激发态到束缚了 Cu^{2+} 态的 PET 过程。Cu^{2+}[BOT1]在缓冲溶液中用过量的 Angeli 盐（少于 50 μmol/L）处理，在生理条件下产生了等摩尔比率的硝酰（HNO）和亚硝酸盐，观察到发射增加了 4.3 倍，表明 HNO 能被快速检测。

图 4－66 BOT1 和 Cu^{2+}[BOT1]的结构式

金属化合物基荧光探针 DCCP－Cu^{2+} 对焦磷酸盐阴离子（PPi）有较强的荧光增强响应，在长波长处有较高的量子产率（图 3－10）。

Christopher J. Chang 课题组[232]设计并合成出了可以识别 Co^{2+} 的化学反应型荧光探针。如图 4－67 所示，连接基团中的氮氧原子与 Co^{2+} 发生配化，形成金属配合物，同时 O_2 参与作用使得 C—O 断裂。因此在 Co^{2+} 和 O_2 的作用下，连接在荧光团上的二吡啶醇胺基团发生脱落，生成了具有强烈绿色荧光的荧光染料。同时此荧光探针还可以应用于细胞显影实验，在生物体中检测 Co^{2+}。

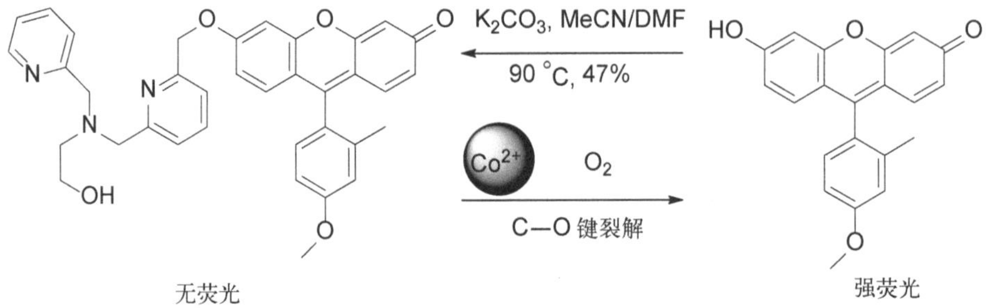

图 4－67 化学反应型荧光探针对于 Co^{2+} 的检测机理

4.11 聚集传感型检测基团

Zhang 等人[233]制备 InP 纳米粒子作为荧光探针，在亲水或疏水环境中对镉离子进行检测。溶液中的 Cd^{2+} 会被 InP 纳米粒子吸附在表面，形成以

In P/Cd-R 为壳的复杂微多相结，导致纳米粒子发出荧光，实现了对 Cd^{2+} 的荧光检测。

唐本忠课题组将具有聚集诱导发光特性的化合物 18 涂在薄层层析硅胶板上，干燥后可以看到有荧光发射。用氯仿蒸气熏蒸硅胶板，发现荧光消失，再将溶剂挥发掉，发现硅胶板上的荧光发射重新出现。由此可推出，发现其他 AIE 发光团应用于上述实验过程，也可以观察到类似的现象。

田禾教授等人研究了化合物 25 和化合物 26，它们是具有聚集诱导发光性能的星形三苯胺衍生物，这种类型的检测为气体荧光化学传感器的分子设计开辟了一条新的道路(图 3-59)。

HPS 衍生物化合物 27(图 3-60)的纳米聚集态能作为一个检测爆炸物的探针。具有 AIE 效应的化合物在生物探针方面有很好的应用。将羟基、氨基、磺酸基等亲水性功能团，连接到具有聚集诱导发光效应的材料上，能够使化合物的水溶性增强。当化合物溶解在缓冲液中就会产生荧光淬灭现象，但当其与某些特殊的分子结合之后就会重新产生荧光。李振教授等合成并研究了 TPE 的磺酸盐的衍生物 28(图 3-34)，它对天然的牛血清蛋白具有高效的识别作用。2014 年文献报道了在吡咯并吡咯二酮的基础上合成了具有 AIE 特性的化合物 29(图 3-61)，实现 BSA 的检测。2015 年文献报道了一个 AIE 活性的化学传感器 30(图 3-62)，该传感器对焦磷酸阴离子可以进行比色的选择性“接通”和荧光检测。

4.12　利用自身分子结构作为检测基团

4.12.1　黏度探针

Levitt 组[234]报道了染料能够通过荧光寿命变化检测微黏度，因为荧光寿命与浓度无关，所以可以避免很多问题。文献中提到可以使用荧光寿命图像和两个结构相关分子转子的极化分辨并测量荧光衰退。

图 4-68 为分子转子的结构，长的疏水尾部能容易地渗透进细胞膜，BODIPY 染料的激发和发射波长在可见光范围内，减少了光伤害和光漂白的可能性，该分子转子适合作为生物环境的探针。

化合物 35 作为荧光分子转子，它的荧光寿命和强度对环境黏度是敏感

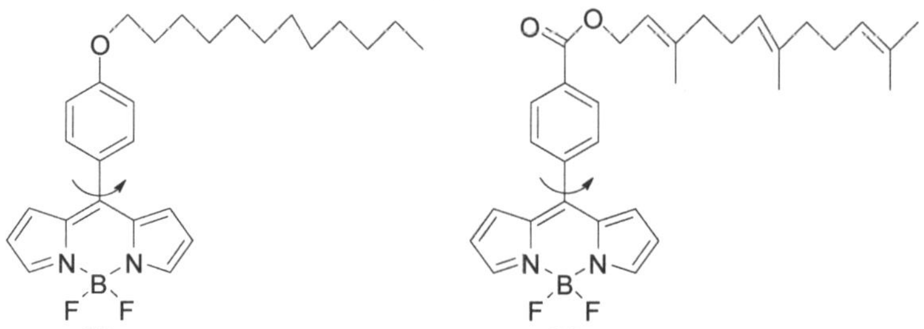

图 4-68 化合物 35、化合物 36 的结构式

的，化合物 36 的荧光光谱形状和 530 nm 处发射波长作为黏度的函数是不变的。实验表明，随着黏度的增加，化合物 35 的荧光寿命和强度也增加，Förster-Hoffmann 方程支持这一点。在非黏性的纯溶剂甲醇中，化合物 35 和化合物 36 的 $\Phi_f=0.06$，当溶液的黏度增加时，在甲醇和丙三醇混合溶液中，Φ_f 明显增加。Φ_f 随黏度增加而增加是因为非辐射过程中抑制了分子内旋转。

黏度环境提供了一种方法能够使该状态更低，这是通过折叠结构即芳环旋转进 BODIPY 环平面内来实现的。辐射衰退发生的最稳定的结构是芳环和 BODIPY 平面呈 60°。在黏度最高的溶剂中(丙三醇：甲醇体积比为 95：5)，非辐射过程被完全抑制，化合物 35 和化合物 36 的 Φ_f 均为 1。

Alamiry 组[235]报道了 BODIPY 结构作为主链的共轭聚合物的合成，在乙醇溶液中，最大发射峰在 514 nm 处，辐射速率常数为 $K_{RAD}=1.4\times10^8\ s^{-1}$，表明这个 BODIPY 染料能作为分子转子，是好的溶液黏度探针，能被用来记录某种流体对压力变化的响应，可以用在生物细胞膜如胶团、囊泡和有机胶体等微观不均匀性介质中。

如图 4-69 所示，彭孝军教授等人报道的化合物 54 为一个基于咔唑的花青衍生物，是一个双光子的比例黏度传感器[236]。探针分子能够定量地检测溶液黏度，不受环境极性或生物大分子的明显的影响。它也是一个良好的双光子转子传感器，能够对活细胞中的线粒体的黏度，以及 60～130 mm 深度的生物体组织进行比例荧光成像。

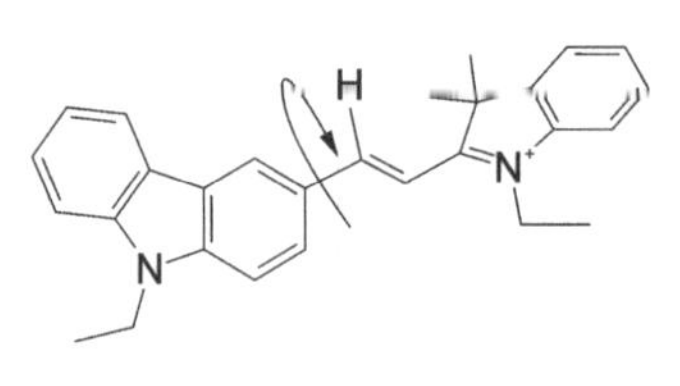

图 4-69 化合物 54 的结构式

通过将吗啉基团直接连接到 BODIPY 转子上形成了化合物 55，它是一个溶酶体黏度荧光探针[237]，如图 4-70 所示。由于其溶酶体活化荧光特性以及

其在激光共聚焦显微镜下的高空间和时间分辨率，它可以作为一个理想的溶酶体示踪剂。

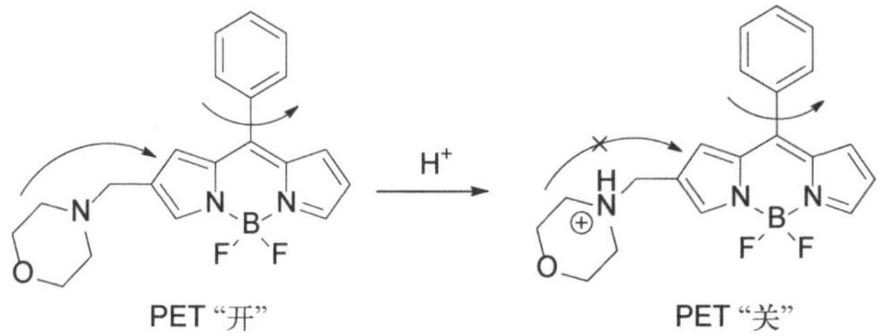

图 4－70　化合物 55 的传感机理

4.12.2　pH 探针

Daub 和 Rurack[199,238]最先开始研究 BODIPY 衍生物作为 pH 探针的实际应用。

Bura 组[239]认为图 4－71 的 BODIPY 化合物中的二甲基氨基对质子敏感，酚盐基对碱敏感，分子可用作环境探针和 pH 探针。二甲基氨基被质子进攻后，PET 过程被禁阻，探针荧光团发射荧光。

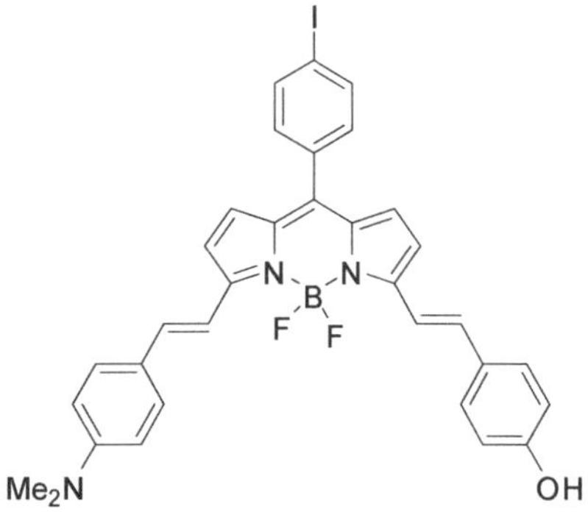

图 4－71　BODIPY 化合物的结构式

该探针受溶剂极性影响很大，在不同溶剂中有强发射蓝移，在二氧六环中是 656 nm，在乙醇中是 662 nm；苯酚基在乙醇中去质子化，有强烈的质子转移发生，在 799 nm 处发射波长有大的红移。在乙醇中用 HCl 滴定实验表明，吸收在 676 nm 低能带处消失，在 637 nm 能带处同时增长，出现了 3 个等吸收点。BODIPY 化合物中加入 NMe_4OH，诱导 676 nm 能带减弱，721 nm 处新带上升，出现了 4 个等吸收点，可用于 pH 测量的荧光比值法。用同样的方法进行荧光滴定，在相应的等吸收点激发，在质子化过程中，660 nm 处有强烈的发射发生，744 nm 处的发射消耗，碱的加入诱导了 744 nm 处宽峰的减少和 800 nm 处近红外发射的出现。

Baruah 组[239]的 BODIPY 化合物的荧光在水溶液中随溶液酸性的增加而增加。在可见光范围内，pK_a 的值在 7.5～9.3，可以在水溶液中用作 pH 荧光探针。Ozlem组[240]发现将小当量的TFA加入BODIPY化合物的乙腈溶液中，吸收波长从630 nm红移到660 nm，而加入高浓度钠不能引起任何光谱移动。Descalzo组[241]报道了高增环菲并-BODIPY染料，可作为酸范围pH指示剂，染料的水溶性不好。

4.12.3 温度探针

Wang组[242]介绍了简单的共聚物：聚(NIPAM-co-BODIPY)，该共聚物由N-异丙基丙烯胺(NIPAM)和BODIPY单元组成，在水中作为荧光热测量计。聚合物在低于23℃时表现出弱荧光，在温度上升到35℃时荧光强度增加，能够灵敏地指示在23～35℃的溶液温度。通过一个聚合物微黏度的增加可以驱动热诱导荧光提高，同时聚合物有从混乱到小球状态的相变化。黏度区域在小球状态聚合物内部形成，阻止了激发态BODIPY单元的meso-吡啶鎓基团的旋转，产生热诱导的荧光增加。在不考虑热、冷过程的情况下，聚合物表明了可逆的荧光增加或淬灭，有重复使用的能力。

合成两组温敏的聚合物52和聚合物53，从图4-72可以看出它们的相变温度(最低临界溶液温度)分别是41℃和44℃[243]。可以通过温敏聚合物链、易接近的功能和糖部分的选择等外部因素使细菌聚集。聚合物体系和结构的多样性和灵活性，表明聚合物是细菌物质相互作用的非常有效的材料。目前，正在研究发展这些材料作为介质和细胞之间的信号控制器的相关应用。

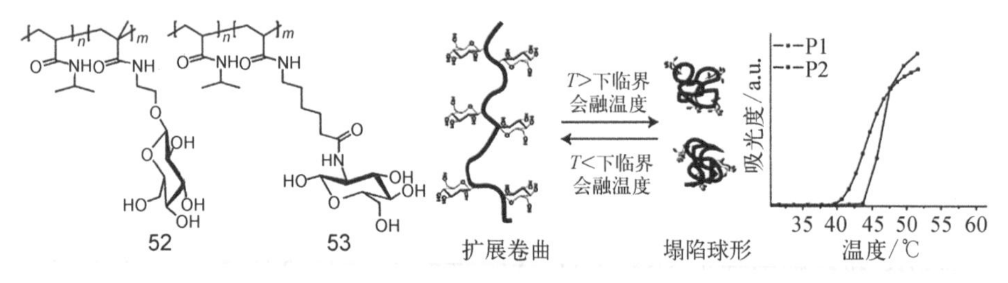

图4-72 聚合物52和聚合物53的结构式，在PBS缓冲液中的相行为，以及吸光度随温度的变化曲线

如图4-73所示，杨国强等人设计合成了一个用来检测细胞内温度的新型纳米温度计L-DNA[244]，它能够高分辨率地、快速地对温度响应。相对于其他的细胞内荧光温度计，这个纳米温度计具有以下优点：第一，它是核酸组合物，使得它与细胞完全生物相容，这对于长期的温度监测是非常有必要的。

第二，它的信号不会被核酸、蛋白质、核酸酶干扰，能确保温度的准确测量。最后，其物理化学特性如小尺寸(小于10 nm)、优良的反应可逆性、可调的响应范围，使其具有适合在各种情况下应用的潜力。该纳米温度计作为细胞内温度的测量工具，已被成功地用于活细胞中的光热研究。

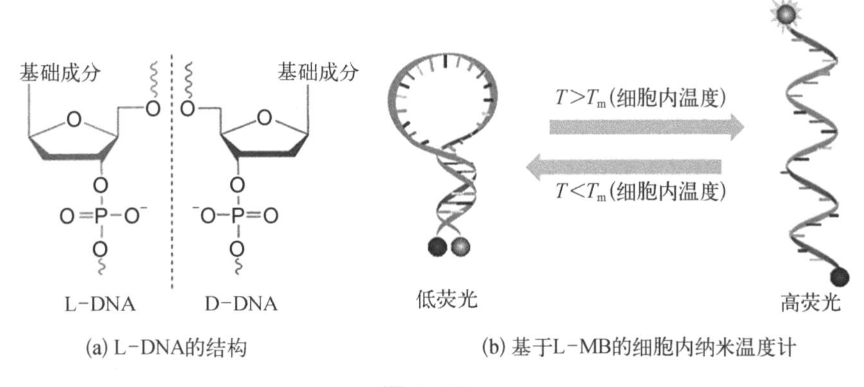

图 4-73

4.13 作为生物硫醇的检测基团

目前已有报道的与硫醇反应的荧光探针有以顺丁烯二酰亚胺部分作为硫醇反应基团，在和硫醇反应以前，它们的激发波长更长，背景荧光更强。Matsumoto组[245]报道了硫醇共轭的BODIPY荧光探针在和硫醇反应以前几乎没有荧光。邻位取代(*o*-maleimide BODIPY)和硫醇反应后强荧光被恢复。如图3-76所示，荧光素螺内酰胺开环的化学传感器58对生物硫醇具有高选择性和灵敏度。萘二甲酰亚胺衍生物59(图3-22)，是一个在生理过程中检测谷胱甘肽(GSH)的发光化学传感器。

图3-77中化合物60的能量给体中，四(4-羧基苯基)卟吩通过二硫键连接至能量受体香豆素，利用巯基/二硫的交换反应检测硫醇。Cys/Hcy化学传感器61可应用于检测活细胞中Cys/Hcy分布的荧光成像(图3-78)。图3-79中的荧光增强型化学传感器63的电子受体是硝基乙烯部分，可以用来检测Cys/Hcy。

2008年，林伟英等人[246]设计合成了一个比率型探针分子1，来检测Cys

和 Hcy(图 4-74)。在这个 ICT 体系中,富电子的苯并咪唑作为电子给体的荧光染料,醛基部分作为一个电子受体。在 HEPES 缓冲溶液中加入 Cys 后,荧光出现了蓝移,且蓝移 125 nm。加入硫醇后,由于 ICT 的消失,在 519 nm 处荧光发射强度逐渐降低,394 nm 处有一个新的荧光发射。使用这两处荧光强度的比率对 Cys 的浓度作图,发现呈线性关系。

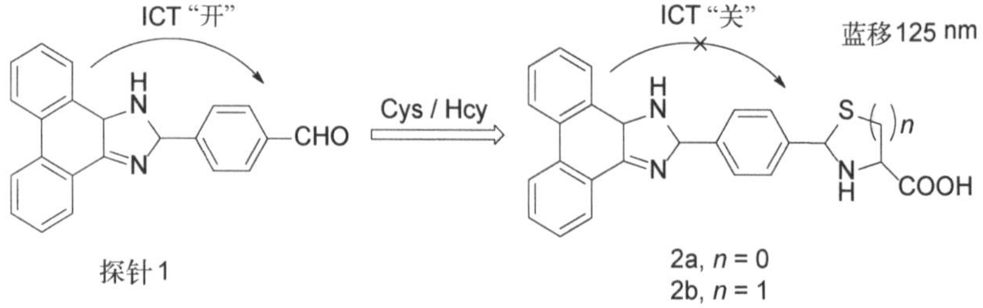

图 4-74 探针 1 的结构式及识别过程

2009 年,阴彩霞等人[247]报道了一个新的基于苯并吡喃骨架的比色型探针 2(图 4-75)。在 HEPES 缓冲液中检测 Cys、Hcy 和 GSH 时,展现出非常优异的选择性和灵敏度,肉眼可以看见溶液从无色变成黄色。巯基会发生亲核反应,使苯并吡喃的环断开形成 4-硝基苯酚,随着 Cys 浓度的不断上升,传感器分子 2 在 292 nm 的吸收峰逐渐下降,在 405 nm 处出现一个新的吸收峰,且波长红移 113 nm。

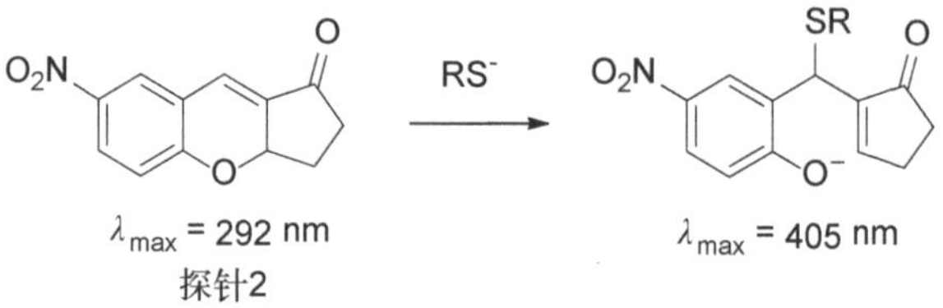

图 4-75 探针 2 的结构式及识别过程

4.14 作为 DNA 的检测基团

Bi 组[248]报道了 BODIPY 类荧光分子探针在聚合酶扩展反应中能够被很好地合并进 DNA 链,在 SBS 中作为可逆的终止者。Ojida 组[249]设计了荧光探针对超磷酸化 tau 蛋白(hyperphosphorylated tau protein)进行有效的荧光检测,BODIPY 部分直接连了两个 Zn^{2+} - DPA 单元,对 NFTs(neurofibrillary tangles,神经元纤维结)的 β - sheet - rich 结构提供更强的相互作用,对 NFTs 有高检测识别性。Lee 组[250]提出,苯乙烯基衍生 BODIPY 化合物因为扩展的 π -共轭而使荧光发射红移,能用于在细胞中的高血糖素分泌液和相关疾病的生物研究。Nierth 组[251]研究的探针结构由蒽和被共轭的苯乙炔基桥融合的磺酸化的 BODIPY 荧光团组成,紧连的蒽通过 PET 过程有效淬灭 BODIPY 的荧光。发生 Diels - Alder 反应后,共轭体系被破坏,荧光发射增加了 20 倍,在各种可逆条件下检测 RNA 催化的 Diels - Alder 反应能达到纳米克分子浓度范围。

Lim 组[252]证实了体外 BODIPY 衍生物(图 4 - 76)应用于光细胞毒素活性抗白血病和两种类型固体肿瘤的细胞系。研究表明,根据这些衍生物单线态氧的高产生速率,碘原子直接取代 BODIPY 吡咯啉(pyrroline)碳- 4 位,比 meso -芳基位重要,在 4 -吡咯啉(pyrroline)位取代单 n -丙烯酸丁酯可使最大吸收波长红移。亲水性取代基例如羧酸,磺酸或者磺酸钠通常会减少活性。研究表明,化合物 38 专一定位线粒体,化合物 38 的乳液在体内模型在 CAM 上能够吸留血管网络,可作为 PDT 试剂。

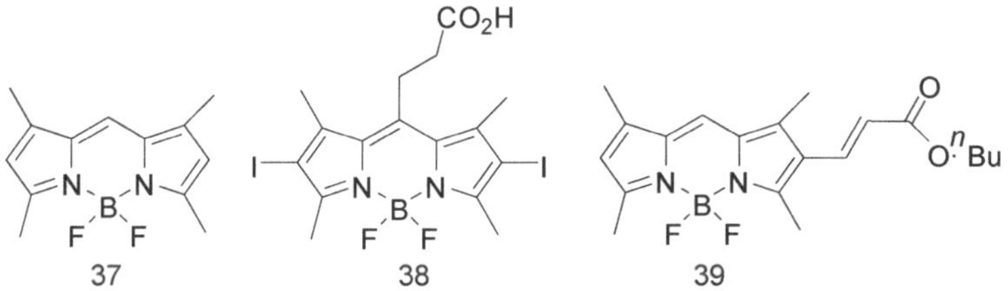

图 4 - 76　BODIPY 衍生物 37～39 的结构式

化合物 38 可用于处理表面组织,在食管和支气管癌症临床 PDT 中,用 514 nm 激发波长系统处理有和 630 nm 处理相似的消灭肿瘤的效果,化合物 38 在食管上引起打孔的深层组织受伤害程度不大,化合物 38 有潜力被探索成为对癌症的 PDT 临床试剂。

Coban 组[253]报告了两个 BODIPY 标记的类脂被合并进胶束或类脂泡的聚合物检测,这两个聚合物是平行和共线跃迁偶极距的构型。更高跃迁能量的二聚物是没有荧光的,BODIPY 单体和二聚体发射的比例能用来检测细胞区间中的相关类脂浓度。

Hapuarachchige 组[254]报道了 HPY(triazaborolopyridinium),HPY 的细胞渗透性好,共轭杂环骨架上的三个氮原子对水溶性有利。腙取代基的变化可以调节 HPY 染料的吸收和发射性能,受溶剂极性影响很小。杂环基团的尺寸和极性容易改变,交换硼上的氟和醇盐的能力能优化 HPY 染料的结构可作特殊的应用。HPY 的共轭物 40 和共轭物 41(图 4-77)作为在细胞循环研究中的可逆探针可能有更广阔的应用。

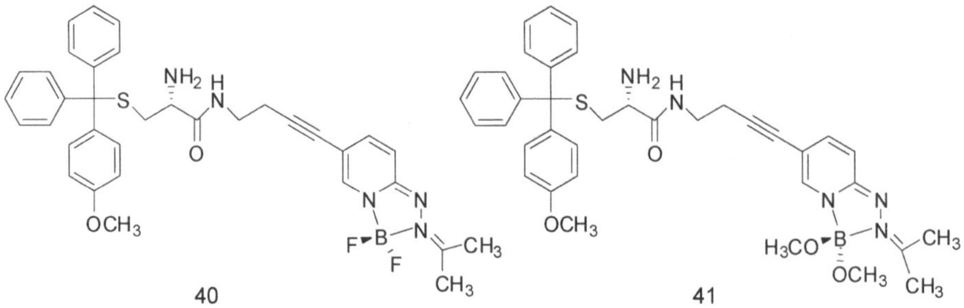

图 4-77 化合物 40 和化合物 41 的结构式

Li 组[255]报道了系列染料中的一个和两个连接终点叠氮基的类脂物共轭衍生,形成 BODIPY 共轭胆固醇类似物,该文章报道了其作为探针检测胆固醇,在模板组织和细胞中的效果和给体-受体的共振能量转移。它们较好的荧光性能有可能通过荧光显微镜可视化活性细胞中类脂的分配和运输。

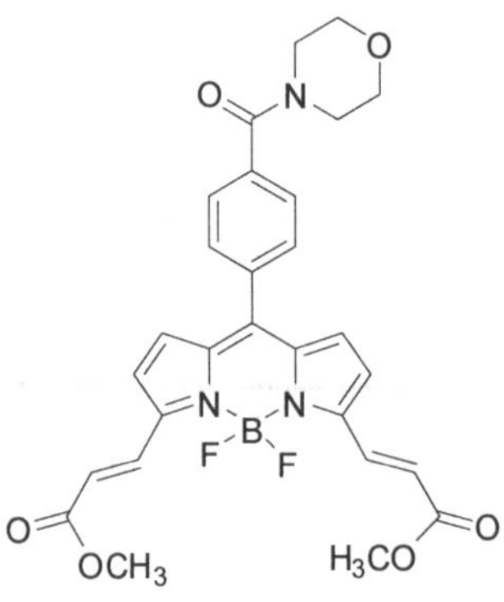

Lee 组[256]合成了 BODIPY 染料 4b(图 4-78),测试了这个染料和组蛋白 H2B 的表现,连接了"RC2·myc"结构到人 H2B 的 N-终点,融合 Cheery 到它的 C-终点,探针 4b 作为一个标记检查表达。探针 4b 成功地标记活细胞中的 H2B,演示了细胞中的核染色。在没有痕迹标记物 Cheery 的 H2B 实验中,探针 4b 和 RC2 标签也识别标记了 H2B,RC2 和它的母体化合物 4b 对当前的蛋白标记方法是有利的,特别是对于活细胞内的特殊目标蛋白光学图像。

图 4-78 探针 4b 的结构式

Prusty 组[257]发现从前荧光基上移走重原子形成化学键结构可产生强的荧光,文献中描述了通过钯催化的 Heck 反应,前荧光 BODIPY 基合成和转化后形成高强度荧光，这个反应可用在超灵敏的DNA检测上。

4.15 作为细胞和组织的检测基团

4.15.1 荧光探针在酶检测中的应用

酶是指具有特定生物催化功能的大分子物质，也有人将其称为生物催化剂。大部分酶是蛋白质，也有少数是核酶的RNA分子。酶的特殊之处在于具有高度的专一性，每类酶都只催化具有特定结构底物的反应。酶的催化活性容易被干扰，如：抑制剂和激活剂可以使酶活性发生变化，这是部分药物的作用机理；酶的活性也会受到温度、介质环境的pH值和电磁波等各种外界条件的影响[258]。酶的催化反应，就是将特定的底物在酶的作用下生成其他物质。几乎所有的细胞活动进程都需要酶的参与，酶使细胞内复杂的新陈代谢过程能够有条理地进行，细胞才能发挥着正常的功能。如果因基因缺陷或其他原因，造成某种酶的缺乏、活性减弱，往往会导致该与酶相关的生化反应异常，相关物质的生成和代谢受阻，甚至出现生物体病变，如：白化病是因酪氨酸羟化酶缺乏所致。因此，酶与临床医学的关系十分密切。在正常人体内，各组织器官内的各类酶的含量是相对平衡的，当其发生病变时，部分酶则可扩散进入血液循环系统。例如，当肝脏出现损伤时，血清碱性磷酸酶含量会急剧增高。因此，在临床医学上，可通过测定血液中某些酶的含量作为相对应疾病的诊断指标。因此，酶的检测及其生物样品中的应用和实时成像，能为生理反应研究、病理研究和治疗等领域提供依据，具有重大意义。近年来，针对这种酶的荧光检测也取得了一些进展。

4.15.2 荧光探针在组蛋白脱乙酰基酶检测中的应用

组蛋白脱乙酰酶(HDACs)是一种非常重要的水解酶，可脱去细胞内蛋白质内末端*N*-乙酰化的赖氨酸残基中的乙酰基。HDACs在细胞生理过程的调节中有着很重要的作用，如基因表达、信号传导、细胞稳态平衡等；并且与一些疾病有关，如癌症、代谢综合征、神经疾病等[259]。因此，许多药物开发工作围绕HDACs展开，然而对于HDACs的检测仍缺少便利的手段。Dhara等人[260]利用四苯乙烯(TPE)的AIE效应，合成了四苯乙烯衍生物K(Ac)PS-TPE作为检测HDACs的荧光探针，如图4-79所示，K(Ac)PS-TPE分子是在 TPE 分子上修饰了一个磺酸根和乙酰基保护的脂肪族伯胺。在 HEPES8.0 缓冲液中，探针 K(Ac)PS－TPE 分子中的磺酸根带负电荷，使其具有良好的水溶性，几乎没有荧光；加入 HDACs 反应后，分子中伯胺上的乙酰基被脱去，伯胺带正电荷；由于正负电荷的静电吸附作用，反应后的 KPS－TPE 分子聚集起来，因为 TPE 所具有的 AIE 性质而在 456 nm 处发出蓝色荧光。

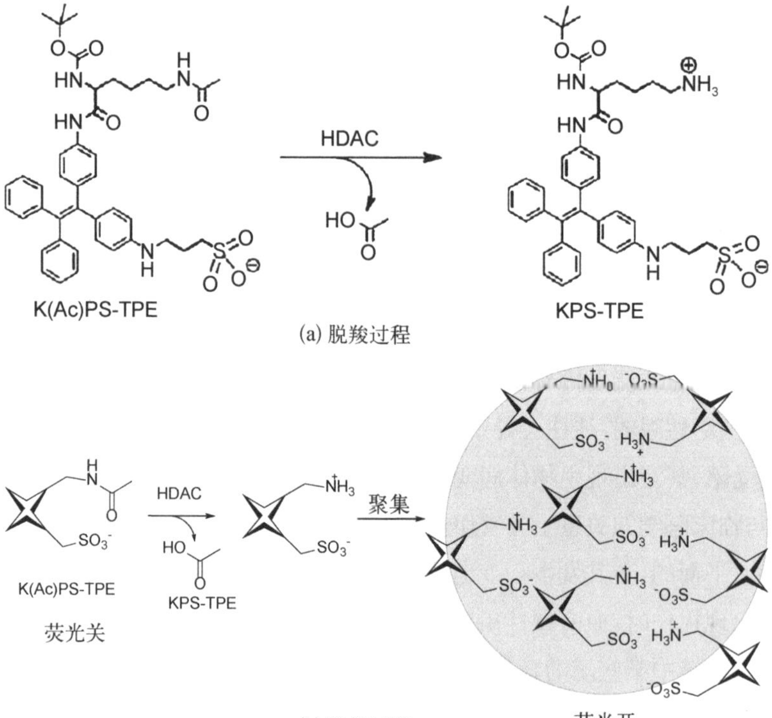

(a) 脱羧过程

(b) 聚集过程

图 4－79 探针分子 K(Ac)PS－TPE 检测 HDACs 示意图

此外，Baba 等人[261]设计了一个基于组蛋白 H3 多肽片段的 HDACs 荧光探针 K4(Ac)－CCB，如图 4－80 所示，多肽片段中 4 号为含有乙酰化的赖氨酸 K4(Ac)，一端则连接乙酰化的香豆素衍生物；香豆素中的酚羟基酰基化后，抑制其 ICT 效应导致荧光淬灭。在 HEPES8.0 缓冲液中，加入 HDACs 后，探针分子中乙酰化的赖氨酸 K4(Ac)发生脱乙酰化，生成带伯胺的 DP 分子。DP 分子内的伯胺容易与末端香豆素上的碳酸酯键反应，生成 TP 分子。在 TP 分子中，脱酰化的香豆素的 ICT 效应恢复而发出 466 nm 的蓝色荧光，实现对 HDACs 的“开”响应型检测。

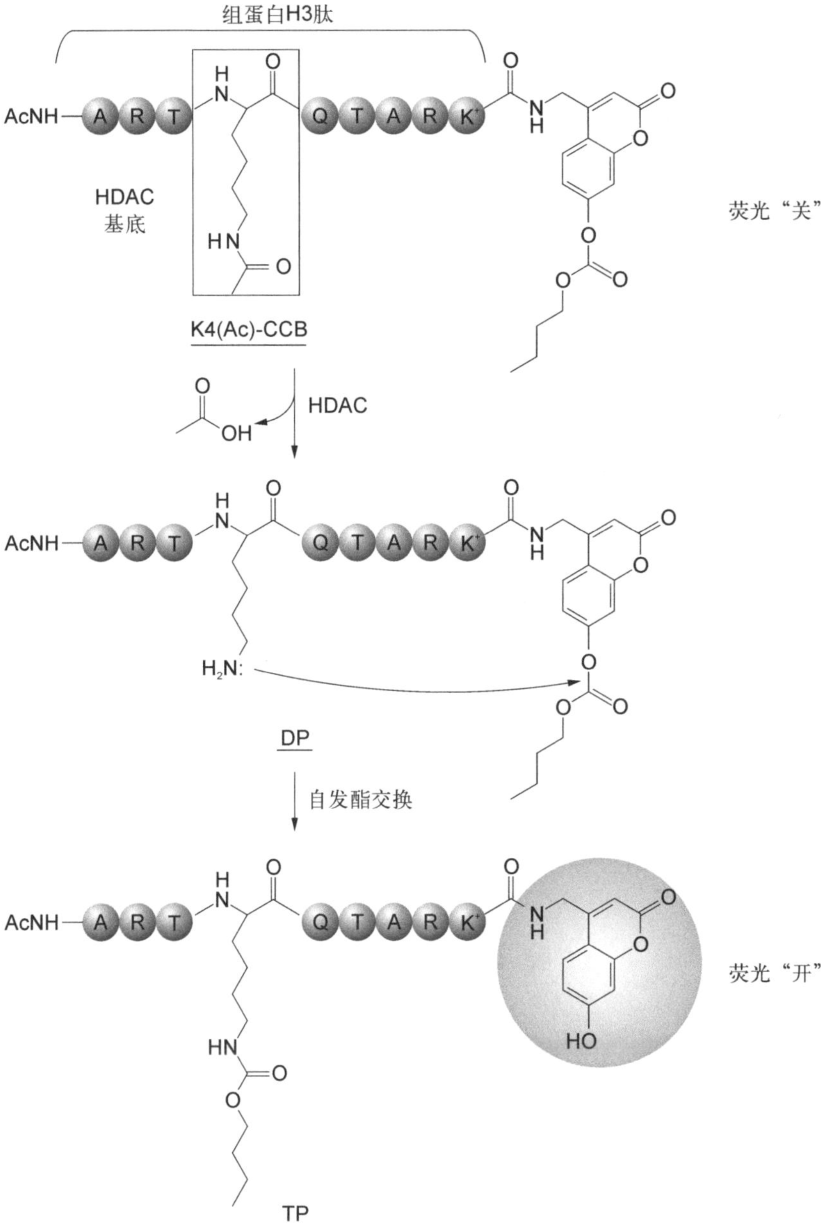

图 4-80　探针分子 K4(Ac)-CCB 检测 HDACs 机理

4.15.3　荧光探针在碱性磷酸酶检测中的应用

碱性磷酸酶(ALP)广泛存在于细胞和组织器官(如肠、肝、肾、骨等)中，在碱性条件下(pH=8～10)催化水解蛋白质、核酸等中的磷酸基团。ALP 的含量与许多病变过程相关，因此，ALP 常被作为疾病的诊断指标，如骨软化、骨癌、肝炎、肝癌等。所以，开发简单可靠的 ALP 检测手段，在疾病诊断和生物医学研究等领域都有着重要意义。Zheng 等人[262]制备了基于激发单体——激基缔合物(Monomer-Excimer)机理的 ALP 荧光检测体系，如图 4-81 所示，该探针体系由两部分组成：甜菜碱修饰过的聚乙烯亚胺(Betaine-modified PEI)和磷酸芘(Py-P)。在 Tri8.0 缓冲液中，带正电荷的 Betaine-modified PEI 与带负电荷的 Py-P 通过静电吸引聚集。此时，由于芘具有的激基缔合物效应，发出 488 nm 蓝绿色荧光；当 ALP 加入后，Py-P 分子中的磷酸基团被水解脱去，分散在溶液中，发出在 378 nm 处芘单体的荧光，实现了对 ALP 的荧光比率型检测。

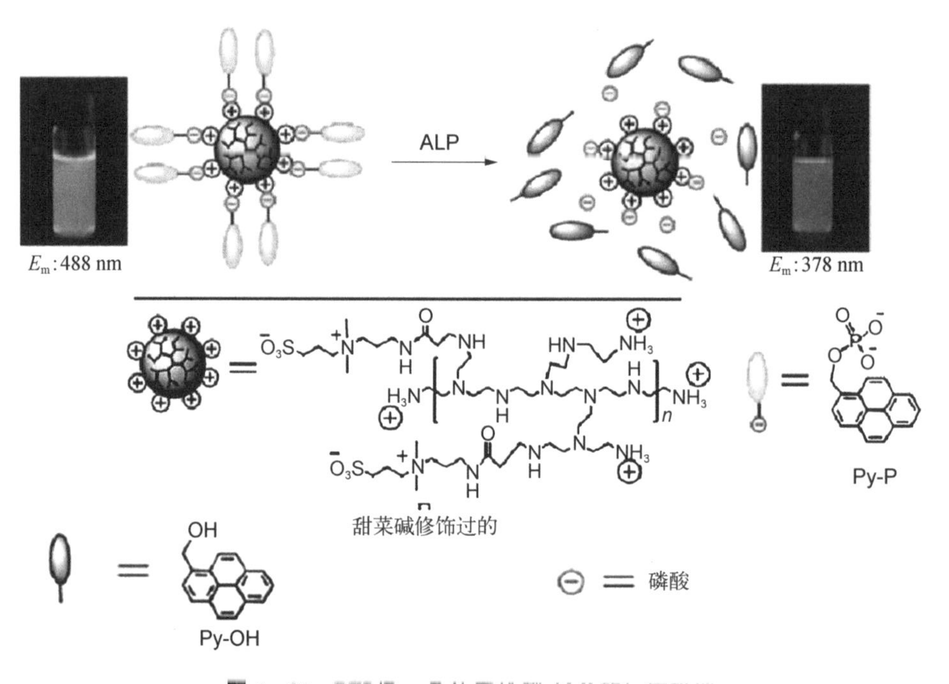

图 4-81　PEI/Py-P 体系检测 ALP 的反应机理

Gu 等人[263]利用 AIE 效应，合成了基于四苯乙烯衍生物的 ALP 荧光探针。如图 4-82 所示，磷酸基团修饰的 TPE 衍生物具有较好的水溶性，可溶于 Tris7.4 缓冲溶液中，其溶液观测不到荧光；加入 ALP，在 37℃下，探针分子中的磷酸基团水解脱去，水溶性变差而聚集。由于 TPE 的 AIE 效应，其聚集体发出 480 nm 的蓝绿色荧光。

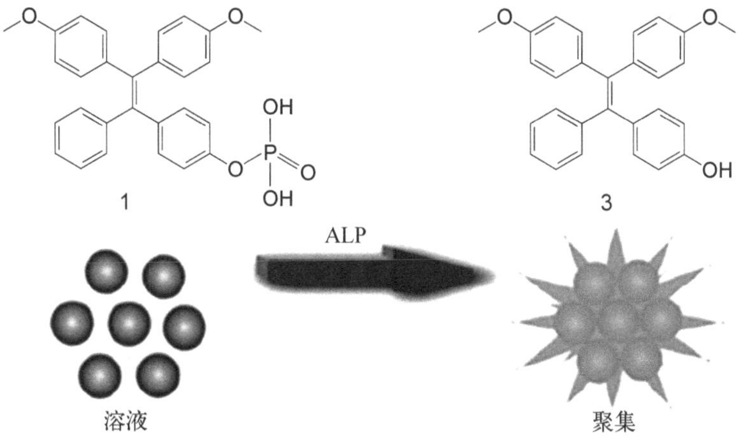

图 4-82　TPE 衍生物检测 ALP 的反应机理

为进一步探究四苯乙烯衍生物探针在生物体系中的应用，研究者将其应用于 Hela 细胞中对 ALP 的成像，加入探针后培养的细胞，呈现明显的蓝绿色荧光；而加入 ALP 抑制剂左旋咪唑培养后再加入探针培养的细胞，观测不到荧光。这说明细胞内的 ALP 诱发了蓝绿色荧光。

4.16　检测气体的荧光团

4.16.1　检测 H_2S 荧光探针的研究进展

硫化氢（H_2S）是一种无色有臭鸡蛋气味的气体，有剧毒，被认为是继 CO 和 NO 之后的第三种气体信号分子。内源性的 H_2S 是以体内含硫的氨基酸，如半胱氨酸、同型半胱氨酸和甲硫氨酸等为底物，在 5′-磷酸吡多醛依赖性酶，包括半胱氨酸转移酶、胱硫醚 β-合成酶、胱硫醚 γ-裂解酶等酶的催化作用下产生的，而且作为终产物的 H_2S 对这些酶具有负反馈调节作用。H_2S 的另一次要来源是非酶途径，在糖的氧化中由元素硫变为 H_2S，这一非酶途径的所有基本组成部分都在体内存在，包括还原型硫。研究表明，这种活性物质在生理学中发挥着重要作用，内源性的 H_2S 在大脑中含量高达 10～600 μmol/L，在血液中的含量为 10～100 μmol/L。

研究表明，内源性的 H_2S 在一些生理和病理学过程，如抗凋亡、抗感染、抗氧化效果等方面发挥着重要作用；另一方面，超出正常水平的内源性 H_2S 与阿尔茨海默病、糖尿病、肝硬化等有关。为了更好地了解 H_2S 在复杂的生理系统中发挥的生物学功能，近期的研究主要集中在检测荧光探针的发展上，其反应机理主要有叠氮化物还原成氨基、亲核加成及硫化铜的沉淀。

4.16.2 利用将叠氮化物还原成氨基的机理检测 H_2S

这种方法的优点之一在于能够实现对 H_2S 的选择性检测，并将其与其他硫醇类物质区分开来。利用这一方法，Chang 课题组设计出两种包含叠氮基团的罗丹明荧光探针 1 和探针 3[264]。这两种探针本身以螺内酯关环形式存在，没有荧光。与 H_2S 反应后，叠氮基被选择性地还原成相应的氨基，螺内酯开环，而且伴随有很强的荧光发射。该荧光探针对 H_2S 有很好的选择性，能够区分 ROS/RNS 等其他硫醇类化合物(图 4－83)。

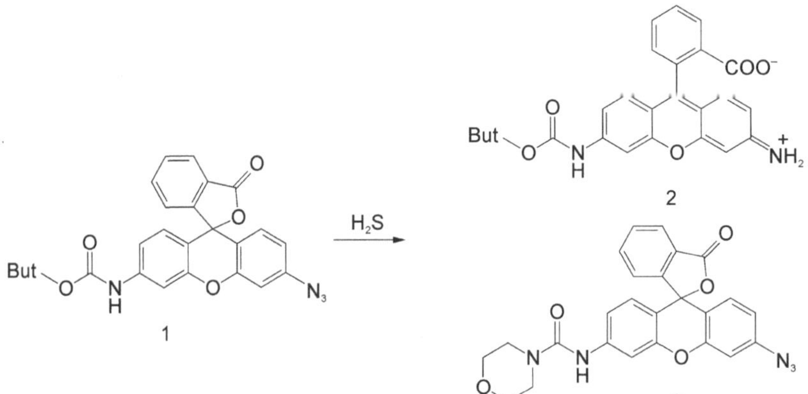

图 4－83 化合物 1～3 的分子结构式

Pluth 等人设计出一种含有叠氮基的萘二甲酰亚胺荧光探针 4，用于从半胱氨酸、谷胱甘肽及其他硫醇类化合物 ROS/RNS 中区分出 H_2S[265]。该探针利用 H_2S 对具有荧光淬灭作用的叠氮基或硝基进行还原，生成具有荧光增强作用的氨基来实现对 H_2S 的检测。Han 等人设计出包含叠氮基—花菁基团的荧光探针 5，用于检测细胞内的 H_2S[266]。H_2S 将叠氮基还原成氨基后，反应体系的荧光发生 40 nm 的红移，检出限为 80 nm。

Cho 第一次报道了检测 H_2S 的双光子荧光探针 6，该探针包含改性叠氮基—苯并噻唑芴荧光团，与 H_2S 发生反应后，反应体系的荧光强度增大 21 倍。在后续工作中，Cho 和 Kim 设计合成了线粒体双光子荧光传感器 8 和传感器

9[267]，在与 H_2S 反应后二者的荧光均发生由蓝色到黄色的明显变化。当对两种探针分别进行细胞成像实验时，探针 9 比探针 8 的更亮。Zhang 设计出一种带有萘和叠氮基团、用于检测 H_2S 的双光子荧光探针 7[268]，与 H_2S 发生反应后，探针 7 呈现出单光子和双光子的荧光增强(图 4-84)。

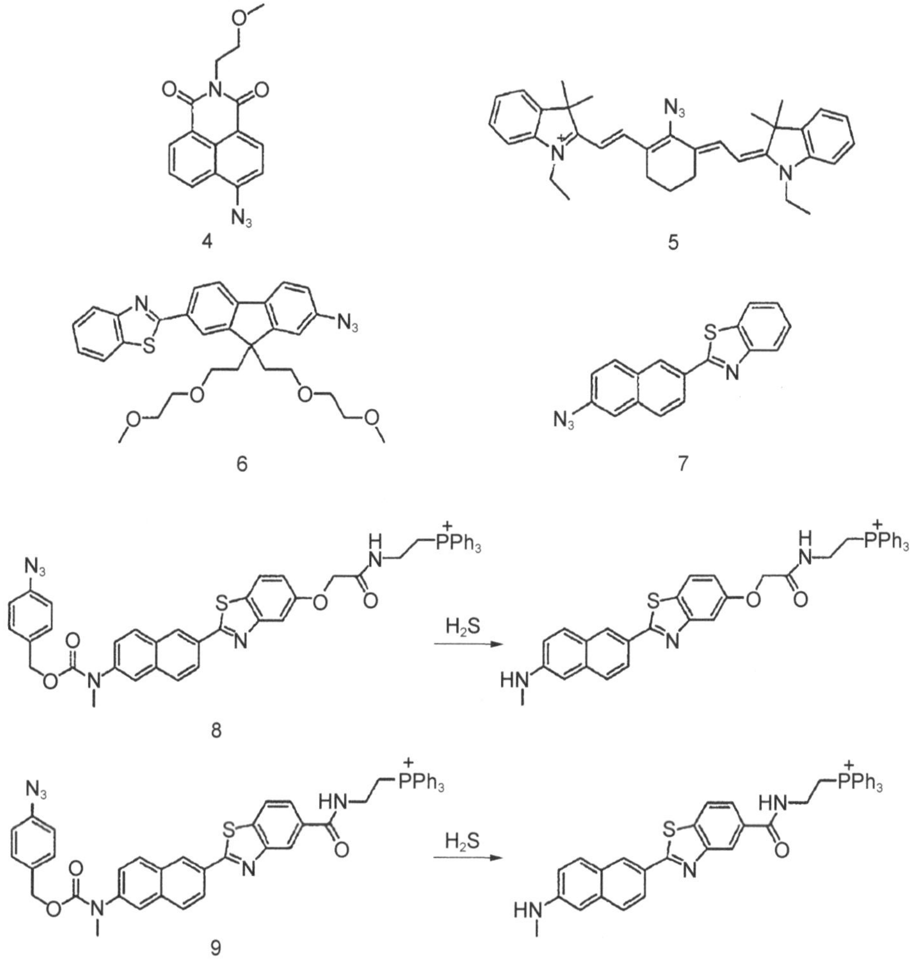

图 4-84　化合物 4～9 的分子结构式

4.16.3　利用亲核加成反应机理检测 H_2S

H_2S 与探针分子还可以通过亲核加成反应，先生成硫醇类物质，然后再经历后续反应实现对 H_2S 的检测，此过程可以生成一个新的荧光物质，也可以通过阻断分子的 PET 过程而恢复物质荧光。然而，常见的硫醇类物质，如半胱氨酸、高半胱氨酸、谷胱甘肽，由于缺乏双重亲核性而不能发生连续的环化反应。基于这种方法，He课题组设计出荧光探针10和探针12，这两个探针分子的醛基的邻位是α,β-不饱和丙烯酸甲酯[269]。H_2S与酸基发生亲核加成反应形成硫醇类物质，然后与α,β-不饱和丙烯酸甲酯发生迈克尔加成反应，形成二氢苯并噻吩衍生物。虽然其他硫醇类物质也能与醛基发生可逆反应，但生成的硫缩醛产物却不能进一步发生亲核加成反应，因此这两种探针分子都可以实现对H_2S的选择性检测(图4-85)。

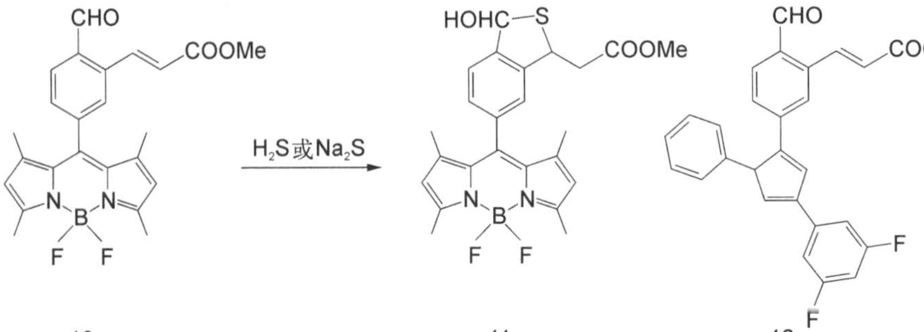

图4-85 化合物10～12的分子结构式

Xian课题组基于上述原理设计出包含两个亲核位点的荧光探针13[270]。反应过程中，H_2S取代分子中的2-硫代吡啶，形成过硫化物，然后过硫键的终端硫进攻邻位的酯基，从而发生环化反应生成苯基二硫化物，并释放出甲基荧光素(图4-86)。

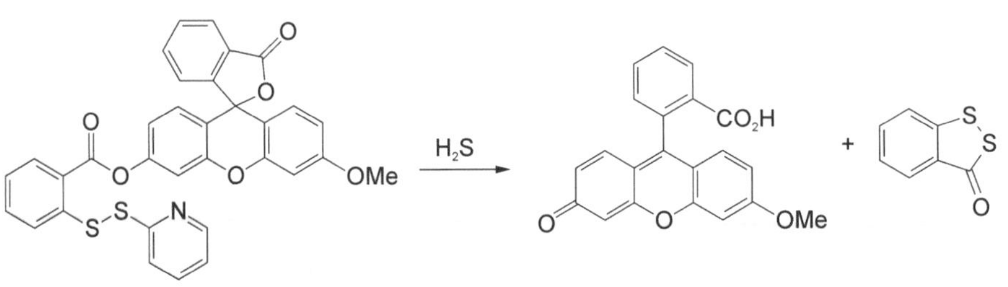

图4-86 探针13的分子结构式及反应机理

Tang等人基于花菁染料设计出检测H_2S的近红外比率型荧光探针16。H_2S对醛基的亲核加成是通过串联亲核加成和环化反应实现的[271]，该过程导致反应体系780 nm处的荧光淬灭，而在625 nm处出现了一个新的荧光发射峰，该发射峰对应于花菁酮17(图4－87)。

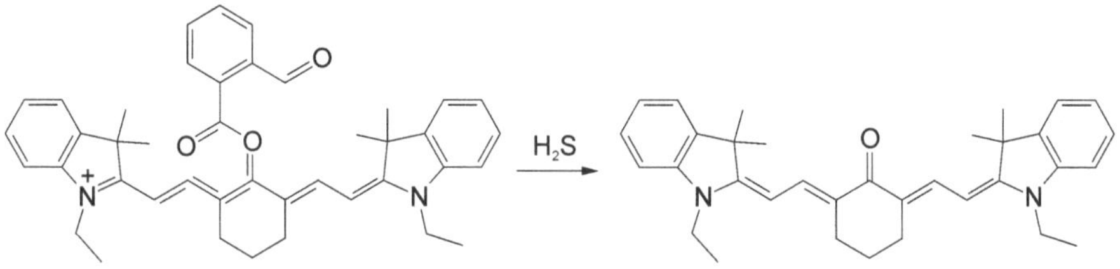

图4－87 探针16的分子结构式及反应机理

Guo和He基于迈克尔加成反应机理设计出香豆素-半花菁比率型荧光探针18，可用于特异性地检测H_2S[270]。与其他硫醇类物质相比，该探针分子对H_2S响应速度快、选择性好，而且能够实时检测细胞内的H_2S。

4.16.4 利用生成硫化铜沉淀的反应机理检测H_2S

Nagano设计出一种由大环与荧光素基团相连而构成的探针分子20，用于检测H_2S[272]。探针分子本身没有荧光，在S^{2-}供体存在的条件下，生成CuS沉淀，并释放出有荧光的化合物21(图4－88)。

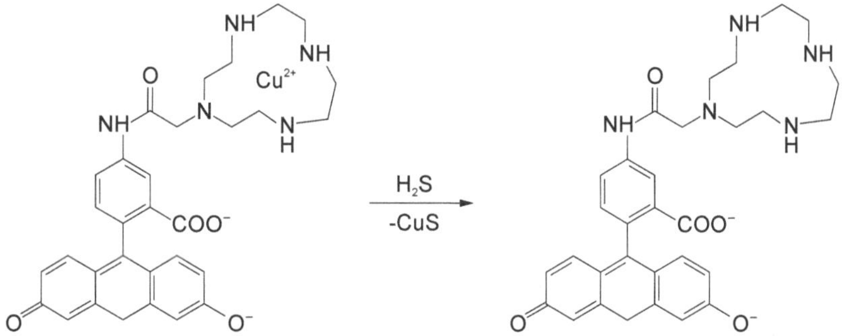

图4－88 探针20的分子结构式及反应机理

Zeng和Bai设计出检测S^{2-}的探针分子22，其结构中8-羟基喹啉与荧光素相连[273]。在S^{2-}浓度范围为10～100 μmol/L时，反应生成CuS沉淀，并且释放出8-羟基喹啉，导致体系的荧光性质发生改变。另外，Zeng和Bai还设计出探针分子23，用于检测H_2S，在H_2S存在的条件下，反应体系的荧光强度增大30倍，检出限为1.7 μmol/L。

Chang 等人设计出荧光探针 24 用于检测 H_2S。探针分子属于 Cu^{2+} 化合物，包含荧光素基团和吡啶甲基胺基团[274]。由于 Cu^{2+} 的荧光淬灭作用导致探针分子本身没有荧光，在 S^{2-} 存在的条件下，Cu^{2+} 与 S^{2-} 络合生成 CuS 沉淀，因此反应体系的荧光得以恢复(图 4-89)。

22
23
24

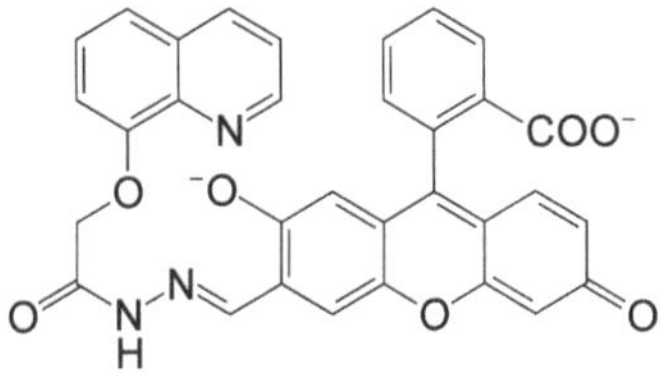

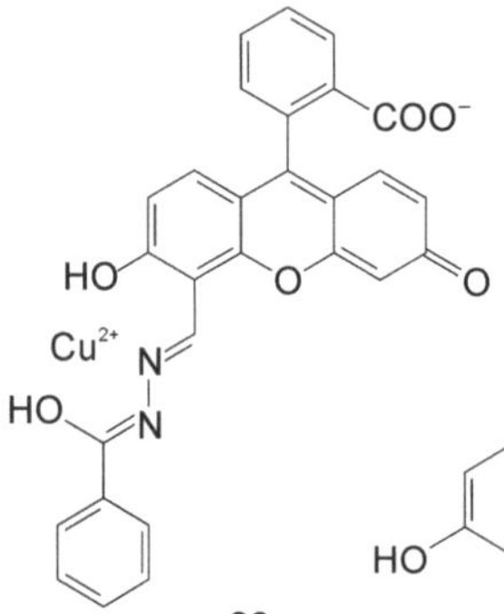

图 4-89　化合物 22～24 的分子结构式

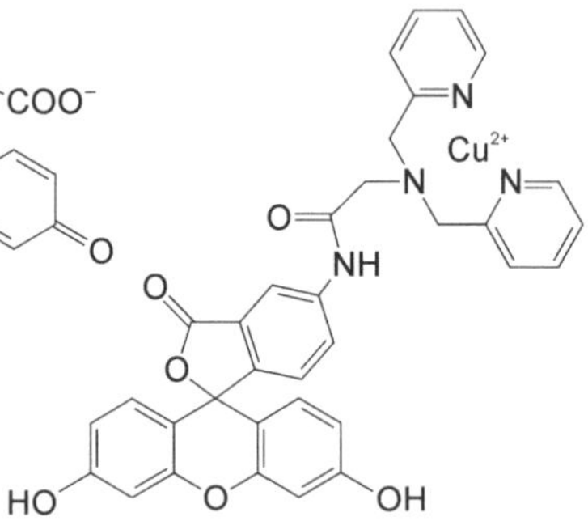

Yu 等人基于 BINOL 配体设计出荧光探针 25，用于检测 H_2S[275]，该探针分子在 Cu^{2+} 与 S^{2-} 存在的条件下能够发生可逆反应。Lin 等人报道了一种用于检测 S^{2-} 的近红外荧光探针 26[276]。探针分子在水溶液介质中能够与 H_2S 发生反应，使原本没有荧光的反应体系产生荧光，而且激发和发射波长均落在近红外区，并且该反应能够在较宽的 pH 范围内进行(图 4-90)。

25
26

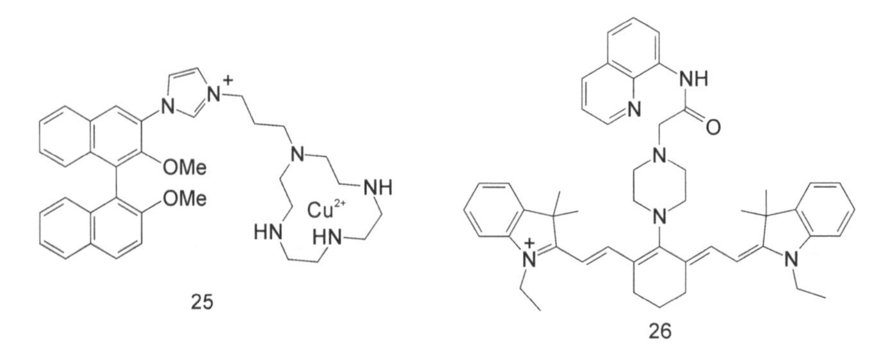

图 4-90　化合物 25、化合物 26 的分子结构式

4.16.5　检测 SO_2 荧光探针的研究进展

荧光分析法检测 SO_2 的反应机理主要是亲核反应，即 SO_2 及其衍生物通过迈克尔加成反应选择性地加成到醛基、酮基或者双键上，导致反应体系的共轭 π 键发生变化，从而使体系的荧光性质发生改变。

Chang 等人利用商业化产品试卤灵设计出荧光探针 27，用于检测亚硫酸盐[141]。在该实验中，亚硫酸盐能够选择性地和乙酰丙酸基反应生成四面体中间体，该中间体能够进一步发生分子内环化过程释放出试卤灵中间体（图 4 - 91）。

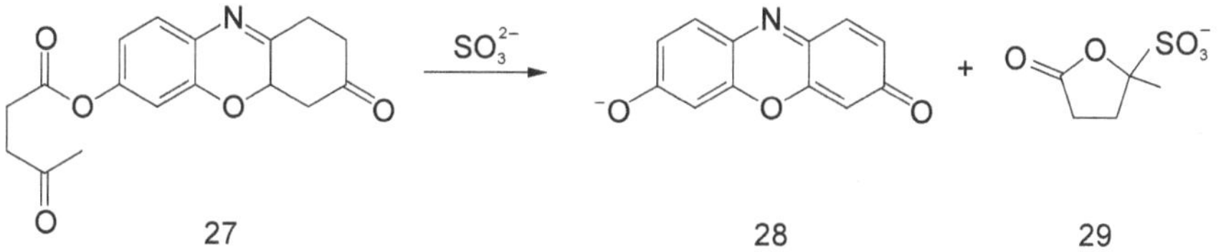

图 4 - 91　探针 27 的分子结构式及反应机理

Ma 等人[277]基于荧光素设计出荧光探针 30，用于检测 SO_3^{2-}，其反应机理为 SO_3^{2-} 分两次进攻乙酰丙酸酯上的羰基碳，然后分子内断键，生成上述小分子 29，最终释放出荧光素（图 4 - 92）。

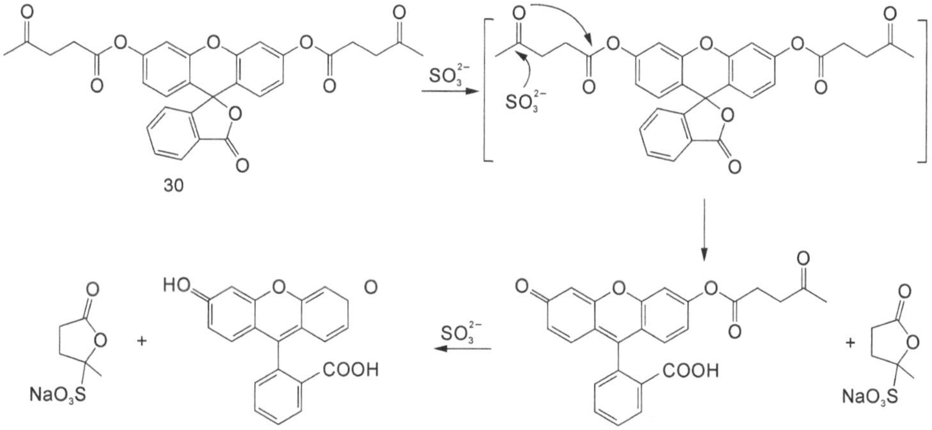

图 4 - 92　探针 30 的分子结构式及对 SO_3^{2-} 的检测机理

Guo 等人设计出一种香豆素-半花菁染料 31，用于检测 HSO_3^-/SO_3^{2-}[267]。HSO_3^-/SO_3^{2-} 一对双键的亲核加成是通过一种新的加成——重排机理来打断分子的共轭结构，从而使香豆素-半花菁 633 nm 处的红色荧光蓝移到香豆素的蓝色荧光（图 4 - 93）。

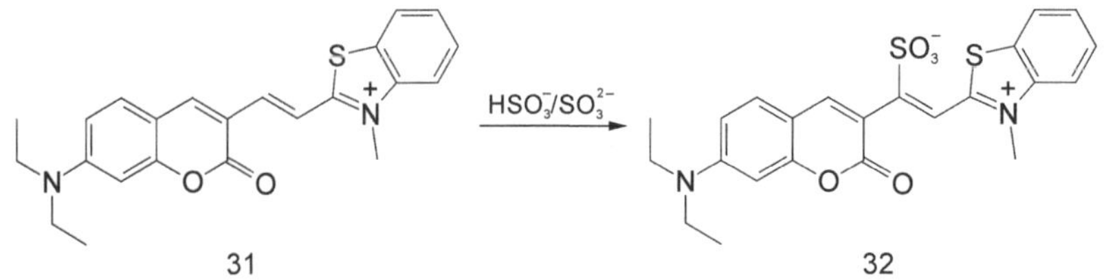

图 4－93　探针 31 的分子结构式及反应机理

Zhou 和 Wu 等人发现亚硫酸盐与 α,β-不饱和酮的迈克尔加成在某些条件下是可逆的[278]，通过将氰乙酸乙酯基团与不饱和酮相连设计出荧光探针 33，该探针分子对亚硫酸盐表现出很好的选择性，检出限为 27 nmol/L。另外，该反应过程也能够通过氧化还原-串联反应发生可逆(图 4－94)。

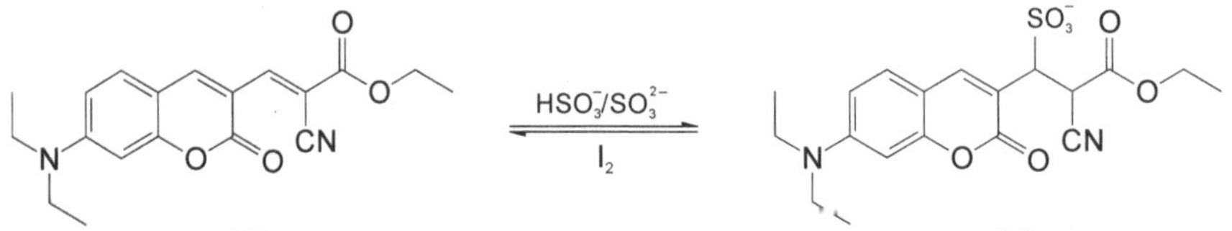

图 4－94　探针 33 的分子结构式及反应机理

Cheng 等人利用醛基与亚硫酸盐的亲核加成反应机理设计出探针分子 35 和探针 36[279]。探针 35 因分子内存在 ICT 过程，所以分子本身几乎没有荧光(Φ=0.02)。与 SO_3^{2-} 反应后，因分子内 ICT 过程被打断，使得 484 nm 处荧光增强(Φ=0.43)，而探针分子 36 本身在 515 nm 处有荧光(Φ=0.40)，与 SO_3^{2-} 反应后，荧光发射峰蓝移到 395 nm(Φ=0.67)，如图 4－95 所示。

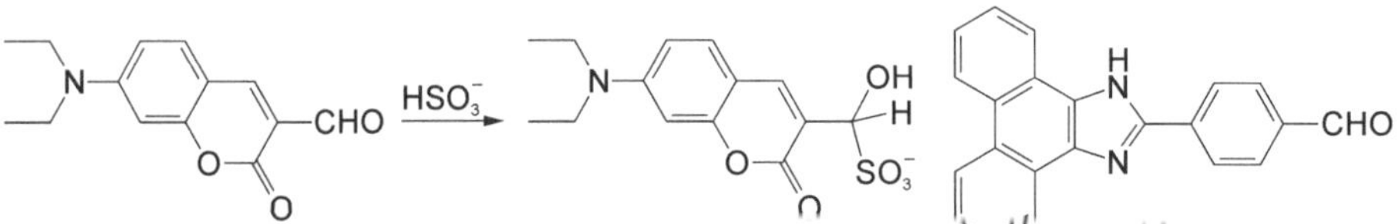

图 4－95　探针 35 的分子结构式及反应机理和探针 36 的分子结构式

基于同样的反应机理，利用罗丹明荧光团设计出荧光探针 37，用于测定 HSO_3^-[280]。反应前，探针分子的罗丹明结构处于关环状态，因此没有荧光，与 HSO_3^- 反应后，螺环被打开，生成化合物 38，因此反应体系的荧光得以恢复(图 4－96)。

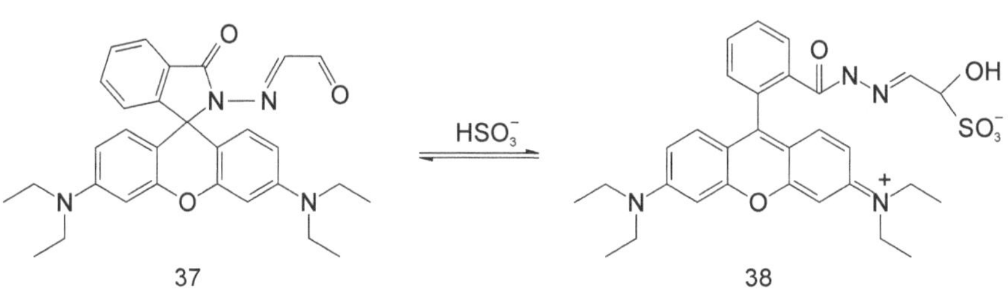

图 4-96　探针 37 的分子结构式及反应机理

Yu 等人利用同样机理，基于 PET 过程设计出荧光探针 39[281]。由于分子内醛基的拉电子效应导致分子内存在 PET 过程，使得有荧光的蒽发生荧光淬灭。探针 39 本身没有荧光，与 SO_3^{2-} 作用后，SO_3^{2-} 与醛基发生亲核加成反应，破坏了分子内 PET 过程，蒽的荧光得以恢复，从而达到检测亚硫酸盐的目的(图 4-97)。

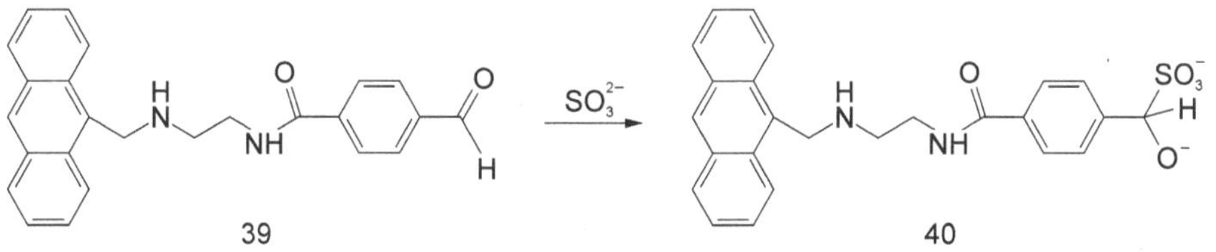

图 4-97　探针 39 的分子结构式及反应机理

除了亲核反应外，还有其他用于检测 SO_2 的反应类型。Wang 等人基于分子内 ICT 过程设计出含有 4-肼基-1,8-萘二甲酰亚胺基团的探针分子 41，用于检测亚硫酸盐[282]。探针分子本身没有荧光，加入 SO_3^{2-} 后，在 530 nm 出现了荧光发射峰。具体反应机理尚不清楚(图 4-98)。

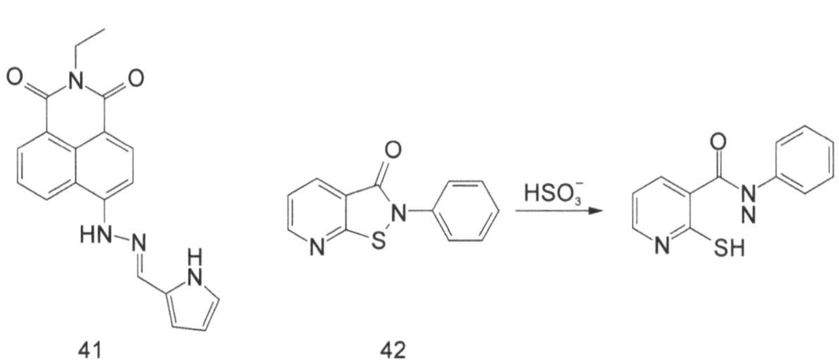

图 4-98　探针 41 和探针 42 的分子结构式及反应机理

Yang 等人设计出探针分子 42，用于检测 HSO_3^-[283]（图 4－98）。与 HSO_3^- 反应后，探针分子 42 发生开环反应，使得反应体系在 450 nm 处出现荧光峰，检出限为 0.39 μmol/L。

图 4－99 所示的是具有聚集诱导发光效应的比例型同步荧光探针 DPTPA2，采用新的检测方法——同步荧光光谱，对四种不同种类物质进行了选择性研究，说明了该化合物对亚硫酸盐具有高度的选择性。

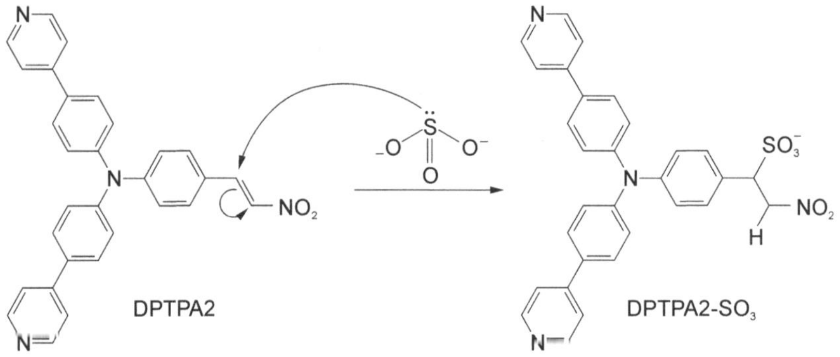

图 4－99　DPTPA2 和其亚硫酸盐的分子结构式及反应机理

4.16.6　检测 NO 荧光探针的研究进展

通常状况下，NO 是一种难溶于水的无色无味气体，它在生物体内由一氧化氮合酶和内皮细胞分泌，被称为第一种无处不在的气体信号分子。内源性的 NO 在多种生理和病理过程（如调节心血管、免疫、中央和周围神经系统等中的正常运行等）中发挥着重要作用，异常分泌的 NO 还与癌症、炎症、内皮功能障碍，以及神经变性疾病等很多健康问题有关。

4.16.7　基于邻苯二胺的 NO 荧光传感器

Nagano 课题组基于邻苯二胺（OPD）设计出能够在体内外高效检测 NO 的荧光传感器。这些传感器的响应机理是由于探针分子本身的供电子邻二胺中间体的作用，使得分子内存在 PET 过程，因而分子没有荧光，当 OPD 与 NO^+ 或 N_2O_3 发生不可逆反应时，产生苯并三唑中间体，能够阻断探针分子的 PET 过程，从而使反应体系的荧光得以恢复。

Nagano 等人基于二氨基-荧光素设计了一系列荧光传感器，通过螺内酯开环实现对 NO 的检测。这种由 NO 引发的化学转变经历了以下过程：在有氧条件下，NO 与芳香族邻二胺发生反应，经过开环生成苯并三唑中间体，从而释放出具有强荧光的三环二烯酮。由于传感器分子 43～49 与 NO 反应后转化成具有强荧光的三环形式，反应体系的荧光量子产率增强了 100 多倍。

然而，与 NO 反应后生成的三唑质子导致此类反应不适合在中性 pH 范围中进行。为解决这个问题，Nagano 及其课题组向 NO 传感器分子中引入 *N*-甲氨基基团。以探针 50 和探针 51 为例[284]，该甲基化传感器因与 NO 反应具有更高的反应速率，所以对 NO 具有更好的选择性。因此，这些传感器与荧光显微镜联合使用可以直接用于检测细胞内生产的 NO。实际上，具有较好膜渗透性的传感器分子 51 可以在细胞内酯酶作用下转化成具有较好水溶性的传感器分子 50，然后在一氧化氮合酶的作用下与 NO 反应，形成具有荧光的苯并三唑(图 4-100)。

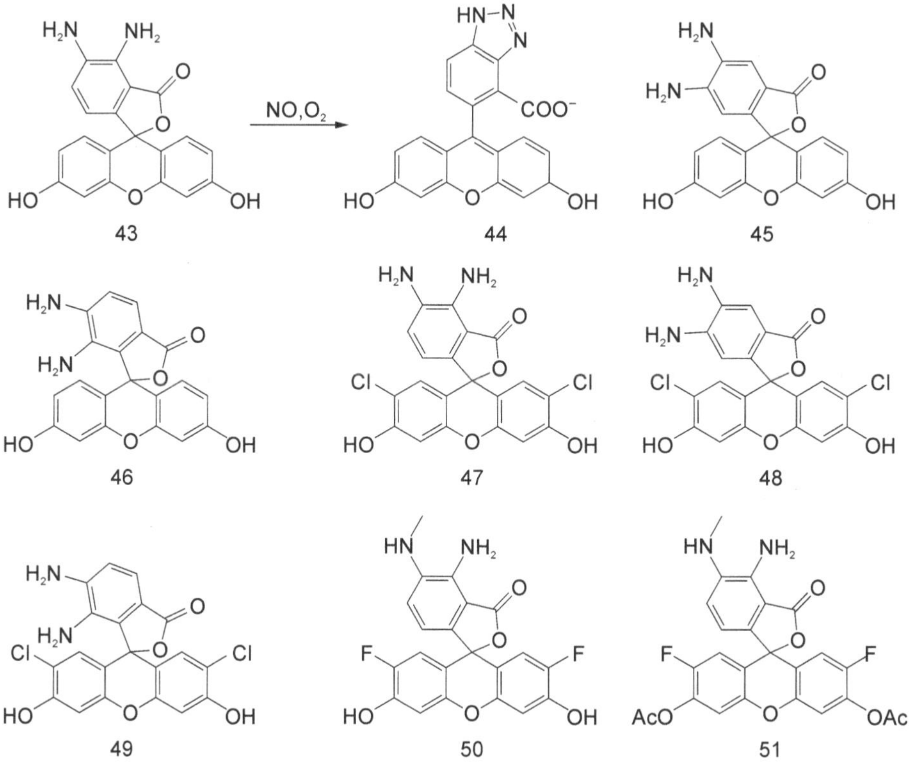

图 4-100　化合物 43～51 的分子结构式

基于相同的邻苯二胺环化机理，Nagano 等人设计出带有不同荧光性质的 NO 传感器 61～66(图 4-101)。

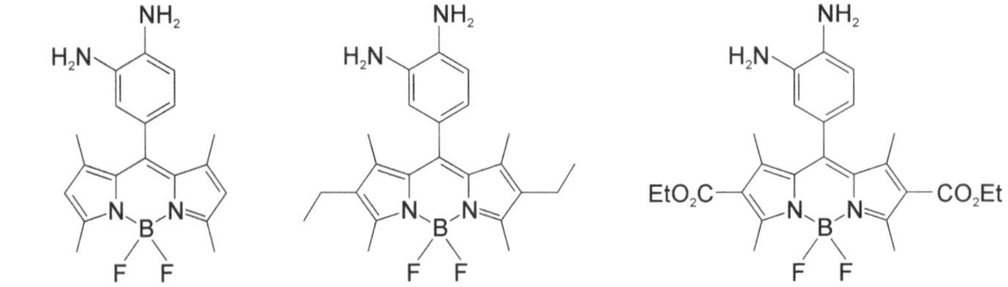

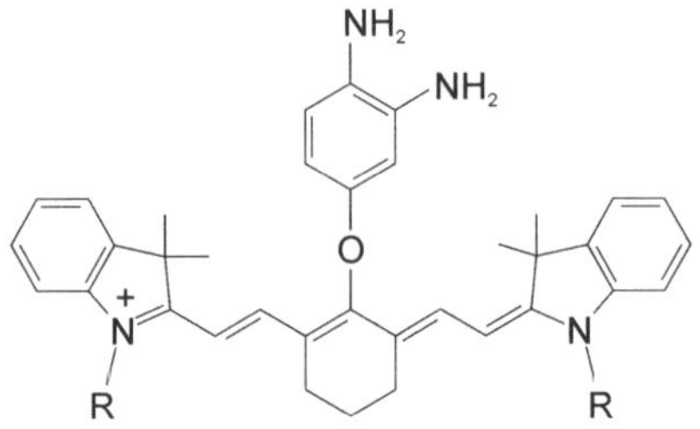

65 R=CH_2CH_3
66 R=$CH_2CH_2CH_2SO_3Na$

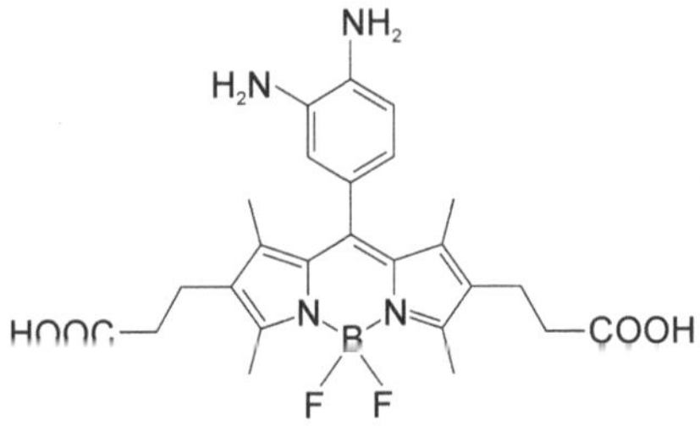

图 4-101 化合物 61～66 的分子结构式

近年来，双光子显微镜(TPM)因其具有更强的组织渗透性在生物成像领域引起很大关注[285]。Liu 等人设计出双光子荧光探针 67，用于检测 NO[286]，反应后体系的荧光强度增大 12 倍。利用双光子显微镜，探针分子 67 可以检测很长一段时间范围内深度为 90～180 μm 的未经漂白的活组织中的 NO。Kim 和 Cho 报道了双光子荧光探针 68，该探针分子由乙酰苯胺与二胺部分作为反应位点构成[287]，与 NO 反应 5 min 后反应体系荧光强度增大 68 倍，探针 68 可用于监控 100～180 μm 深度的活体组织的细胞和组织成像(图 4-102)。

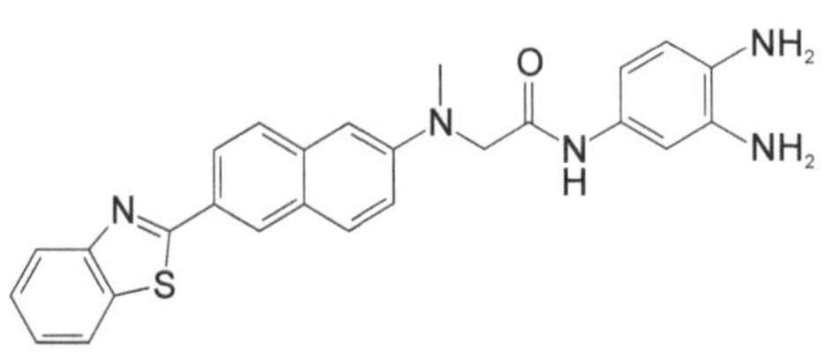

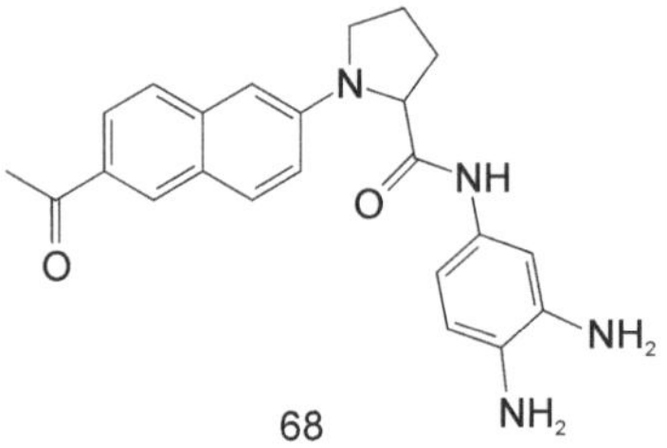

图 4-102 化合物 67、化合物 68 的分子结构式

此外，连接内酰胺的邻苯二胺基团已被发展成为用于构建 NO 荧光传感器的反应位点。基于该方法，Xu 及其工作者设计出荧光探针 69，用于在正常的生理条件下实现对 NO 的高效检测[288]，其反应机理为 NO 促进邻二胺重氮化，伴随螺内酰胺的开环，生成荧光染料 70，然后进一步水解成罗丹明 B 和苯并三唑。探针 70 反应体系荧光强度增大 2 400 倍，检出限为 3 nmol/L（图 4 - 103）。

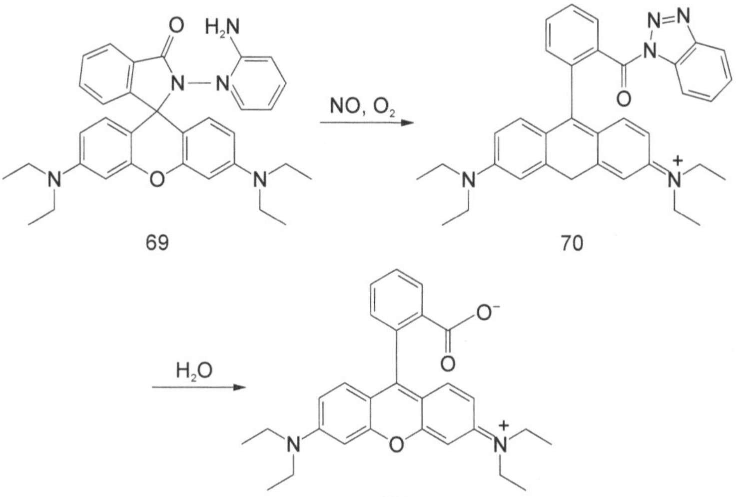

图 4 - 103　探针 69～71 的分子结构及反应机理

4.16.8　基于 Cu^{2+} 还原的 NO 荧光传感器

科研工作者们利用 NO 把 Cu^{2+} 还原成 Cu^{+} 的方法设计出检测 NO 的荧光传感器。当顺磁性的 Cu^{2+} 与荧光团配位时，可引起荧光团的荧光猝灭。当荧光传感器与 NO 反应时，Cu^{2+} 被还原成 Cu^{+}，而 Cu^{+} 不能使荧光猝灭，所以导致反应前后体系的荧光性质发生变化。Ford 等人设计出荧光传感器 72，探针分子 72 本身存在顺磁性的 Cu^{2+}，导致分子内荧光猝灭，因而探针分子没有荧光。加入 NO 后，Cu^{2+} 被还原成 Cu^{+}，导致在氨基配位点上释放出游离的亚硝基配位体，使得蒽发光体的荧光恢复。

Lippard 等人设计出另外一种通过 NO 还原荧光素- Cu^{2+} 化合物 73 的反应来检测 NO[289]。该化合物能够特异性地、快速地与 NO 反应，即通过亚硝基化反应 NO 诱导 Cu^{2+} 中心的配位体分离，从而使 Cu^{2+} 被还原成 Cu^{+}。

Duan 等人基于罗丹明设计出包含 Cu^{2+} 的化合物 74，来检测 NO，其反应机理为 NO 结合到平面四边形的 Cu^{2+} 上，将 Cu^{2+} 还原成 Cu^{+}，然后自发释放出 NO^{+}，NO^{+} 促进螺内酰胺开环和亚硝基化反应，反应体系的荧光强度增大 700 倍。该探针分子已被成功用于检测细胞内的 NO(图 4－104)[139]。

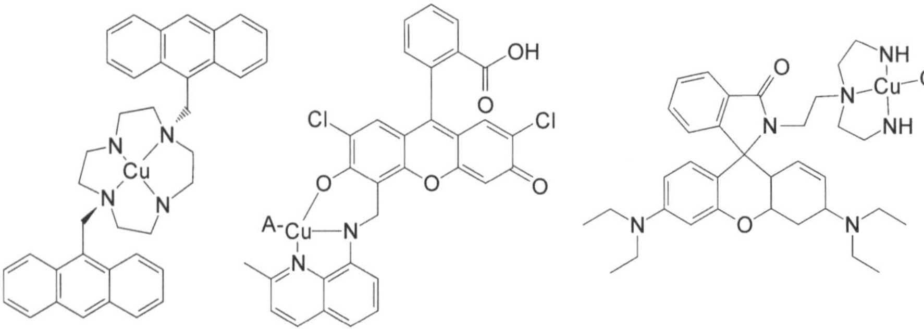

72　73　74

图 4－104　化合物 72～74 的分子结构式

4.16.9　基于其他方法的 NO 荧光传感器

除了上述所介绍的检测 NO 的方法外，其他方法也被设计出用于 NO 气体的检测。在 2010 年，Anslyn 等人利用一种新的反应机理设计出含有 2－二甲基氨基苯基－5－氰基－1－萘胺荧光团的传感器分子 75。传感器分子本身没有荧光，与 NO 反应后，在 550 nm 处荧光强度增大 1 500 倍。重要的是，该传感器分子对 NO 比对其他 ROS/RNS 有更好的选择性。另外，该传感器分子能够在很宽的 pH 范围内与 NO 反应并且可用于 NO 的生物成像。

为了优化这种方法，Guo 等人设计出改进后的传感器分子 76，用于对 NO 的检测，该分子连接 2－氨基－3－邻二甲基氨基联苯(AD)作为 NO 的结合位点，并且与一个 BODIPY 荧光团相连[290]。由于分子内 PET 过程荧光很弱，在 NO 存在下，探针分子 76 发生上述反应过程而生成重氮产物，由于生成的产物不存在氨基供电子体，因此分子内 PET 过程被阻断，使得反应体系荧光恢复。另外，该传感器分子对 NO 比对其他 ROS/RNS 具有更好的选择性，检出限为 30 nmol/L。初步细胞实验的结果表明，该传感器在生物系统中的 NO 生物成像方面具有潜在价值(图 4－105)。

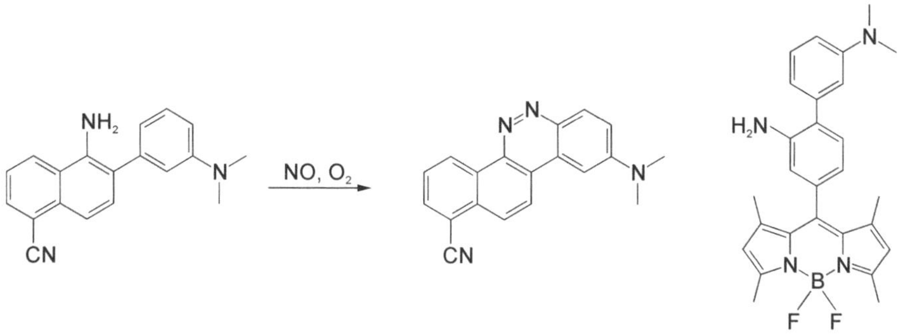

图4-105　探针75、探针76的分子结构式及反应机理

4.16.10　检测HNO荧光探针的研究进展

HNO是NO的一价还原态形式，在生理条件下主要以质子化形式存在，合适条件下可由一氧化氮氧化酶直接生成，并且与NO表现出的生理和病理学性质明显不同。研究发现，HNO在重要生物学功能中的各种生理过程中发挥着重要作用。因此近年来，HNO在生物体中的作用机制成为生物学家们关注的焦点。例如，HNO可与酸脱氢酶中的硫醇发生反应，从而抑制酶的活性。HNO能够通过激活K^+通道的电压来调节血管舒张。此外，HNO还能够调节心血管功能，并且可以作为治疗心血管疾病如心脏衰竭的有效工具。尽管对于HNO的研究已有一些进展，但我们对HNO的生物作用仍然知之甚少。因此，寻找更有效、选择性更好的化学手段来检测HNO仍然是很有必要的。

4.16.11　利用施陶丁格连接反应检测HNO

施陶丁格连接(Staudinger-Ligation)反应是检测HNO最常见，也是非常有效的反应，它指叠氮化物与膦(三苯基膦)或亚磷酸酯反应得到亚氨基膦烷中间体，然后该中间体进行水解，可以得到相应的胺和氧化膦(三苯基氧膦)，它由Hermann Staudinger发现并首先报道。其反应机理为：首先膦与叠氮化物的端基氮发生亲核加成反应，然后经过分子内环化生成磷杂三吖丁环中间体，再放出氮气，产生亚胺基膦烷，最后亚胺基膦烷水解为胺和氧化膦。2000年由Saxon和Bertozzi对该反应进行了改进与发展。新的施陶丁格连接反应指位于三芳膦上的亲电基团(如甲酯)捕获氮杂叶立德(亚胺基膦烷)中间体，在水的作用下，分子发生重排，生成分子内酰胺基氧化膦(图4-106)。

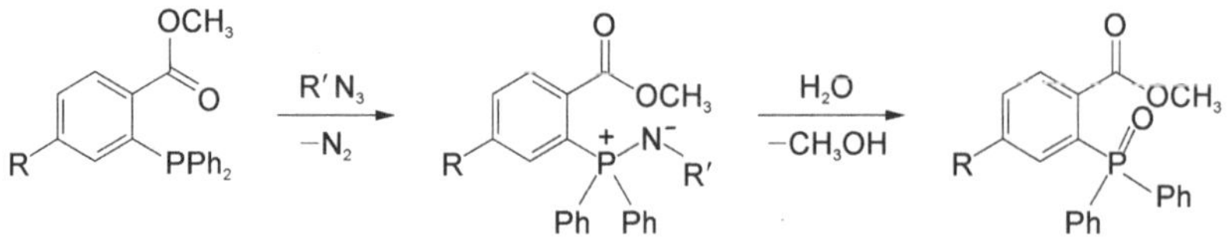

图 4 - 106　施陶丁格连接反应机理图

Mao 等人基于 7 -羟基香豆素设计合成出探针分子 77,用于检测水溶液和血清中的 HNO[291]。探针分子本身基本没有荧光,与 HNO 发生施陶丁格连接反应,首先生成氮杂叶立德中间体,然后进一步水解生成具有很强荧光的 7 -羟基香豆素,荧光强度增大 57 倍,检出限为 20 nmol/L。该探针分子对 HNO 表现出很好的选择性,并且已成功用于胎牛血清中 HNO 的检测(图 4 - 107)。

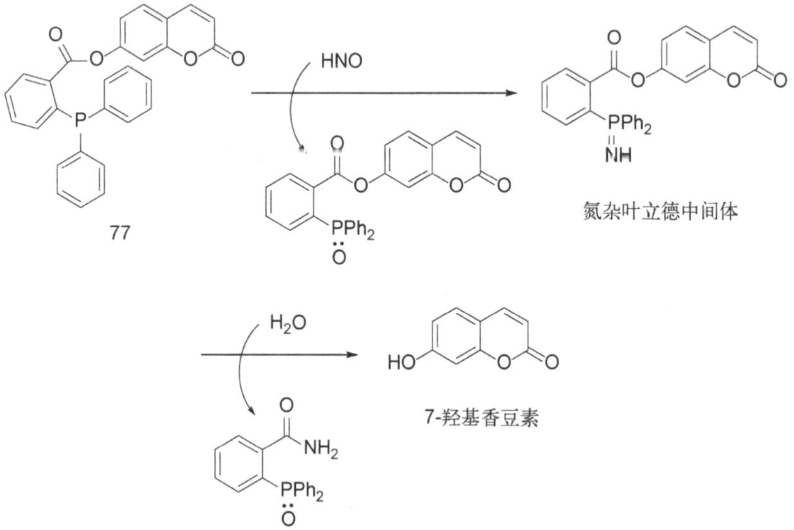

图 4 - 107　探针 77 的施陶丁格连接反应机理

Hidehiko Nakagawa 等人以罗丹明为母体设计出荧光探针 78,用于检测 HNO[292]。该探针分子由酚酰化的甲氨基和酯与二苯基膦部分连接构成,本身以关环(无荧光)形式存在。在 HNO 存在的条件下,二者发生施陶丁格连接反应,经过上述过程,探针分子螺内酯环被打开,分子以开环形式存在,探针分子在 526 nm 处出现荧光。该探针分子对 HNO 表现出很好的选择性,可用于检测活细胞中的 HNO(图 4 - 108)。

Zhang 等人设计出一种双光子荧光探针 79,用于检测 HNO[293]。探针分子本身荧光很弱(Φ=0.001),与 HNO 反应后,512 nm 处荧光明显增强。当

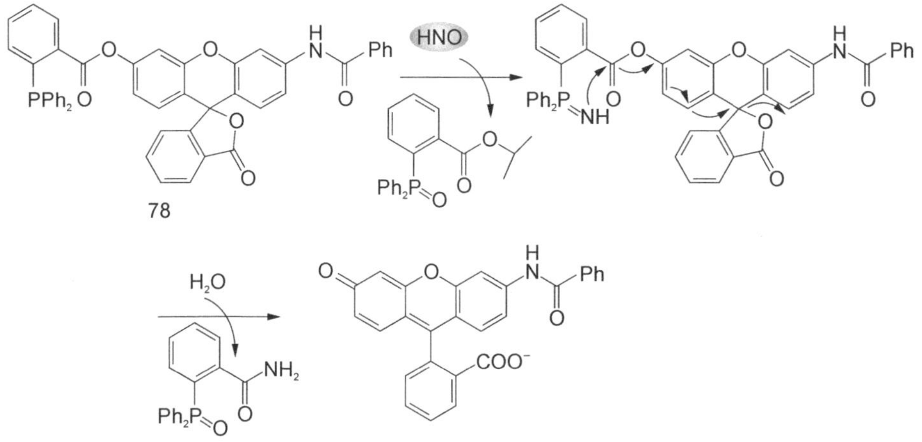

图 4－108　探针 78 的施陶丁格连接反应机理

Angeli 盐(HNO 供体)浓度增加到底物的 15 倍时,反应体系的荧光强度增大了 49 倍,该反应检出限为 5.9×10^{-7} mol/L,这说明探针分子 79 对 HNO 反应很灵敏,并且能够在生理条件下进行,而且可以用于活细胞中的荧光成像,也能够用双光子荧光显微镜对其进行活性组织中的荧光成像(图 4－109)。

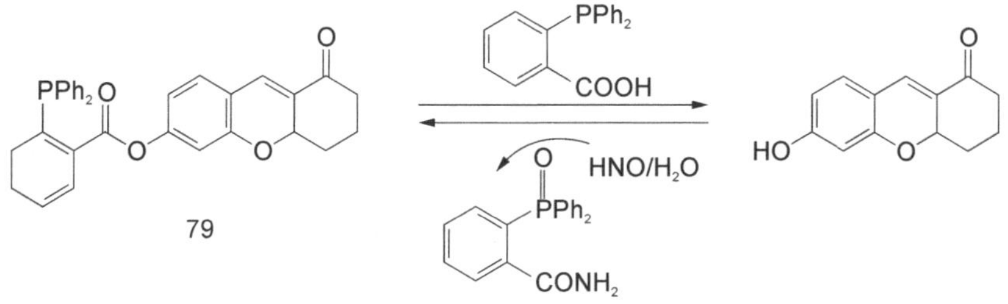

图 4－109　探针 79 的施陶丁格连接反应机理

4.16.12　基于 Cu^{2+} 的还原反应机理检测 HNO

Lippard 等人将 Cu^{2+} 桥接在 BODIPY 染料上设计出探针分子 80,用于检测 HNO[231]。由于分子内 BODIPY 基团与 Cu^{2+} 之间的 PET 过程使探针分子本身的荧光很弱,与 HNO 反应后,Cu^{2+} 被 HNO 还原成 Cu^{+},BODIPY 的荧光得以恢复,反应体系荧光强度增大了 4.3 倍,从而实现了对 HNO 的检测。该探针已成功应用于 Hela 细胞系中的荧光成像(图 4－110)。

随后,该课题组又设计出苯并试卤灵荧光探针 81,用于检测 HNO,由于

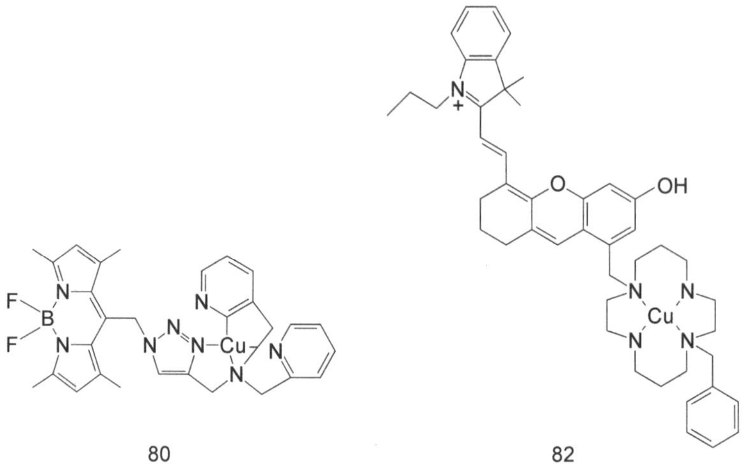

图 4 - 110　探针 80 和探针 82 的分子结构式

Cu^{2+}的荧光淬灭作用使得整个分子没有荧光，与 HNO 反应后，Cu^{2+}被还原成 Cu^{+}，从而恢复了苯并试卤灵基团的荧光。该探针分子可用于 Hela 和 Raw264.7 细胞系中 HNO 的荧光成像。

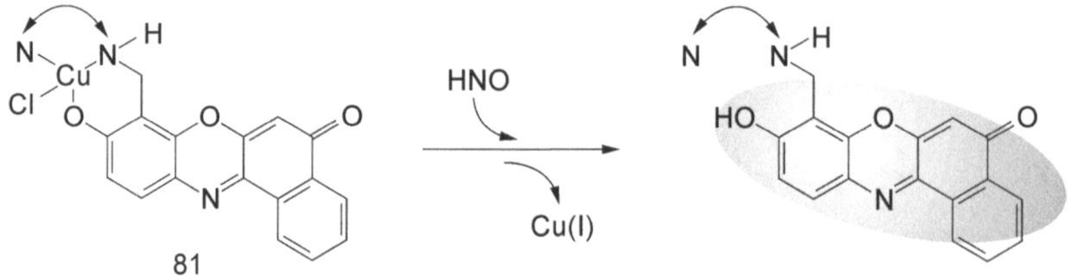

图 4 - 111　探针 81 对 HNO 的检测机理

然而，上述荧光探针存在灵敏度低、发射波长短等缺点，因此该课题组又设计出用于检测 HNO 的具有高灵敏度的近红外荧光探针 82，如图 4 - 110 所示。由于 Cu^{2+}的荧光淬灭作用，探针分子本身在 715 nm 处荧光很弱，与 HNO 反应后，荧光强度增大将近 5 倍。该探针对 HNO 具有很好的选择性，不受 H_2S 和谷胱甘肽的影响，并且可用于组织中进行成像分析(图 4 - 111)。

Zhou 等人基于 Cu^{2+} 的还原反应设计出荧光探针 Cu^{2+}-香豆素整合物 83，用于检测 HNO[294]，由于分子内香豆素酯与 Cu^{2+}之间的 PET 过程，分子本身没有荧光，与 HNO 反应后，Cu^{2+} 被还原成 Cu^{2+}，分子内 PET 过程被阻断，香豆素的荧光得以恢复，该探针分子已成功用于 A375 细胞的荧光成像分析。同样地，该课题组之后又设计出铜(Ⅱ)香豆素酯复合物 84 用于检测

HNO。与化合物83相比，探针分子84由于结构上的酯基作用，使其具有更好的细胞膜渗透性，并且该分子探针还用于活细胞中的荧光共聚焦成像，但化合物84对Cys有少许响应，因此也存在一些缺点(图4-112)。

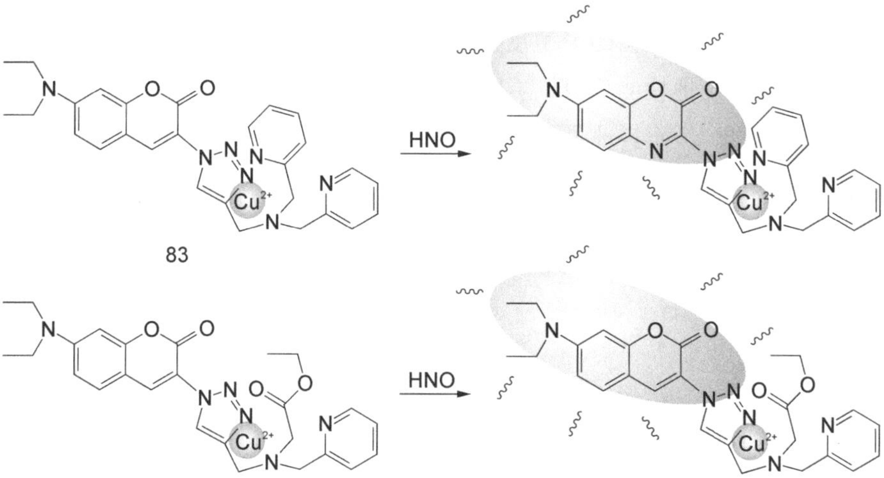

图4-112　化合物83和化合物84对HNO的反应机理

4.16.13　基于其他反应机理检测HNO

P. Toscano等人设计出荧光探针85，用于检测HNO[295]，该探针分子由于与N原子连接的氧负离子具有荧光淬灭作用，因此分子本身荧光很弱。在HNO作用下，氧负离子结合一个质子成为羟基，使得探针分子的荧光得以恢复。但NO本身没有质子，所以不能与化合物85发生反应，因此此方法可以选择性地检测HNO而不受NO的干扰(图4-113)。

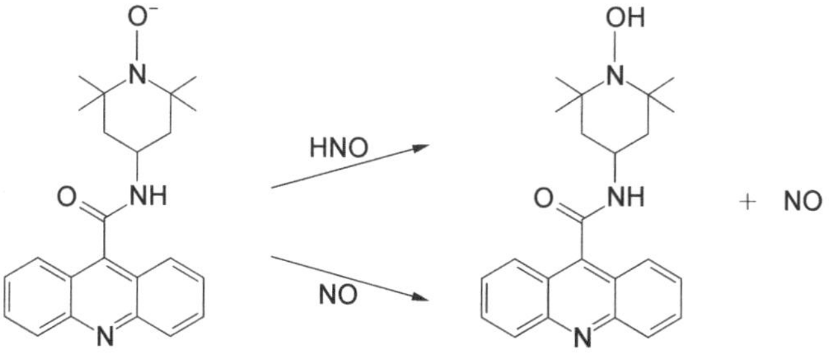

图4-113　探针85对HNO的检测机理

Katrina M. Miranda 等人直接利用谷胱甘肽(GSH)检测 HNO[296]。GSH 与 HNO 反应后,一方面生成可特异性标记 HNO 的 GS(O)NH_2,另一方面可被氧化成 GSSG。另外,GSH 与 HNO 之间的反应很容易。重要的是,GSH 和 GS(O)NH_2 均包含氨基,因此可以设计成包含荧光团的化合物来检测 HNO,从而提高反应的灵敏度。之后该课题组用荧光团萘-2,3-二甲醛(NDA)高灵敏度地检测 GSH 与 HNO 反应后剩余的 GSH,通过对比反应前后 GSH 的变化,从而实现了对 HNO 的检测,为 HNO 检测方法的改进提供了很大的参考价值(图 4-114)。

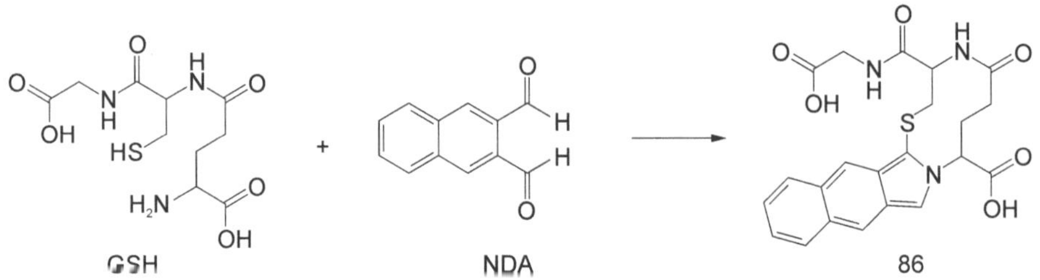

GSH + NDA → 86

图 4-114 探针 86 对 HNO 的检测机理

4.17 —OH 检测基团

—OH 基团本身有很大的给电子能力,被夺去一个氢成为—O^- 后,给电子能力就更大了。Bañuelos 组[297]报道了 P2ArOH,P2ArOH 是多功能的系统,除了其大的"赝"Stokes 位移,终端—OH 酚基团的出现诱导荧光性能对周围环境的酸/碱性敏感。在碱介质中,酚—OH 基团被离子化,BODIPY 部分被激发后,光诱导电子转移过程被活化,淬灭 BODIPY 荧光发射,P2ArOH 染料可作为质子探针,同时伴随可逆的可见荧光的开关。

Saha 组[298]合成了图 4-115 的化合物,Diphen-OH 在伯瑞坦-罗宾森缓冲溶液(Britton-Robinson buffer solution)中 25℃时是高选择性荧光 pH 受体,当 pH 从 4.2 到 8.3 时,荧光有 250 倍的增加,K^+、Na^+、Ca^{2+} 等生物相关的离子和 Cr^{3+}、Mn^{2+}、Fe^{3+} 等离子不影响荧光强度。

Diphen 在伯瑞坦-罗宾森缓冲溶液中 25℃时在 440 nm 处激发,荧光最大

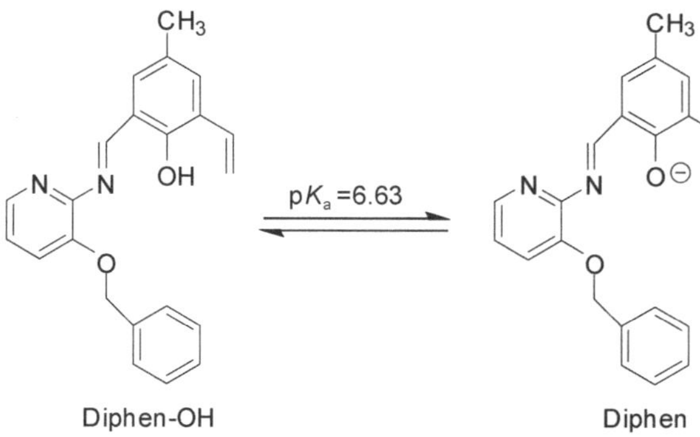

Diphen-OH　pK_a=6.63　Diphen

图4-115　Diphen和Diphen-OH的转换机理

强度在528 nm处，在低pH值范围内，随着pH的增加，荧光强度很快增加同时有红移，最后观察到最大峰在533 nm处，pH在4.0～9.0范围内，这个增强是由于高pH时Diphen(phenoxide)的形成。荧光强度变化的分析作为pH的函数，得到的pK_a是6.63(±0.04)，这个数值表明Diphen-OH适合用于许多生物器官的研究。在pH=6.63时，其选择性很好。

在pH=5.0～8.0范围内，Diphen-OH的吸收峰在350 nm处下降，430 nm处上升，350 nm处最大吸收归属于Diphen-OH的氢键酚形式，430 nm处吸收为Diphen的酚盐形式，等吸收点在380 nm处，这些现象说明了从Diphen-OH到Diphen的转换。

Diphen优势结构的HOMO密度和Diphen-OH相似，DFT计算提供了Diphen相对于Diphen-OH的LUMO能级稳定性。Diphen-OH去质子化的Diphen的稳定电子密度和结构刚性能够产生红移。

BODIPY荧光pH探针的下列四个化合物从酚盐合成而来，这些化合物的酚盐都呈弱荧光，是因为从酚盐电子给体到激发态的稠环烃部分发生了电子转移，不同衍生物的pK_a值通过改变芳香取代基进行调节[299](图4-116)。

为了克服上述缺陷，2010年报道了突破性设计的染料BODIPY-OH，它有简单直接的酚/酚盐相互转换，波长可调，来源于生物发光的Stokes位移相对较大。研究表明普通的生物荧光中心，存在氧化荧光素的酚/酚盐平衡，在变化的荧光颜色上有重要作用。通过溶剂极性和在酚盐及抗衡阳离子之间相互作用的性质的变化，发射颜色能在宽波长范围内(541～640 nm)被调节，同时，BODIPY在3,5,8位上有酚盐取代基。受这些现象启发，研究者设计合成了简单直接的酚/酚盐相互转换的BODIPY-OH。所有研究表明，去质子化

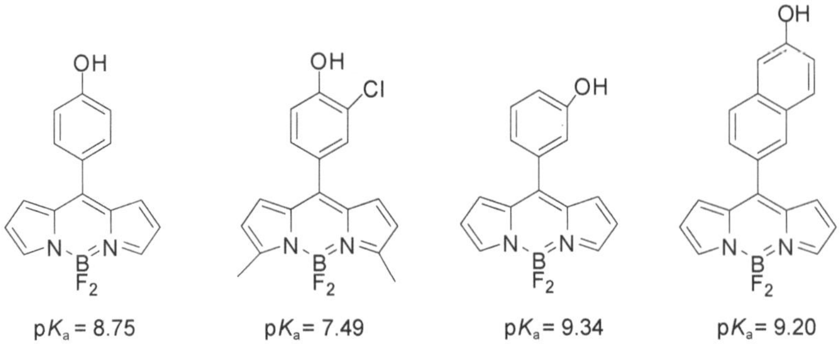

$pK_a = 8.75$　$pK_a = 7.49$　$pK_a = 9.34$　$pK_a = 9.20$

图 4-116　四个 BODIPY 分子结构式及其对应的 pK_a 值

决定荧光的原因是从酚盐到激发态 BODIPY 部分的电荷转移，可通过简单控制酚/酚盐发色团的相互转换而实现。而且，BODIPY-OH 和 BODIPY-O^-（去质子状态）在溶剂中有高量子产率的发射。此外，在有机碱的存在下，荧光光谱在溶剂中表现了相对大的 Stokes 位移，这个位移从激发态质子转移获得，即从(BODIPY-OH)* 转换成(BODIPY-O^-)*，随后以离子形式发射。

在所设计的荧光探针分子中，以 BODIPY 作为信号荧光团，Si—O 键(TBDPS)作为识别位点，巧妙地合成了基于光致电子转移原理(PET)的探针分子 BODIPY-OH，由 BODIPY-OH 与 TBDPS 反应形成 BODIPY-OSi 作为检测氟离子的探针，BODIPY-OSi 紫外吸收在 545 nm 处，荧光在 573 nm 处，当加入氟离子后发生去保护反应，TBDPS 脱落，紫外移到 644 nm 处，荧光移到 676 nm 处(图 4-117)。

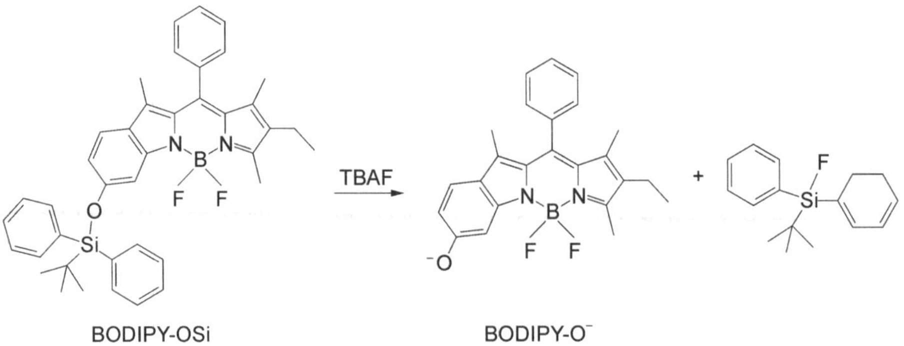

BODIPY-OSi　TBAF　BODIPY-O^-

图 4-117　F^- 对 BODIPY-OSi 的作用机理

荧光比率传感器 50 是符合 ICT 机理的两亲性探针，能够在缓冲水溶液中和生物体内比例型检测氟离子(图 3-52)。

DCPOSi 是在二吡喃腈化合物基础上合成的，有荧光增强比例响应、近红外荧光、对氟离子高选择性等优点。引入苯环的 DCPOSi 系列染料在氟离子作用下的发射波长红移了约 140 nm，DCPO -达到了 700 nm，落入近红外光区域。符合分子内电荷转移(ICT)机理(图 4－118)[300]。

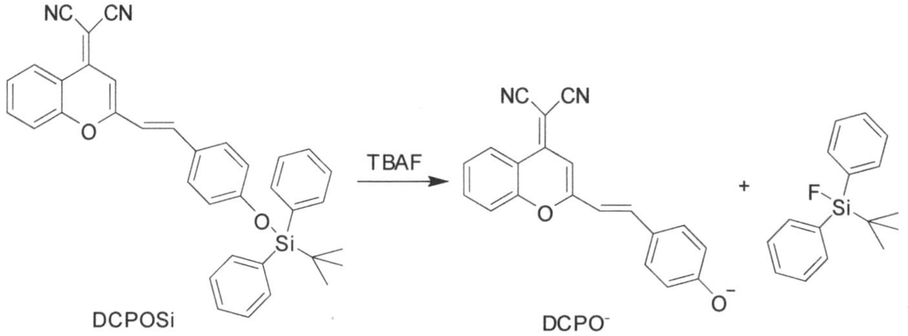

图 4－118　DCPOSi 的分子结构式和它被 F^- 激发释放 $DCPO^-$ 的反应机理

图 4－119 中是三个 BODIPY 衍生物氟离子探针 64、65[151]和 66[301]。

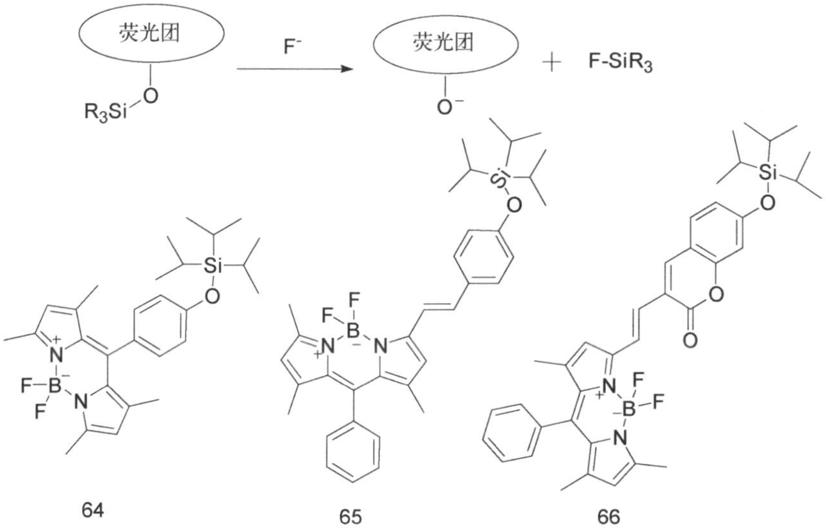

图 4－119　化合物 64～66 的分子结构式及其传感机理

在氟离子与硅氧键的反应基础上，研究人员进一步研究了 F^- 触发 Si 与其他元素形成的价键的断裂反应，其中之一就是 Si—C 键的断裂。人们发现：Si—C 键比 Si—O 键更容易断裂。图 4－120 展示的就是这一类氟离子传感器的结构，包括：BODIPY 衍生物 67[302]和 68[303]，芘衍生物 69[304]和萘酰亚胺衍生物 70[305]。基于 Si—C 键断裂的探针常常导致荧光发射峰发生蓝移,从而构建出比率型荧光探针。例如,将 F^- 加入化合物 67 的丙酮溶液中,可以看到在 571 nm 处的荧光强度下降,而在 554 nm 处的荧光强度增强,其发射峰蓝移了 17 nm。

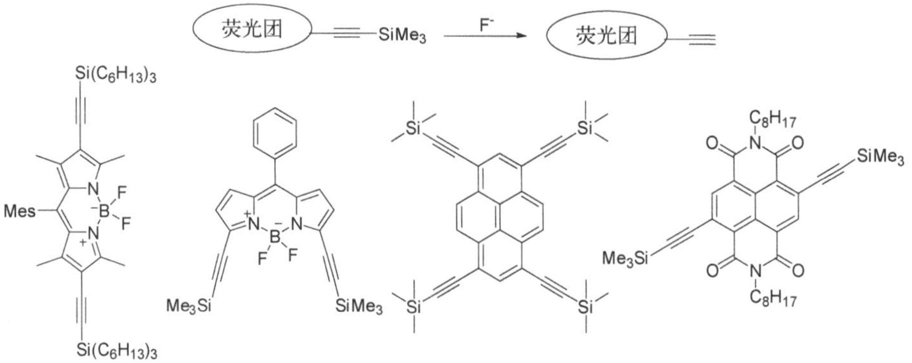

图 4-120 化合物 67～70 的分子结构式及传感机理

除了上面介绍的两类氟离子化学传感器的反应机理之外,还有氟离子的亲核加成反应机理、氟离子诱导的分子内成环反应机理、氟离子激发 Si—O 键断裂后再成环的机理以及基于有机硼化物的氟离子荧光传感器。

第5章 荧光分子传感器

5.1 荧光分子传感器

荧光分子探针是众多分子器件中的一种。分子识别是荧光分子探针技术应用之一，荧光分子探针的识别部位结合目标分子后，将分子结构中的自身信息转换为可观测的荧光信号，随后通过解读荧光信号给出所检测目标分子的信息。荧光分子探针技术具有高灵敏度和低检测限的优点，能达到单分子水平上的检测和原位检测，能准确给出目标分子信息，可用于医学上碱基和蛋白质的检测，所以在生物学、医学、环境学等许多领域有广泛应用。目前对荧光分子探针技术的探索在不断进行中[9]。

识别过程通常可理解为探针分子与目标分子发生了某种联系，探针分子结构发生不可逆的化学变化导致分子间共价键断裂或者探针分子与目标分子以共价键相互结合，导致发射荧光，以达到检测分析的目的。

5.1.1 探针的分子结构对传感的影响

紫外吸收光谱、荧光发射波长位置和荧光量子效率等受荧光探针分子的分子结构所影响，例如探针分子的芳基部分被限制旋转将导致吸收和荧光在长波长处更强烈，量子产率更高[48]。

Kolemen 组合成图 3－7 中系列 BODIPY 染料 10 和染料 11，在 meso 位上连接了电子接受/束缚基。化合物 12 的电荷转移的效率明显要低，是由于束缚基团在不同的位置上，强迫电子流动到一个交替的位置，该实验证明激发时电荷重定位在 meso 位碳原子上是有意义的。

Qin 组[306]设计了苯胺在 BODIPY 核 3 -位取代，这个不对称取代基破坏了 BODIPY 荧光团的对称性，对 BODIPY 染料的荧光有很大的影响，将苯乙烯基引入到 BODIPY 中扩展了 π -离域系统，能够有极高的荧光量子和荧光光谱延伸到近红外光谱范围。Kaloudi - Chantzea 组[307]的 BODIPY 染料的两个 sp^3 杂化的氟原子被线性给体 4 -乙炔基吡啶取代，形成刚性的高对称(109.5°)化合物，荧光团是垂直对齐着乙炔基吡啶给体形成的平面，这个结构和 90°的有机金属铂单元反应，在溶液中形成强荧光菱形空穴，结构中 109°的角能成为富有变化的稳定的 3D 纳米笼结构，这个纳米笼在壳外(例如立方八面体、金刚烷、三角双锥体等)有强烈的荧光。

因为容易分解和转化，不对称硼化合物很少，合成的产率很低。Haefele 组报道了图 3 - 8 中荧光探针的氟原子被各种功能取代基取代，连接上选择性识别基团后，该探针在手性环境中能够用作荧光手性识别。

5.1.2 探针的氧化还原性对传感的应用

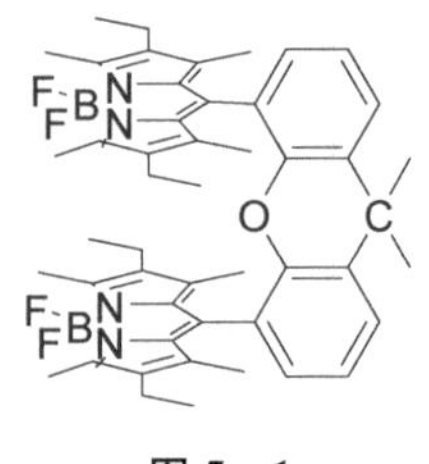

图 5 - 1
BD_3 的分子结构

荧光分子探针的氧化还原电势对探针分子的应用很重要，Benniston 组[308]报道了图 5 - 1 的 BD_3 分子中 F—F 的相互作用阻止了相邻 BODIPY 单元 π -轨道的面-面重叠。两个 BODIPY 单元之间电子的相互作用扰乱了循环伏安曲线，使因电荷离域而增加能级的二聚体的电子氧化半波势连续下降。二聚体的还原态也有相似的效果。

Sartin 组[309]报道了化合物 B8amide，认为 741 nm 处的第二强峰是电极上薄膜里的三线态发射，随着连续电势循环，第二荧光峰的增长组成长波长的光致化学荧光。Lai 组[310]的 BODIPY 化合物的 2、6、8 位缺少推电子取代基而引起阳离子和阴离子自由基的稳定性下降，导致了不可逆的电化学氧化和还原，使 ECL(电致化学发光)效率下降。

图 5 - 2 中的 BODIPY 对称染料 17 和不对称染料 18 由 Qin 组[311]提出，两种染料的氧化还原电势不同，染料 17 比染料 18 有更低的氧化势，这可能是染料 17 的两个推电子苯胺基增加了共轭链上的电子云密度，因此促进了氧化，而不对称染料 18 上的氯原子是拉电子基团。

Krumova 组[312]的 BODIPY 染料有大范围的电势和多样化的电化学性能。新染料能亲电和亲核偶联，C2 和 C6 位的拉电子基团和推电子基团取代

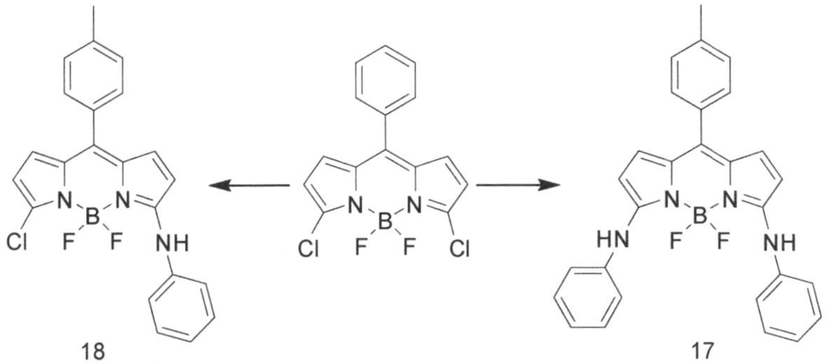

图5－2　BODIPY染料17和染料18的结构式

能调节氧化和还原电势，meso－乙酰羟甲基和meso－羟甲基BODIPY染料分别表明了可逆和不可逆的电化学还原。

5.1.3　探针的聚合状态对传感的应用

Vu组[313]报道了图5－3的BODIPY染料，荧光团被制作在薄膜中，化合物19有H－聚集态的行为和差的荧光性能，化合物20～22在吸收和发射上有红移，它们的荧光带比在溶液中的狭窄，这是由荧光团聚集态从高能到低能的能量转移引起的。随着链的长度增加，荧光量子产率增加，表明固态荧光的BODIPY上取代基的数量和尺寸的重要性。报道的BODIPY染料可以用于固态光物理器件，如OLED的发展。

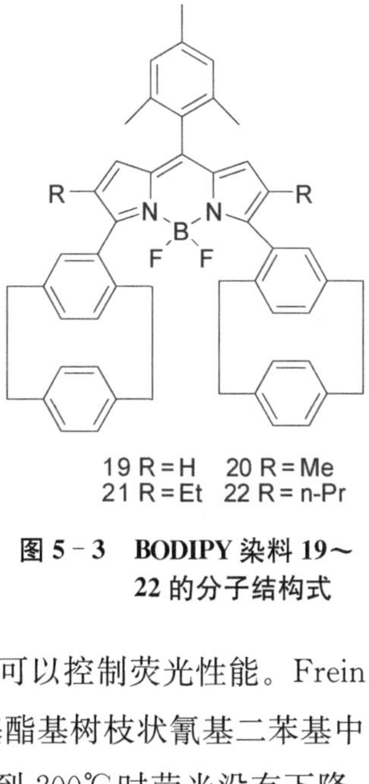

图5－3　BODIPY染料19～22的分子结构式

Camerel组[314]实验表明胶束的构成源于氢键的结合和荧光团的相互作用，但是荧光团的聚集是控制胶束结构的主要驱动力，通过聚集的程度可以控制荧光性能。Frein组[315]的BODIPY染料通过酰胺键被接枝到聚芳基酯基树枝状氰基二苯基中间体单元，聚合物在固体和溶液中都很稳定，加热到200℃时荧光没有下降。第一代聚合物表现出液晶相，第二和第三代聚合物表现出近晶A相，染料在中间态仍然是有荧光的。F－BODIPY的聚集态在第一代聚合物中明显，第二代、第三代聚合物有利于染料分散，阻止了聚集态的构成。J－聚集态有利于700 nm以上发射光的红移，F－BODIPY的聚集趋势能通过聚合物代数的选择来调节(图 5－4)。

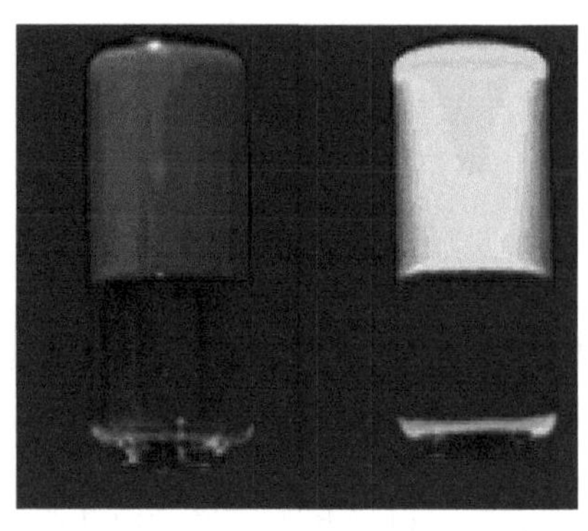

(a) F－BODIPY的结构式　　(b) 在壬烷中的凝胶测试，在356 nm处激发

图 5－4　F－BODIPY 的分子式及凝胶测试中的聚集趋势

Camerel 组[316]描述了图 5－4 中高荧光强度的介晶染料和凝胶，在固态时展现了可逆的相转移，在 28℃的跃迁过程中从中间相到晶体态，荧光从黄绿色变为橘红色，聚集态的构成导致了荧光的红移，在 F－BODIPY 骨架上通过荧光发射观察到热致液晶的纹理。

5.1.4　荧光分子探针的光致变色对分子传感的研究

Tomasulo 组[317]的 BODIPY 荧光团能共轭连接螺吡喃光致变色构筑光开关荧光器件，光致变色结构以单指数热力学恢复到原来结构，寿命为 2.7×10^2 s，初始发射强度完全恢复。紫外线照射能够使发射强度在高低值之间重复改变。荧光团-光致变色染料有轻微的疲劳抵抗，5 次开关循环以后，发射强度下降了 24%。

Golovkova 组[318]设计荧光激活的思路是建立在 BODIPY 染料的发射和二噻吩乙烯光致变色部分关环异构体吸收的重叠上，重叠后发生能量转移，导致强烈的荧光淬灭。

图 5－5 中的 3 个化合物在己烷中在 503 nm 处为 BODIPY 染料特征吸收峰，BODIPY 共价连接光致变色染料二噻吩乙烯后，化合物的吸收峰没有位移，这表明 I－BODIPY 染料连接二噻吩乙烯部分后对光学性能的影响是微不足道的。I－BODIPY 染料和光致变色二噻吩乙烯共轭连接，构成新的光开

关,开环结构时有高的发射,关环结构时荧光淬灭。从染料到二噻吩乙烯的关环形式的分子内能量转移,被认为是光致变色反应以后的荧光淬灭的机理。荧光的激活是可逆的,能被重复多次,没有明显的荧光强度下降。

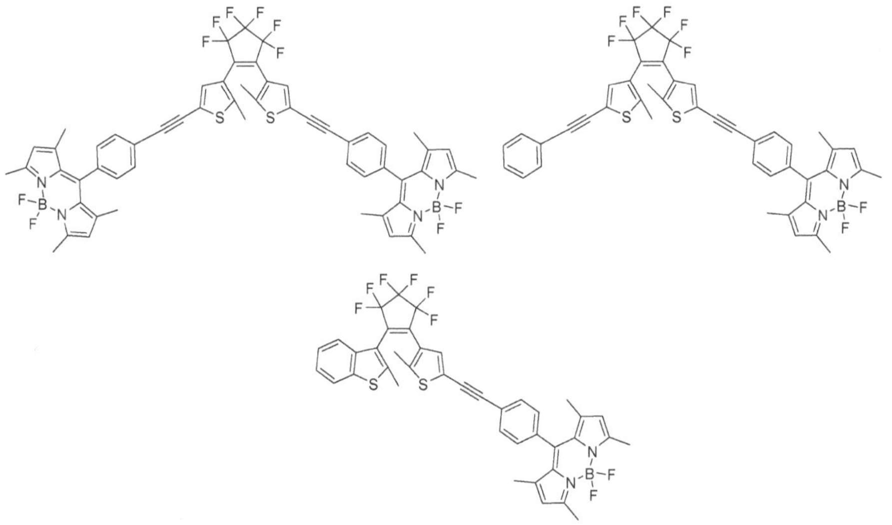

图5-5 BODIPY染料的分子结构

5.1.5 探针的光电转换对传感的研究

研究表明,荧光分子探针的吸收在可见光谱范围内覆盖了宽的区域,在给体发射和受体吸收之间有好的光谱重叠,从给体单元(在紫外光处激发)到受体单元(在可见光处发射)的分子内能量转移过程,能在光伏太阳能电池用作天线系统。

Mikroyannidis组[319]研究了图5-6中的对称二氮吡咯A和相应的BF_2氮吡咯络合物B,化合物B能用于固体异质结太阳能电池,但化合物B只在非质子溶剂中稳定。化合物B的薄膜吸收光谱是宽的,并且表现出比化合物A

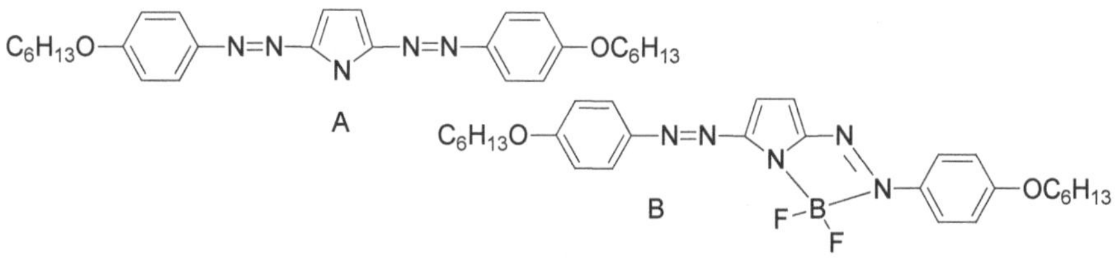

图5-6 化合物A和化合物B的结构式

(1.54 eV)更低的带宽(1.49 eV)。化合物 A 和化合物 B 的 HOMO 能级和 LUMO 能级适合于固体异质结光敏层。

5.2 荧光分子探针应用研究

5.2.1 阴离子传感器

阴离子在各领域中有重要作用,阴离子配位化学已逐渐成为新的研究方向。阴离子底物与阳离子底物相比有不同的结构形态:线型(OCN^-、N_3^- 等),球型(卤化物),平面型($R—CO_2^-$、NO_3^- 等),四面体型(PO_4^{2-}、ClO_4^-、SO_4^{2-} 等),八面体型[$M(CN)_6^{n-}$]。另外,阴离子的几何尺寸要比阳离子的大。

例如图 3-25 中,CN^- 引起氰根离子探针双重颜色和荧光变化。在 490 nm 的等吸收点说明化合物 Cou 对 CN^- 的反应产生了新的物种。在 484 nm 处荧光增加,而其他钾盐离子没有这个变化。产物 Cou-CN 不可逆转,加入 Cu^{2+} 没有影响。

Fu 组[302]报道了如图 5-7 所示的氟离子 BODIPY 比色计探针,它能在 5 min 内达到平衡,能在接近和低于 USEPA 的饮用水标准下检测氟离子浓度。

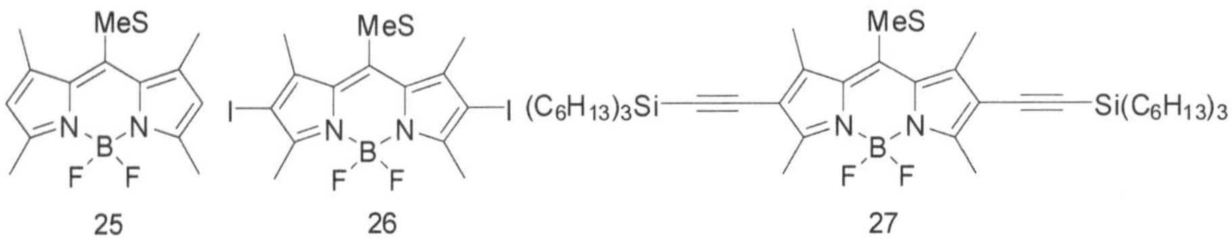

图 5-7 BODIPY 染料 25~27 的结构式

BODIPY 染料 25、染料 26、染料 27 的吸收波长分别是 500 nm、530 nm、555 nm,在染料 26 中碘原子的拉电子性能和染料 27 中延伸的 π-共轭减少了 HOMO-LUMO 能带,荧光分别在 510 nm、546 nm、571 nm,染料 26 的低量子产率反映了碘原子增加旋轨耦合的重原子效应,染料 27 加入氟离子后有明显变化,吸收在 555 nm 处下降,在 538 nm 处上升,荧光在 571 nm 处下降,在 554 nm 处上升,荧光颜色由橘色变成绿色。

图 5-8 中的化合物 28 由 Huh 组[320]报道,化合物 28 在 THF 中有两个

主要的吸收峰，在 330 nm 和 501 nm，分别是硼烷中的 π－pπ(B)跃迁和 BODIPY 部分的 π－π* 跃迁。

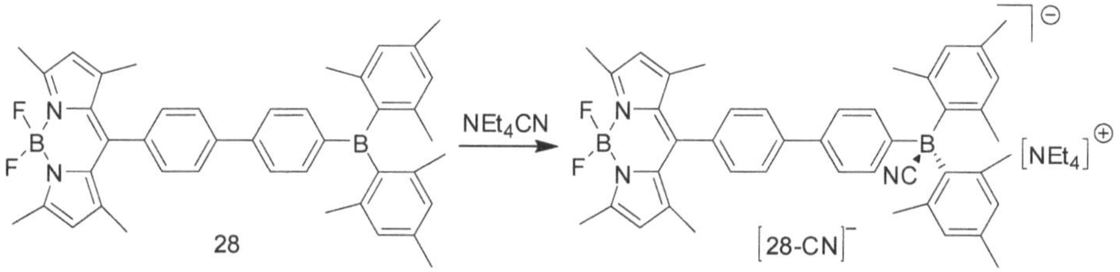

图 5－8　BODIPY 衍生物 28 和[28－CN]⁻ 的结构式及反应原理

化合物 28 中两个独立的吸收特征，表明化合物 28 是包含分子内能量转移(给体)-(受体)的分子，硼烷作为给体和 BODIPY 作为受体偶联产生新的硼基氰根离子受体[28－CN]⁻。

1. *阴离子不同设计原则*

阴离子在化学和生物学领域内扮演了一个重要角色，人们设计了很多阴离子非生物受体。

阴离子传感器设计的原则是至少两个基团的偶联，每一个基团都有精确的功能：络合基和信号子单元。前者对某种阴离子有配位的功能，而后者在阴离子配位后改变光谱特性(颜色和荧光)。络合基和信号单元能被共价联结(络合基-信号子单元法)或者不能(取代法)。这个设计原则建立在阴离子配位的基础上，因此阴离子的相互作用及颜色和荧光的变化原则上是可逆的。事实上，配位是典型的可逆化学反应，配位方式根据阴离子浓度决定和改变。除这个体系之外，使用荧光和颜色的阴离子信号也能通过不可逆反应观察到。

(1) 络合基-信号子单元法

许多化学传感器是按照信号单元和络合基的共价联结的方法设计的，如图 5－9[321] 所示。

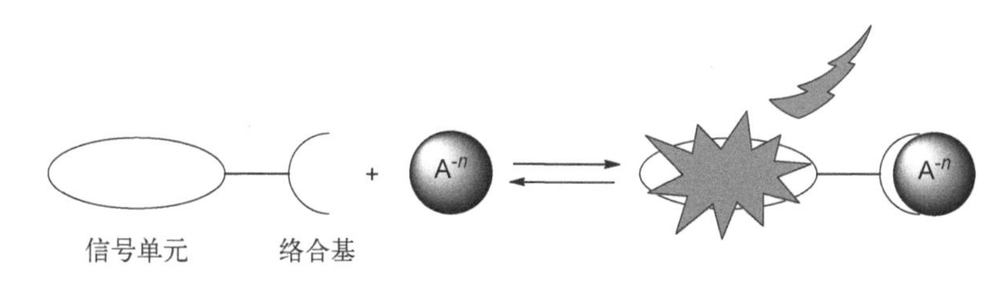

图 5－9　阴离子探针作用机理

这个方法在阴离子化学传感器的发展过程中被广泛使用，在将来的研究中是一个基本方法。信号分子单元的性能被改变的方法下的络合阴离子的配位基在颜色或者荧光上发生了各种变化。

(2) 阴离子络合基

当为某种阴离子选择接受器的时候，配位阴离子的形状、几何结构、随 pH 值变化的电荷、疏水性需被考虑。一般来说，无机受体和生物受体对阴离子的作用是相同的。基本上分为静电相互作用、氢键构成、金属离子相互作用。

(3) 染料作为信号子单元

通过吸收在可见范围内(400～700 nm)的电磁辐射，有机化合物变得有颜色，化学结构和有机染料颜色之间的关系被广泛研究。许多染料包含共轭结构，HOMO 和 LUMO 之间的能量带对某种特定染料的颜色是有决定作用的。许多共轭系统在可见光范围内，能量上 HOMO 和 LUMO 之间有差别，已经明确的是，共轭系统越大，基态和激发态之间的差别越小，结果是更少能量的吸收带会有更多的红移。除了和共轭体系长度相关的基本共轭骨架，还有通过对共轭体系连接给电子基团或受电子基团从而修饰吸收波长的化学方法。在一个特定分子中当吸电子基团和给电子基团通过一个共轭系统连接时，能观察到一个 CT 带。这符合一个 CT 转换，在光激发下，有一个重要的电子电荷分数从给体到受体的转移。阴离子对给体和受体基团的相互作用能够导致颜色上的变化。比如，一个阴离子和一个给体基团的相互作用会使给体基团更多地将电子给共轭体系，提高共轭，诱导红移。大多数阴离子颜色化学传感器基于络合基-信号子单元方法，含有阴离子络合基受体基团，例如硝基苯、蒽醌、偶氮染料等，可以观察到在阴离子配位上往长波方向的移动。

在许多染料上一个重要的效果是溶剂化显色。一个有溶剂化显色的染料在溶液中颜色改变是由于改变溶剂的极性。例如，这个溶剂化显色被扩展，用作基态和激发态极性的指示剂。对于传感的目的，这个效果也有一些重要性，它可用来选择某种设计探针的初始和最终颜色。

(4) 络合基-信号子单元方法的后续

在荧光化学传感器方面，阴离子显色化学传感器最广泛应用的方法是络合基-信号子单元法。在这方面，配位基的至少一个原子是共轭系统的一部分，作为信号单元。在许多荧光化学传感器中，在络合基和信号单元之间有一个间隔区 spacer(在子单元之间阻碍任何电子离域)，通常情况下，在发色化学传感器中，信号和络合基是一个整体(缺少间隔区 spacer)。阴离子配位上，颜色变化的产生是由于 HOMO 和 LUMO 轨道之间相关能量的变化。

2. 氟离子探针

氟离子在有机溶剂中是强碱，被认为是容易传感的目标[37,322]。在非竞争性的介质中，通过改变酸碱平衡和强的氢键作用，能产生许多不同的荧光信号。然而，在水溶液中氟离子传感或产生信号是非常困难的，没有分子系统在水溶液中能可逆地感知氟阴离子。每个系统都有复杂性，例如需要大的荧光浓度、信号强度，或者受化合物平衡影响的三元系统。

迄今为止，对氟离子的特定识别及解读识别结果是研究的关键。目前已有文献报道，荧光分子探针检测饮用水及环境中氟离子。文献中提到的检测原理主要是基于氟离子与基团的氢原子之间的氢键作用或者与硼、硅原子之间专一性的亲合作用。这种专一性识别能使探针分子光谱发生明显变化，从而可以判断出检测结果。图 4-4 介绍了化合物 46 和化合物 47 作为氟离子响应分子，建立在乙醇和酚基础上的脱硅保护基团的方法[151]。

Jiao 组[323]发展了 3 位卤代苯融合的 BODIPY4 平台，这个平台在 Sonogashira 偶联和亲核取代的反应中的应用，产生了一系列的不对称的苯融合的 BODIPY 染料，允许 BODIPY 单元有效地连接到各种取代基上，大多数结果表明 BODIPY 染料有长波长吸收和荧光发射。

Chen 组报道了图 4-63 的化合物 3a，在 550 nm 处有明显的荧光增强，符合 PCT 过程，加入其他阴离子没有变化，所以化合物 3a 可以作为氟离子探针。

文献报道，含吡咯基团的氟离子分子探针的机制是吡咯基团中的活泼氢与氟离子形成氢键。但是，氢键的强弱及选择性受溶剂极性的影响。Kim 等人[228]将香豆素类衍生物制成半导体聚合物来检测氟离子。但是用于在细胞内检测氟离子还是有相当的难度，因为聚合物探针对细胞膜渗透性比较差。有关细胞内氟离子检测荧光成像的小分子荧光探针还没有报道。

Guoqing Yang 等[152]学者的文献报道了一种基于 ICT 效应的比率型荧光探针，利用化学反应检测氟离子，加入氟离子使硅氧键断键，生成供电子的酚羟基，溶液在紫外灯下由蓝色变为黄色，实现发射光谱的红移 142 nm，纯水中的检测极限在 0.1 μmol/L 左右，完全适用于饮用水中氟离子的检测(图 5-10)。

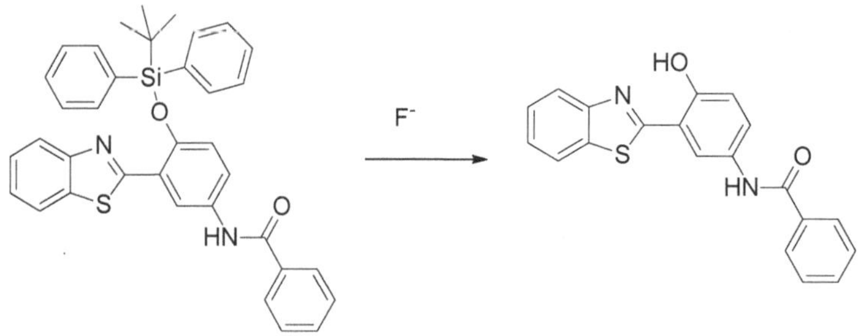

图 5-10 化学反应型荧光探针对于 F^- 的检测机理

三种新的二酮吡咯并吡咯(DPP)化合物被证明是比色和比率型红色荧光传感器,用于识别氟化物阴离子,具有高灵敏度和选择性。识别机制为 DPP 部分的内酰胺 N 位置上的氢原子与氟阴离子之间的分子间质子转移[324](图 5-11)。

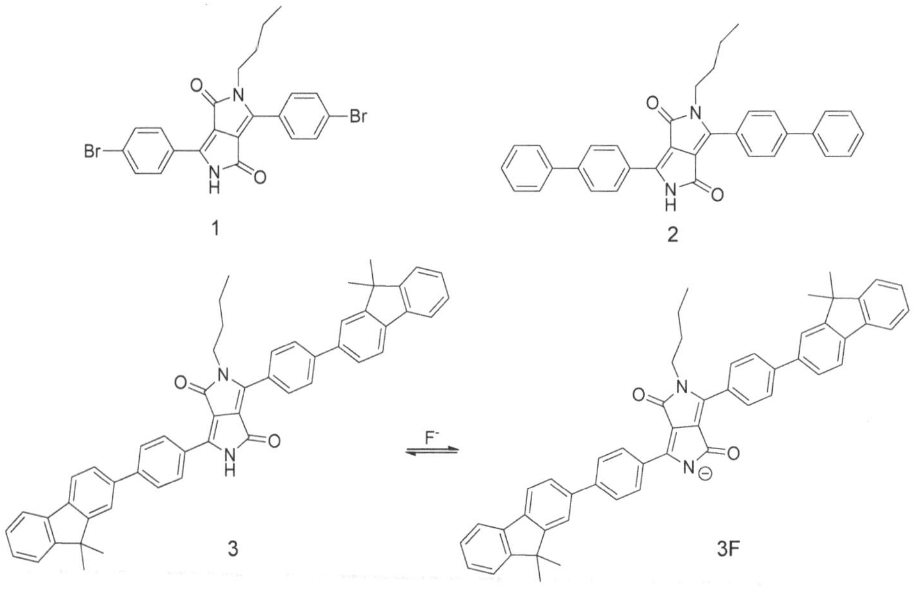

图 5-11 化学反应型荧光探针 1~3 的分子结构式及
化合物 3 对于 F^- 的检测机理

研究者已经开发了荧光探针 2 和探针 3 用于 F^-(CH_3CN)的选择性和比率估计。在咪唑鎓氮 3 中存在亲脂性十二烷基附加物,该物质已成功地选择性测定质子($CHCl_3$ - MeOH,体积比 1∶1)溶剂中的 AcO^- 离子[325](图 5-12)。

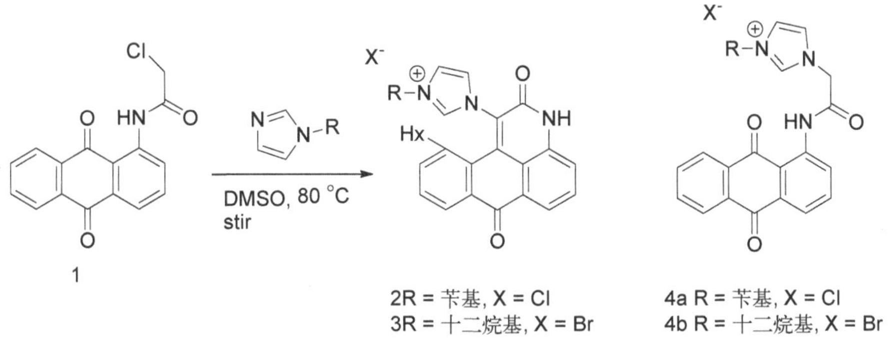

图 5-12　化学反应型荧光探针 2 和探针 3 的合成机理

阴离子的传感问题非常复杂，因为阴离子的尺寸、形状、电荷分布等是不同的，且在极性或氢键给体溶剂中有强的溶解性。新的 BODIPY 荧光染料能用于检测阴离子，图 5-13 中所设计的荧光探针分子以 BODIPY-OH 与 TBDPS 反应形成 BODIPY-OSi 作为检测氟离子的作用机理，BODIPY-OH 基于光致电子转移原理，识别位点为 Si—O 键（TBDPS），BODIPY 作为信号荧光团，BODIPY-OSi 紫外吸收在 545 nm 处，荧光在 573 nm 处，当加入氟离子后发生去保护反应，TBDPS 脱落形成 BODIPY-O^-，紫外吸收在 644 nm 处，荧光在 676 nm 处。

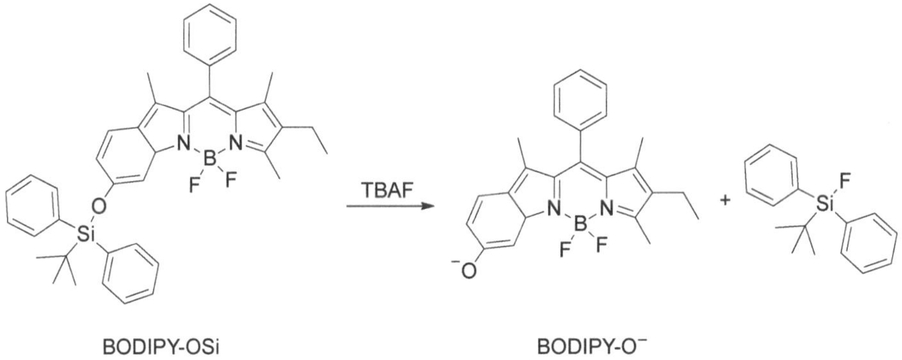

图 5-13　F^- 对 BODIPY-OSi 的作用机理

研究者设计合成一种新结构的化合物 DCM 基染料，尝试从不同的角度和作用机理来探讨检测氟离子的方法。大量的有吸收或荧光变化的氟离子荧光化学探针被构造[326]，在可见范围内有吸收和发射波长。在 650～900 nm 波长范围的近红外探针得到了相当的注意是因为光损伤少，荧光背景小，光散射少。

3. 其他类型阴离子荧光分子传感器

(1) CN^-探针

氰化物作为一种危险的化学物质，能够对哺乳动物等产生致命的毒性。

通过形成分子内氢键，醛基上的羰基氧可以被邻位的酚羟基所活化。羰基被活化后能够与氰离子发生亲核加成反应，氰离子攻击醛基上活化了的碳氧双键，导致酚羟基上产生一个烷氧基负离子，产生的烷氧基负离子与酚羟基依靠分子内氢键形式相互结合，进行质子转移后形成氰醇化合物，这一过程符合"激发态质子转移(ESIPT)"机制，能观察到荧光光谱的明显变化。有大量文献曾经报道过基于这一原理来设计氰离子探针。

(2) S^{2-}探针

二价硫离子常常作为工业生产中的副产物出现，如果与环境中的质子结合，将大大增加它的毒性和腐蚀性。在所有文献报道方法中，化学反应型荧光探针对于S^{2-}的检测越来越受到广泛关注。XiaoFeng Yang课题组设计并合成了一种利用S^{2-}亲核性进行化学反应的荧光探针(图4-6)。

(3) 生物硫醇探针

细胞内硫醇在生理过程中扮演着许多重要的作用，生物样品中对含巯基的分子的选择性检测和监测是很重要的。图3-75中的半胱氨酸是生物体中非常重要的三种生物巯基小分子中的一种，是一种天然产生的氨基酸。迄今为止，已获得了多种选择性硫醇荧光化学传感器。如图3-76所示，化学传感器58对生物硫醇具有高选择性和灵敏度，可利用硫醇的亲核进攻诱导荧光素螺内酰胺开环。

(4) 亚硫酸盐探针

亚硫酸盐是一些食物和人体的共同的物质。亚硫酸盐也用作抗微生物添加剂，广泛应用于食品、药品、涂料、生物样品和化妆品中，以抑制微生物的生长或不良的化学变化。研究人员试图设计和使用这类具有高灵敏度、快速响应和多波长输出信号的荧光传感器来检测食品添加剂。

研究者以三苯胺为核心，设计合成了一个新的具有聚集诱导发光效应的比例型同步荧光探针DPTPA2。图5-14是对四种不同种类物质进行的选择性研究，采用同步荧光光谱进行测试，结果表明DPTPA2对亚硫酸盐具有高度的选择性。

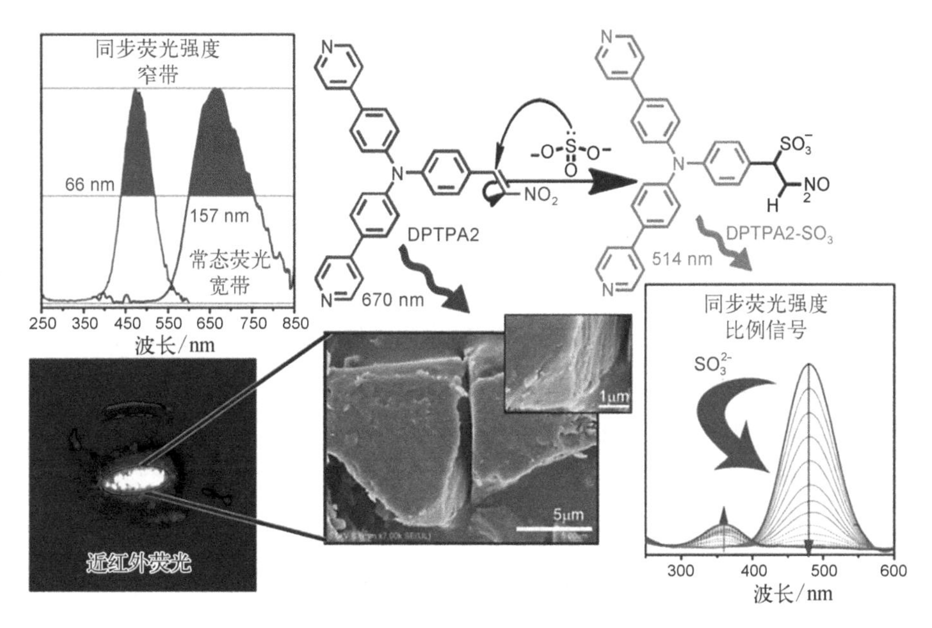

图 5-14 DPTPA2 及其亚硫酸盐的结构

(5) 苯硫酚荧光探针

苯硫酚是一种毒性高的环境污染物,在毒理实验中发现,低剂量的液态或者气态的苯硫酚都会对中枢神经系统及其他相关系统造成严重危害,如呼吸困难、四肢无力、手脚麻痹、眩晕,更严重的甚至会死亡。另一方面,苯硫酚在当今工业生产中占据着相当重要的角色,苯硫酚在一定程度上被视为一种既稀罕又昂贵的化工原料。但苯硫酚的毒性是不可忽略的,检测环境中苯硫酚的简单实用手段至关重要,进一步可对环境和生物细胞内苯硫酚进行定性和定量的识别检测。

基于分子内电荷转移机制(ICT)的苯硫酚荧光探针 12,在加入苯硫酚后溶液的荧光强度有大于 50 倍的增强,可以用于区分苯硫酚和脂肪族硫醇,具有高度选择性和高灵敏度[154]。

5.2.2 阳离子传感器

通常,金属离子荧光传感器的制造可以通过将荧光团部分与离子载体部分组合来实现,其中离子载体部分可以选择性地结合金属离子以形成金属离子-荧光团复合物,并随后诱导荧光强度的波动。到目前为止,各种材料,如有机荧光染料[327]、金纳米簇[328]、金属有机骨架(MOFs)[329]、还原氧化石墨烯

(rGO)[330]等已被用作金属离子监测的荧光传感器。

1. 分子内环化硫脲衍生物的鸟苷酸化

胍是有机合成中有用的碱催化剂[331]。作为与许多生物相关的化合物模块,胍的合成受到了重视。由此氨的鸟苷酸化的许多方法被研究,包括通过运用 Mukaiyama 试剂的反应调节氨和硫脲衍生物,以及使用钛催化碳化二亚胺的氢胺化反应。另外,Hg(Ⅱ)能催化硫脲分子间转化为胍,可以有效激发分子内和分子间鸟苷酸化。但是这个潜在的荧光底物反应很少被注意到,因为最多的硫脲衍生物有与胍类化合物同样的颜色或荧光。第一个报道基于 Hg(Ⅱ)激发分子间环化鸟苷酸化的荧光化学比例计被报道(图 3-21)。

2. 各种阳离子探针

金属离子的响应性、激发范围、发射波长和量子产率[170,332]等参数对 Hg(Ⅱ)化学比例计比较重要,弱的水溶性和灵敏性限制了在生物上的应用。解决这类问题的相关工作一直在进行,Nile Blue(Ⅱ)的新衍生物利用化学比例性能在 100% 水溶液中检测 Hg(Ⅱ)[179]。选择性方面,室温下 pH 值在 2~9 范围内,探针 11 对与硫元素有响应的 Cu(Ⅱ)和 Ag(Ⅰ)的荧光没有变化,而对 Hg(Ⅱ)有高效的比色和荧光比率检测效果,因此选择性非常好。

生物体的各种特征和表现来源于由无机离子、核苷酸及氨基酸等组成的小分子和生物功能大分子。生物体内的某些蛋白质和酶就是含金属离子的生物功能大分子,铜蓝蛋白含 Cu,钙调蛋白含 Ca,羧肽酶含 Zn 等,金属离子的作用非常重要,大多数酶的活性通过金属离子来表现,生物分子的结构和功能可通过金属离子来研究。

快速有效地检测金属离子的含量是必要的,荧光分子探针检测金属离子的研究应运而生,Qi 组[333]描述了 BODIPY 衍生物 29 和 30 分别对 Cu^{2+} 和 Pb^{2+} 作为"关"-"开"荧光化学传感器和化学计量型荧光探针(图 5-15)。

图 5-15 中,化合物 29 中加入 Pb^{2+} 后,PET 过程被禁阻出现大的 CHEF,对 Zn^{2+} 和 Cu^{2+} 只有小的 CHEF。化合物 30 通过选择性的乙酰基水解有效识别 Cu^{2+},加入 5 倍的 Cu^{2+} 后,化合物 30 有最大荧光发射强度,随着 Cu^{2+} 浓度的增加,荧光强度逐渐下降,并红移约 9 nm。

Filatov 组报道了系列芳香 π-扩展二吡咯分子 BDPs 和 NDPs(图 4-64),加入金属盐后,它们的荧光立刻提高,可通过改变金属配位的方式激活荧光。

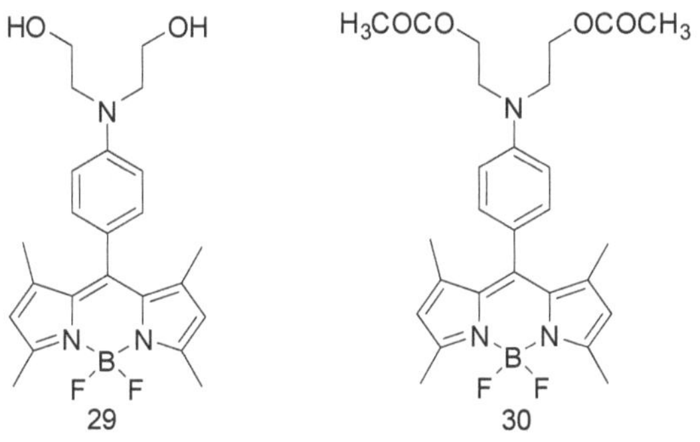

图5-15 BODIPY衍生物29和30的分子结构式

图4-47中，BODIPY染料探针的二硫氮杂冠配体对Hg^{2+}的有很好的选择性，而不同受体二甲基吡啶酰胺配体对Zn^{2+}有高识别能力。

研究发现，因为顺磁性的Cu^{2+}灵敏度不高，所以早期文献中有关Cu^{2+}探针大多数是荧光猝灭的。也有报道荧光增强型的，但是由于容易受Fe^{3+}和Hg^{2+}的干扰，选择性不好。与传统的络合型Cu^{2+}探针相比，反应型的Cu^{2+}探针开始走进研究者的视野，但是大多数Cu^{2+}探针激发的反应都有限制：只在纯溶剂中或含水的比例不能超过20%；需要高温或酸或碱条件；容易受干扰，识别能力差。

Wang组报道了图4-60中的化合物31，化合物31的NO双齿配体受Cu^{2+}作用发生胺的脱氢反应，形成席夫碱-Cu^{2+}络合物的，导致荧光增强。加入EDTA没有变化，说明化合物31和Cu^{2+}反应不可逆转。

Harriman组设计了图4-65中的BODIPY衍生物，分子中的配位基是三联吡啶(terpy)，和Zn^{2+}配位时，在330 nm处有新吸收带，X-衍射数据表明新的吸收带归属于Zn^{2+}-三联吡啶结构。

3. Hg^{2+}探针

随着工业生产和城市现代化的不断进步，环境污染已经成为一个全球性的问题。其中，金属污染占了很大的比例。常见的污染金属离子有Cr^{6+}、Pb^{2+}、Cd^{2+}、Hg^{2+}等，由于其半衰期长，进入人体并累积到一定浓度后，便会对人的身体健康产生严重的影响。因此，Hg^{2+}的检测在环境保护及人体健康等方面有着重要的意义。最近的几年里，有关Hg^{2+}化学传感器的研究有了更多的报道[334]。

(1) 冠醚类Hg^{2+}传感器

Hg^{2+}化学传感器的设计首先考虑使用适合结合阳离子的冠醚类化合物。

有报道以硫原子代替冠醚中氧原子，发现其对 Hg^{2+} 等亲硫的重金属离子有着较好的选择性[203]。以此为基础，设计了一系列 Hg^{2+} 的化学传感器。

最初的冠醚类 Hg^{2+} 传感器由冠醚和呫嗪荧光团相结合[335]，加入 Hg^{2+} 后传感器的荧光强度有所增加，发射波长位置没有变化，有好的选择性和高的灵敏度，最低检出限为 5×10^{-7} mol/L。随后的报道又将类似的冠醚结构与另一种荧光基团(硼化二吡咯甲基)相连得到化合物作为 Hg^{2+} 的化学传感器，硼化二吡咯甲基基团有好的光稳定性、高的荧光量子产率($\Phi>0.5$)，以及能在较长波长下(约 500 nm)激发等优点[199]。

除了含 S 原子的冠醚外，在 Hg^{2+} 化学传感器的设计中，含 N 原子的冠醚也经常用到。Porter 等人[205]设计并合成了化合物 6 和化合物 7 作为 Hg^{2+} 的选择性探针，探针在和 Hg^{2+} 配位后，吸收光谱发生红移。

纯冠醚结构对 Hg^{2+} 配合能力差，但是开链多醚对 Hg^{2+} 的结合较好。研究表明，开链醚的链长对 Hg^{2+} 的结合能力有很大影响[208]。

(2) 多胺类 Hg^{2+} 传感器

研究发现，过渡金属和重金属与多胺配体有着很好的结合性，因而多胺配体在离子传感器的设计中有着重要价值。然而，由于多胺配体有着较强的结合能力，其选择性往往较低，这是多胺配体在化学传感器设计中的一个难点。

以大环多胺为识别基团的荧光化学传感器也是一个研究热点[214]。Hg^{2+} 络合到大环多胺后，增加了环内张力，破坏了激基缔合物的结构，荧光强度随着 Hg^{2+} 浓度的增加而下降，直至完全被淬灭。钱旭红等人[215]合成了 PET 型传感器。朱为宏等人[216]以 DCM 染料作为荧光团，二胺甲基吡啶作为识别基团，合成的化合物是一个对 Hg^{2+} 和 Cu^{2+} 具有选择性的荧光化学传感器，这种次序依赖性的荧光响应使得化合物可以作为具有记忆功能的分子逻辑门器件。

(3) 杯芳烃类 Hg^{2+} 传感器

杯芳烃类在化学传感器的设计中有着非常重要的位置，灵敏度、选择性及配位的效率都是杯芳烃类化合物的独特的优点。而杯芳烃的大小、电子给体的类型及取代基的位置对于离子的选择性有很大的影响，使得杯芳烃在设计时有着较大的灵活性，特别是对以杯[4]芳烃作为金属离子选择性载体的研究文献报道最多。

(4) 其他类型 Hg^{2+} 传感器

很多人试图利用强荧光的过渡金属络合物来设计 Hg^{2+} 的化学传感器。

Soto等人[336]报道了 Ru^{2+} 的三吡啶络合物19,可用作 Hg^{2+} 的荧光化学传感器。使用含有N和O的大环作为识别基团,确保了传感器对 Hg^{2+} 的选择性。在pH=5~9之间,Hg^{2+} 的加入使得该传感器的荧光增加60%,其他离子则没有较大影响。值得指出的是,该传感器荧光的增加可能是由于传感器的识别基团同 Hg^{2+} 配合以后,N原子的孤对电子不再能够参与光致电子转移过程,从而使荧光增强(图5-16)。

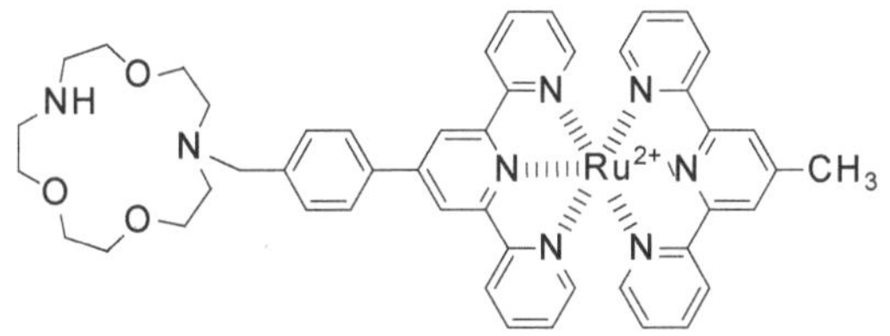

图5-16　化合物19和化合物20的分子结构式

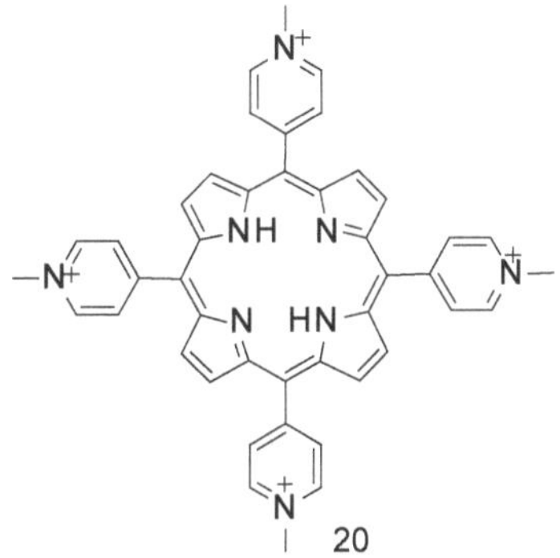

(5) 反应型 Hg^{2+} 化学传感器

Hg^{2+} 可以与许多含硫化合物发生作用,是一种嗜硫的重金属离子。例如汞促进氨基硫脲转化为1,3,4-噁二唑的反应,诱导硫脲衍生物脱硫化氢成胍反应[165],以及与硫羰基化合物发生脱硫反应生成相应的羰基化合物[166]。基于这些化学反应,反应型 Hg^{2+} 化学传感器通过巧妙设计的分子结构,把反应活性基团与荧光团或发色团结合起来,利用反应前后传感器光物理性质的不同,来对 Hg^{2+} 进行检测,反应后 Hg^{2+} 一般以硫化汞的形式存在。另外,水溶液中 Hg^{2+} 可以与炔烃或烯烃发生羟汞化反应,也可以作为反应型化学传感器分子设计的基础。

由于某些反应很灵敏,使得相应的荧光传感器也具备很高的灵敏度,同时反应型传感器也可以实现在细胞内的汞离子成像。以下是一些反应型的 Hg^{2+} 传感器。

化合物31[337]是基于开环反应的 Hg^{2+} 荧光传感器。在DMF∶H_2O 的体积比为1∶1的溶液中,与 Hg^{2+} 作用后,化合物31与 Hg^{2+} 以2∶1的比例络合,溶液变为粉红色。化合物31的响应时间小于1 min,适应的pH范围为

3～9,并且能够在 RSC96 细胞中对 Hg^{2+} 成像(图 5－17)。

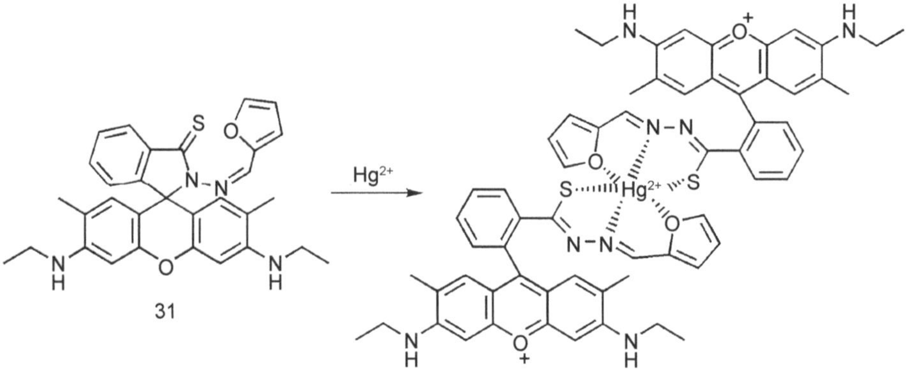

图 5－17 开环反应型 Hg^{2+} 荧光传感器 31 的分子结构式及反应机理

化合物 32[338] 是基于脱硫成环反应 Hg^{2+} 的荧光传感器。在 DMF：HEPES 体积比为 4：6 的溶液中,化合物 32 没有罗丹明 B 的特征吸收和荧光发射,加入 Hg^{2+} 之后,发生了脱硫成环的反应,导致罗丹明螺环打开,产生了罗丹明 B 的特征吸收和发射,从而完成了对 Hg^{2+} 的比色检测和荧光检测(图 5－18)。

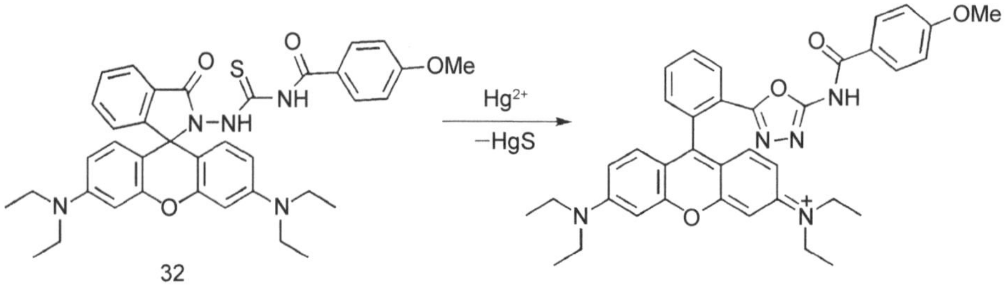

图 5－18 脱硫成环反应型 Hg^{2+} 荧光传感器 32 的分子结构式及反应机理

魏国华等课题组[339]制备出一种对于 Hg^{2+} 有响应的荧光探针。如图 5－19 所示,荧光探针由一个荧光团和一个残糖基团组成,引入的残糖基团提升了探针的水溶性和生物兼容性,甚至能够以 100%的水作为媒介进行检测,探针末端所连的两个羟基在检测 Hg^{2+} 时发挥了很重要的作用。该荧光探针主要是通过 Ferrier carbocyclization 反应来达到检测目的,首先 Hg^{2+} 与双键配位形成鎓离子,水分子进攻亲电中心形成 H^+,水解使得荧光团与残糖基团脱离。实验证明这是一种水溶性好、快速高效简便、可以应用于细胞检测的荧光探针。

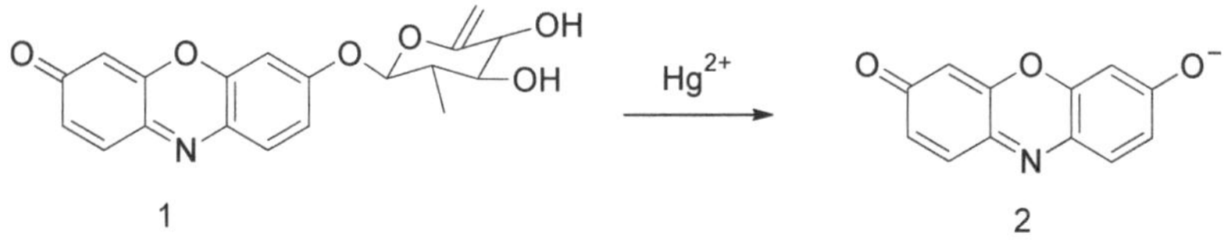

图 5－19　化学反应型荧光探针 1 对于 Hg^{2+} 的检测反应机理

Injae Shinke 等学者[176]文献报道了以荧光素为荧光团的检测 Hg^{2+} 的荧光探针。如图 5－20 所示，由于荧光素中的乙烯基保护了酚羟基，从而使得荧光探针的量子产率降低。加入 Hg^{2+} 之后，羟基脱保护，荧光探针形成了高荧光量子产率的氧负离子结构，从而使荧光强度变强，检测限为 1 nmol/L。

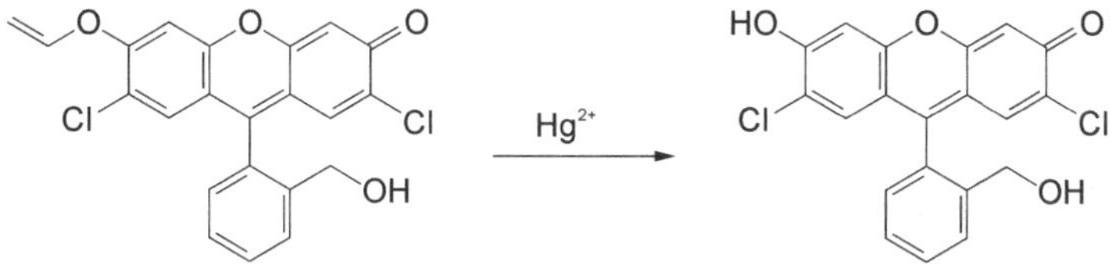

图 5－20　化学反应型荧光探针对于 Hg^{2+} 的检测反应机理

图 3－13 中，由于具有高灵敏度，选择性荧光化学传感器得到了很大的开发，特别是金属离子的比色传感器，利用宿主-客体识别相关的不可逆性，来比率测定分析物浓度。脱硫反应通常需要使用升高的温度或过量的 Hg^{2+}。其他金属离子，例如 Ag^{+} 和 Pb^{2+}，尽管比 Hg^{2+} 具有更低的亲硫性，也可以促进脱硫反应。因此，Hg^{2+} 的最佳比率式血液透析仪必须具有环境温度下的快速响应时间和选择性，以及化学计量检测 Hg^{2+} 的能力。剂量计应该在水性介质中操作并且能达到检测十亿分之几水平的 Hg^{2+} 的灵敏性。只有少数荧光化学传感器用于重金属离子，利用 5 螺内酰胺（非荧光）来开环罗丹明衍生物的酰胺（荧光）平衡，因此设想将该过程与化学计量和不可逆的 Hg^{2+} 促进反应联系起来。氨基硫脲形成 1，3，4 -噁二唑 7 作为新型 Hg^{2+} 化学计量仪的基础。罗丹明衍生物 1 是这种应用的理想选择，当硫代氨基脲部分被 Hg^{2+} 释放时，它将经历噁二唑的形成，促进了螺环基团的开环。开发基于衍生物 1 的比色和荧光化学计量系统的研究结果表明，该系统对水溶液中的汞离子具有高灵敏度和选择性。罗丹明衍生物 1 由罗丹明 6G 以高产率通过两步法制备（1，NH_2NH_2 H_2O，MeOH，95％；2，PhNCS，DMF，90％）。该物质形成无色的水-甲醇（80）（pH＝7）的溶液，表明它主要以螺环形式存在。向衍生物 1 的溶

液中加入汞离子会引起粉红色的瞬间发展和强烈的黄色荧光。该观察结果表明，汞诱导的开环反应在室温下快速发生。使用 pH=7 的 1 μmol/L 水-甲醇(体积比为 80∶20)溶液进行 Hg^{2+} 的荧光滴定。加入 1 当量的 Hg^{2+} 后，溶液 1 的荧光强度经历约 1 小时，增加 26 倍，发射最大值从 553 nm 变为 557 nm。这些变化在测量的时间范围内(<1 min)很好地完成。观察到的荧光强度几乎与 Hg^{2+} 浓度成比例。加入 1 当量 Hg^{2+} 后荧光强度的饱和行为表明 Hg^{2+} 化学计量仪具有 1∶1 的化学计量。该化学计量的进一步证据来自在室温下使用 1 当量的 $Hg(ClO_4)_2$ 的乙腈(产率 98%)从化合物 1 独立合成化合物 4。化合物 4 具有大的摩尔吸光系数(log 4.67)和高荧光量子产率(Φ=0.52)。当使用不同的汞盐如 $HgCl_2$ 和 $Hg(ClO_4)_2$ 时，得到类似的结果。此外，各种钠盐，包括 NaCN、NaI、NaF 和 NaOAc，在用于 Hg^{2+} 滴定的相同条件下不会促进任何荧光变化。

(6) 汞促进脱硫和脱硫醇反应

化合物 24 是第一个用于检测 Hg^{2+} 的探针[169]。硫代酰胺基团是分子内荧光淬灭基团，通过光诱导电子转移过程可以淬灭传感器 24 中蒽荧光团的荧光，当加入 Hg^{2+} 后，传感器 24 发生脱硫反应，生成羰基产物 25，导致 PET 过程被打断，从而使体系荧光增强了 56 倍。在水溶液中检测时响应较快，加入 Hg^{2+} 10 min 后可以达到 87%的饱和荧光强度。然而，传感器 24 也可以与 Ag^+ 发生反应，并产生较明显的荧光增强，这使得它的选择性受到限制(图 5-21)。

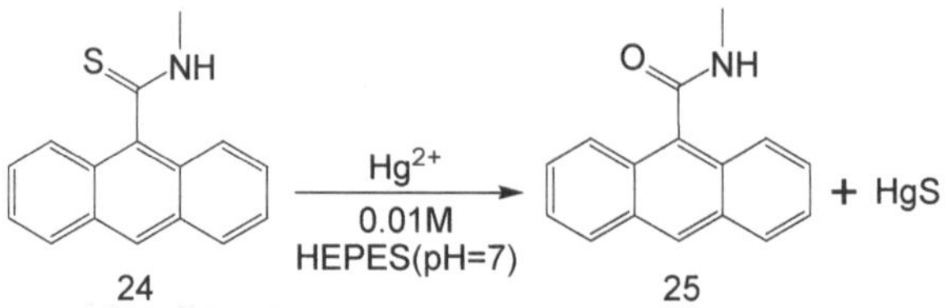

图 5-21 化合物 24 与 Hg^{2+} 的反应机理

(7) Hg^{2+} 促进硫脲衍生物脱硫化氢分子内成环反应

荧光增强和淬灭型化学传感器只涉及在单一波长上发光强度的变化，比率荧光检测则包含了在两个不同波长处荧光强度的对比。比率检测能够消除诸如样品浓度、周围环境及仪器条件的微小变化，在化学和生物学检测方面有着独特的优势。

(8) Hg^{2+}荧光传感器的研究现状

近年来,多种金属离子荧光传感器已经被设计合成。过渡金属和重金属离子的荧光传感器更是研究的重点,其中基于PET、ICT、FRET等机理所设计的 Hg^{2+}、Cd^{2+}、Pb^{2+}等荧光传感器研究较为广泛。

Hg^{2+}荧光传感器的研究进展按识别机理分类如下:

① 基于PET机理的 Hg^{2+}荧光传感器的研究现状

PET在设计荧光传感器时应用广泛。此类传感器的荧光团多为BODIPY类、萘酰亚胺类和荧光素类等。PET型的 Hg^{2+}荧光传感器化合物26[190],在甲醇中化合物26与 Hg^{2+}以1∶1的络合比作用后,在520 nm波长处BODIPY荧光团的荧光明显增强,能够在Hela细胞中对 Hg^{2+}成像(图5-22)。

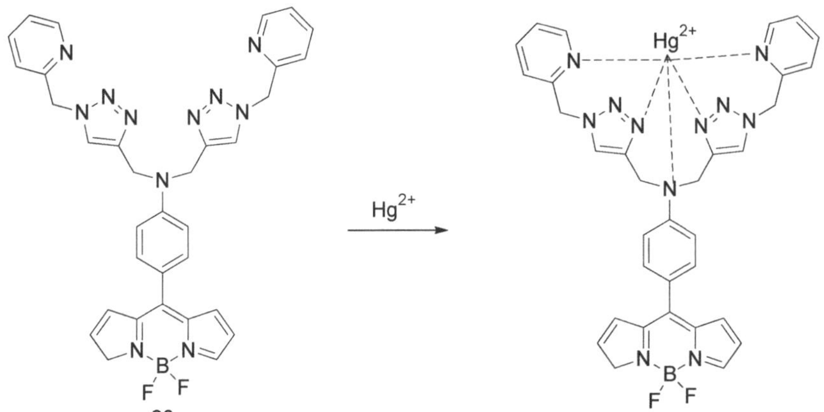

图5-22　基于PET机理的 Hg^{2+}荧光传感器26的分子结构式及反应机理

化合物27也是基于PET的 Hg^{2+}荧光传感器,其识别机理是一个具有氧化特性的PET过程(图4-41)。

② 基于ICT机理的 Hg^{2+}荧光传感器的研究现状

在分子结构中,基于ICT机理的荧光传感器通常是将含N原子的识别基团直接连接到荧光团上,这样N原子对荧光团和金属离子都起到了电子供体的作用。例如 Hg^{2+}荧光传感器化合物28[192],它的分子是由两个萘基团构成的席夫碱结构。在DMSO溶液中,未加入 Hg^{2+}时,化合物28因为TICT的作用,两个萘分子不在同一平面上,故而以356 nm激发,化合物28本身没有荧光发射。化合物28与 Hg^{2+}以2∶1的络合比络合后,在413 nm波长处发射出蓝色荧光，观察到溶液颜色由黄色褪为无色，能裸眼识别，响应时间为150 min(图 5－23)。

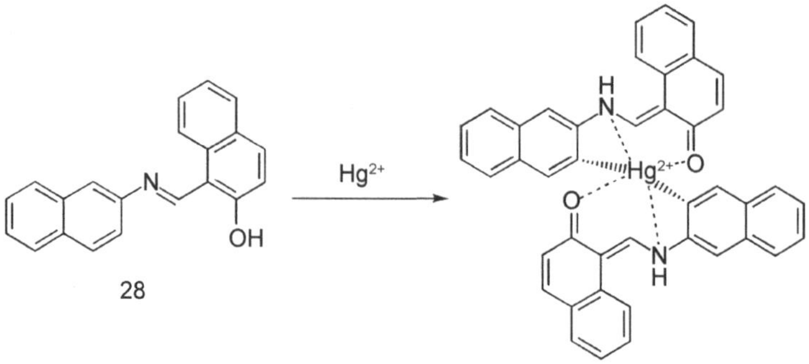

图 5－23　基于 ICT 机理的 Hg^{2+} 荧光传感器 28 的分子结构式及反应机理

同样在 365 nm 激发下，化合物 29a 和 29b 均能识别 Hg^{2+} 和 F^-，与 Hg^{2+} 作用后，化合物 29a 由深蓝色变为黑色，化合物 29b 由黄色变为黑色。在 THF 溶液中，化合物 29a 和化合物 29b 的检测限分别是 3.0×10^{-8} mol/L 和 4.9×10^{-8} mol/L，符合 ICT 机理传感[193](图 4－43)。

③ 基于 FRET 机理的 Hg^{2+} 荧光传感器的研究现状

基于 FRET 机理的 Hg^{2+} 荧光传感器的设计虽然受到很多条件的限制，但它们的性能都是十分优异的。

化合物 33[340]是以 1,8－萘酰亚胺为能量给体，罗丹明 B 为能量受体的 FRET 型荧光传感器。在 CH_3OH ∶ H_2O 体积比为 2 ∶ 1 的溶液中，以 400 nm 波长激发，只有在 540 nm 处出现 1,8－萘酰亚胺的发射峰；加入 Hg^{2+} 后，以 400 nm 波长激发，出现了 585 nm 处罗丹明 B 的发射峰，能量由 1,8－萘酰亚胺传递到罗丹明 B，FRET 过程产生。其适宜 pH 范围为 5.7～11.0，能量转移效率为 86.3%(图 5－24)。

化合物 34[341]是以喹啉为能量给体，罗丹明 B 为能量受体的 FRET 型荧光传感器。在 HEPES 缓冲液(pH＝7.4，2% C_2H_5OH)中，未加入 Hg^{2+} 时，以 330 nm 波长激发，只有在 440 nm 处出现喹啉的发射峰；加入 Hg^{2+} 后，以 330 nm 波长激发，出现了 575 nm 处罗丹明 B 的发射峰，能量由喹啉传递到罗丹明 B，FRET 过程产生。30 min 后，溶液变为粉红色。并且，化合物 34 能够在 Hela 细胞中对 Hg^{2+} 成像(图 5－25)。

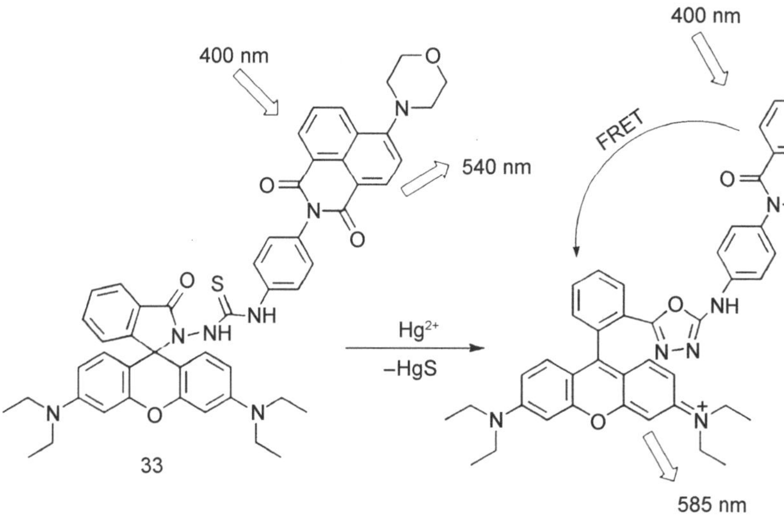

图 5-24　基于 FRET 机理的 Hg^{2+} 荧光传感器 33 的分子结构式及反应机理

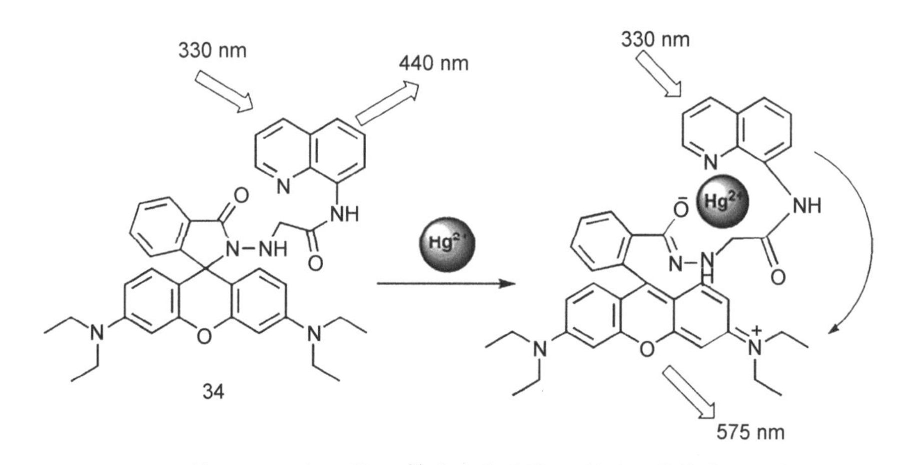

图 5-25　基于 FRET 机理的 Hg^{2+} 荧光传感器 34 的分子结构式及反应机理

(9) 激基缔合物型 Hg^{2+} 荧光传感器的研究现状

萘、蒽、芘等荧光团具备较长的激发单线态寿命，容易形成激基缔合物，常被用于激基缔合物型荧光传感器的设计。除前文所述化合物 20 外，化合物 30 也是此类型的 Hg^{2+} 荧光传感器。化合物 30 与 Hg^{2+} 能形成“T—Hg—T”键，激基缔合物的峰随着 Hg^{2+} 的不断加入而逐步增强(图 4-44)。

4. 铜离子探针

一些过渡金属元素是生物体中必需的微量营养素，而在这些过渡金属元素中，二价铜离子在细胞过程中起着催化各种金属酶的作用，其中包括络氨酸酶、细胞色素C氧化酶和超氧化物歧化酶。铜元素的匮乏会导致一些疾病，例如贫血、脑组织萎缩、精神发育受阻、形成脑血栓和动脉硬化等[342]。同样如果铜的浓度超过人体所需的浓度，也会引起例如家族性肌萎缩侧索硬化症、威尔逊氏症、阿尔茨海默病、帕金森病和门克斯病等病症。由于 Cu^{2+} 的这些重要的生物作用，近几年来开展了对 Cu^{2+} 荧光探针的研究，由此可见，铜离子在化学、医学、环境学和生命科学中具有非常重要的作用。合理设计的基于香豆素的荧光传感器亚氨基香豆素(IC)对水溶液中各种竞争金属离子中的 Cu^{2+} 具有高选择性，荧光显著增加。DFT/TDDFT 计算支持 IC 的荧光“开”，源于其在与 Cu^{2+} 络合时阻断氮孤对的电子转移。IC 成功应用显微成像技术检测 LLC-MK2 细胞体外和体内的 Cu^{2+}[343](图 5-26)。

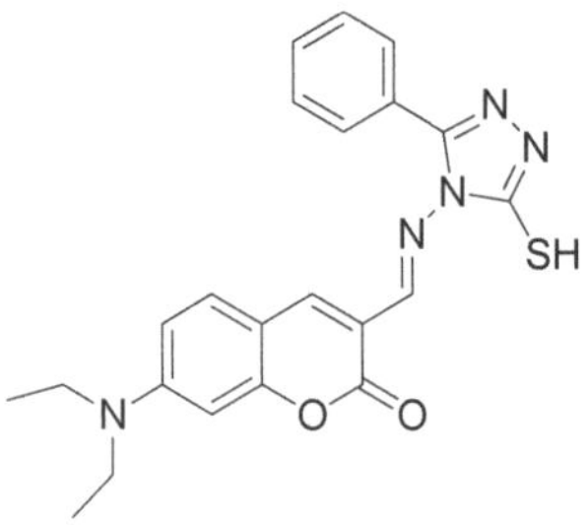

图 5-26 化学反应型荧光探针 IC 的分子结构式

Coppersensor-1(CS1,4)是一种新型水溶性开启式荧光传感器，对于 Cu^{+} 具有高选择性和灵敏度(图 4-45)。共聚焦显微镜实验进一步证实 CS1 是膜可渗透的，并且可用于监测活细胞内的细胞内 Cu^{+} 水平。检测 Cu^{+} 的难度超过 Cu^{2+}，因为生物环境中有效 Cu^{+} 传感器所需的性质包括对丰富的细胞金属离子的选择性、与生物样品的相容性、水溶性和膜渗透性、长波激发和发射曲线以最小化样品损伤和天然细胞自发荧光，以及开启或比率荧光响应以获得卓越的空间分辨率。良好光学性和生物相容性的 BODIPY 荧光团与 CS1 富含硫醚的受体结合，能够选择性和稳定地结合水中的软 Cu^{+}。已有报道相关的苯基桥联 BODIPY 与硫醚大环化合物用于检测乙腈溶液中的 Cu^{2+}。在模拟生理条件(20 mmol/L HEPES，缓冲液 pH=7)下评估 CS1。探针显示 BODIPY 发色团的光学特征，apo 探针在可见区域显示两个吸收峰在 510 nm 处和 540 nm 处，相应的发射峰最大值在 566 nm 处。由于 azatetrathia 受体的 PET 淬灭，CS1 以其 apo 形式($\Phi=0.016$)显示弱荧光。Cu^{+} 结合的 CS1 的吸收光谱在 540 nm 处显示单个主要可见吸收带，肩部在 530 nm 处[344]。

5. 锌离子探针

一种简单的用于 Zn^{2+} 的 PET 荧光传感器(BDA)，其利用 1,3,5,7-四甲基-硼二吡咯甲烷作为报告基团，二(2-吡啶甲基)胺作为 Zn^{2+} 的螯合剂已被合成和表征。BDA 在可见光范围内具有激发波长(491 nm)和发射波长

(509 nm)。BDA 的无锌和锌结合态的荧光量子产率分别为 0.077 和 0.857。pK_a 低至 2.1±0.1，与基于荧光素的 Zn^{2+} 传感器相比，BDA 具有对 pH 敏感性较低的优点，并且锌结合的荧光发射在 pH=3～10 的范围内变化程度与 pH 无关。在生理条件下，Na^+、K^+、Ca^{2+}、Mg^{2+}、Mn^{2+} 和 Fe^{2+} 等金属离子几乎没有干扰。表观解离常数(K_d)为(1.0±0.1)nmol/L。使用荧光显微镜，传感器显示能够成像细胞内的 Zn^{2+} 变化[345](图 5-27)。

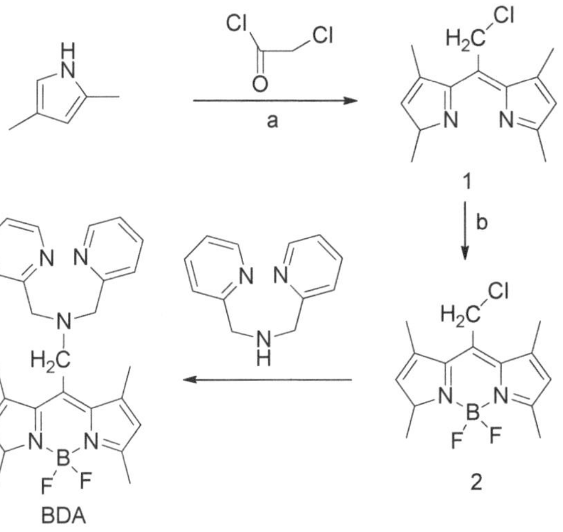

图 5-27　BDA 的合成机理

锌离子是人体内含量第二的过渡金属，仅次于钙离子，Zn^{2+} 在人体内扮演了一个重要角色，能影响 DNA 的合成、基因表达和神经传递等等。锌离子的浓度大小涉及很多生理疾病，例如阿尔茨海默病、家族性肌萎缩侧索硬化症等，而且，锌离子在细胞内的浓度也要严格控制。然而，对锌离子的检测有一定的难度，原因是它的内部轨道是 d^{10} 电子结构，不具有通常过渡金属的 d-d 电子跃迁，也不具有可见光谱特性，另外，锌离子只有成对电子，所以没有磁信号。尽管在生物学上有一些锌离子的检测方法，但是荧光方法可能是检测锌离子最有效的方法，到目前为止已经有文献报道[346]。

在图 3-54 中，在紫外光谱上，化合物 L 和锌离子有 271 nm 和 336 nm 两个等吸收点，代表相应的配体和锌离子的络合。文献指出络合过程中同时有 PCT 和 PET 机理存在。Tang 组报道了新的近红外探针 DPA-Cy(图 3-55)，在乙腈的缓冲溶液中，加入锌离子后立即反应，荧光量子产率比没有加锌离子的高20倍，选择性非常好。Komatsu组介绍了用于锌离子比例荧光成像技术的荧光探针ZnIC(图3-56)，在生理条件下加入锌离子后探针的荧光光谱由543 nm红移到558 nm，探针和锌离子的络合过程符合ICT机理。荧光比率型BODIPY连氮杂冠醚化学传感器53(图4-53)对K^+有高的选择性，能在可见光波长范围内激发。

席夫碱(亚胺)被认为是配位各种金属离子和它们的金属化合物的好的π共轭部分。通常，染料包含无环C═N双键几乎没有荧光，原因是C═N双键在激发态的异构化，然而带有环C═N双键的染料有高的荧光。亚胺氮原子作为金属离子好的电子给体，通过金属离子和亚胺之间的配位键提高了结构刚性。因此在和适当的金属离子络合的基础上，C═N双键异构化能被禁阻，荧光分子能被获得。所以，席夫碱衍生物合并荧光部分可能作为金属离子光学探针的骨架。

图5-28中，BODIPY衍生物带水杨醛苯腙作为金属离子螯合剂，通过引入强的胺包含二齿螯合基进入BODIPY单元，得到针对Zn^{2+}的荧光"开"分子探针1-OH。滴加Zn^{2+}实验表明探针1-OH荧光增强，其原因可能是Zn^{2+}配位到席夫碱配体上，使酚去质子化和禁阻C═N双键。负电荷在酚的氧原子上，在BODIPY单元上的6-羟基吲哚表现出近红外发射。1-OH/Zn^{2+}的复合物在近红外区发射(680 nm)，这一点使1-OH作为Zn^{2+}探针具有优势。Zn^{2+}荧光探针的发展是一个活跃的研究领域，然而只有一些比例计的Zn^{2+}荧光探针被报道。该近红外Zn^{2+}荧光探针能导致最小的荧光背景和最少光损伤，以及能深入组织，具有很高的应用前景[347]。

对1-OH进行了锌离子光谱滴定实验，研究发现探针作为金属离子螯合剂与Zn^{2+}配位使荧光在近红外区增加(680 nm，Φ_f增加32倍)，job-plot工作曲线研究表明在乙腈溶液中1-OH/Zn^{2+}的络合比为2∶1。

分了前线轨道和HOMO-LUMO轨道计算表明锌离子用6个轨道配位比较合理，发光原理符合CHEF机制，1-OH与Zn^{2+}络合后，荧光光谱红移到近红外。荧光分子探针1-OH与Zn^{2+}的络合有很高的选择性，有令人满意的检测限(9.7×10^{-7} mol/L)和络合常数[3.5×10^{6} $(mol/L)^{-2}$]，其他离子与1-OH的络合作用不明显，特别是Cd^{2+}和Pb^{2+}与1-OH没有络合作用，对锌离子的络合没有干扰。

荧光分子探针1-OH在近红外的荧光光谱的性能被用于在活体细胞

MCF-7 内检测 Zn^{2+}，通过共聚焦显微镜观察到的荧光图像表明，在细胞 MCF-7 内 Zn^{2+} 的检测效果令人满意，1-OH 有潜在应用于生物体系的可能。

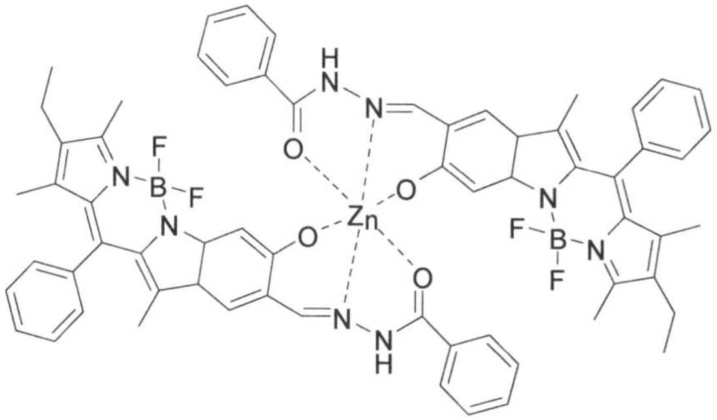

图 5-28　1-OH 与 Zn^{2+} 络合的配位结构

6. 铁离子探针

铁元素是人体中非常丰富的过渡金属元素，在人体中的生物功能包括参与氧的吸收、氧的代谢、电子的转移等。但是 Fe^{3+} 浓度过多或者过少都会引发帕金森症，阿尔茨海默病甚至癌症。因此，Fe^{3+} 在生理环境中的检测对于人类来说具有非常重要的意义。陈林鑫课题组制备出了一种基于 BODIPY 荧光团的荧光探针，主要用于检测 Fe^{3+}，同时也做了在 Hela 细胞内的荧光成像实验。

如图 4-32 所示荧光探针主要由两部分组成，BODIPY 荧光团和羟胺基团，Fe^{3+} 能将羟胺基团氧化为甲基，而甲基不能供电子，所以 PET 效应消失，导致荧光强度增强。此荧光探针对于 Fe^{3+} 有很好的选择性，同时在 pH＝6～8 范围内比较稳定。

7. 镉离子探针

金属镉作为一种重要重金属，广泛应用于工业和农业生产中，如金属电镀，制作染色剂、制作可充电镉镍电池、制作磷酸肥等。在金属冶炼和精炼、石化燃料燃烧、垃圾污染物焚化等过程中也会产生镉，造成人为的污染。镉离子是一种重金属离子毒害物，对环境和人体都会造成危害。

基于 ICT 机制的细胞内发射荧光 Cd^{2+} 传感器 1 被开发。由于光谱漂移和定量检测的优点，ICT 机制已被广泛用于离子传感、分子转换和荧光标记。当荧光团含有与荧光团结合的给电子基团（通常是氨基）时，它在光激发下经历从供体到荧光团的 ICT，这提供了红移发射。与离子配位，氨基失去其捐赠能力。因此，ICT 受到抑制，发射蓝移。荧光量子产率在过程中发生变化。在传感器 1 中，选择硼烷噻吩(BODIPY)作为荧光团，因为它在可见光区吸收和发射，具有高量子产率、大的消光系数和良好的光稳定性，和 N，N－双(吡啶-2－基甲基)苯胺作为 Cd^{2+} 受体(和 ICT 供体)。受体和 BODIPY 荧光团之间的乙烯基可以在吸收和荧光光谱中诱导更长的波长。在逐渐添加 Cd^{2+} 时，597 nm 处的发射强度和强度比 R(F597/F697)增加，可通过正常荧光和比率荧光方法检测 Cd^{2+}。用各种金属离子荧光滴定传感器 1 显示出对 Cd^{2+} 的优异选择性[348](图 5－29)。

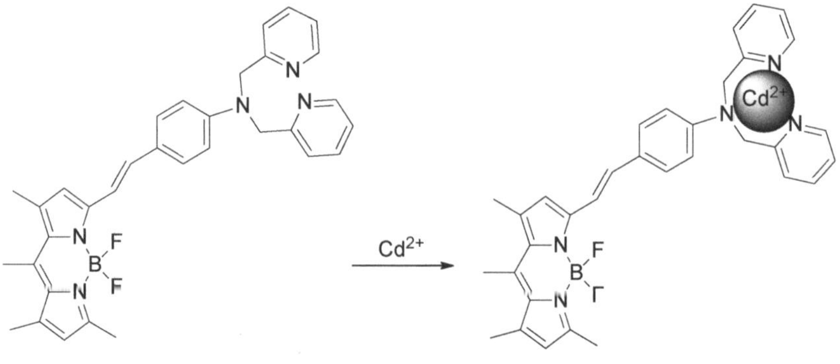

图 5－29 传感器 1 检测 Cd^{2+} 的反应机理

8. 银离子探针

银元素属于贵重金属元素，在人体中微量可以起到杀菌的作用，但是过量的银元素也会对人体产生危害。Amrita Chatterjee 等学者[184]以罗丹明为荧光团，利用 Ag^{+} 与 I^{-} 反应生成 AgI 沉淀设计出检测荧光探针，通过化学键的断裂与重排，形成一个五元杂环，用于 Ag^{+} 的检测(图 4－33)。在可见光和 365 nm 紫外灯下，观察到颜色发生了明显的变化。该探针可以用来检测溶液中的 Ag^{+}，但易受溶液中纳米银粒子的干扰。由两个荧光团和一个选择性配体组成的模块化的化学传感器，允许硼烷噻吩荧光团的易附着和衍生化，用于有效的能量转移和发射信号的调节。通过对苯二甲酰氯与 3－乙基－2，4－二甲基吡咯的反应合成化合物 3。该化合物的能量最小化(MM^{+}，HyperChem v. 7. 5)结构显示两个共面的硼烷噻吩并且具有几乎垂直的 1，4－亚苯基环作为间隔基。吡咯单元上的甲基确保垂直取向。吸收光谱 3 与两个非相互作用的发色团很好地相关。与 BF_2 桥相邻的甲基是微酸性的，并且在化合物 4 和化合物5的合成中利用了这种性质。化合物3和相应的醛之间的缩合反应在甲苯中进行，共沸除去水。化合物4和化合物5的吸收光谱显示出在500 nm和600 nm附近居中的两个不同的峰。较短的波长吸收对应于未修饰的硼二嗪并二烯单元，而另一个对应于在同一分子内的扩展的缀合ICT发色团的吸收。将化合物1～5(图5-30)的发射光谱与化合物1和化合物3～5的激发波长(480 nm)下的相等吸光度值进行比较。对于化合物2，由于在该区域中没有吸收峰，因此使用相当浓度的染料(1.4 μmol/L)。二聚体染料3和单体参比化合物1显示出相当的量子产率(分别为0.73和0.76)，在化合物3的发射光谱中略微红移。在480 nm的染料2,4和5的激发下，化合物2仅在680 nm附近显示非常弱且宽的发射峰。这是由于该染料在激发波长下的吸收非常弱。然而，作为激发能量转移的结果，从红色发光染料中分别获得以700 nm和680 nm为中心的强发射峰。来自绿色发光的硼二嗪并二苯并芘染料的大幅度减少的发射，清楚地证明了从该染料到发红光的扩展共轭硼二嗪衍生物的能量转移效率(接近100%)。

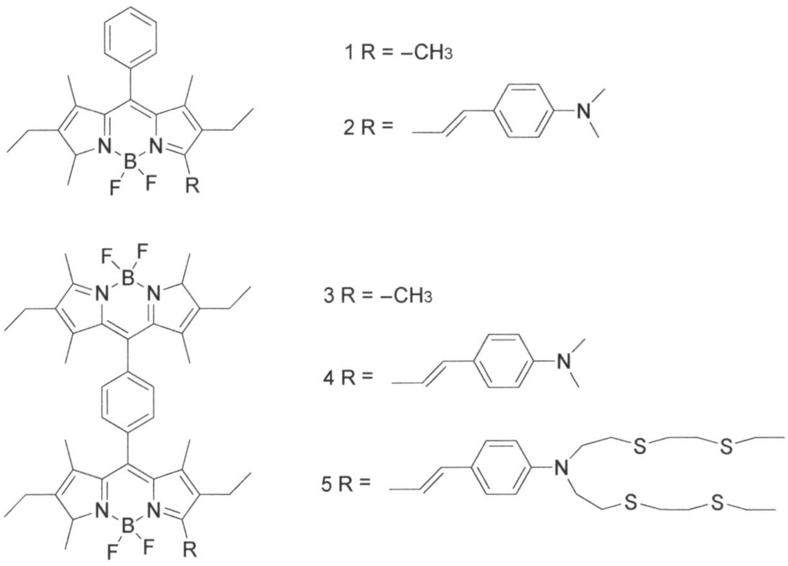

图5-30　化合物1～5的探针分子结构式

9. 钴离子探针

钴元素对于人体和微生物都是很重要的营养元素。但开采不当会导致环境污染，这些污染严重地损害我们身体，从而引发多种疾病包括哮喘、间歇性肺病、接触性皮炎、甲状腺肿等。如图 4－67 所示，是可以识别 Co^{2+} 的化学反应型荧光探针，该探针可在生物体中检测 Co^{2+}，并应用于细胞显影实验。

10. 钯离子探针

钯元素是稀有的过渡金属元素，生活上可以用于汽车尾气处理的催化剂，在化学过程中可以作为有机反应催化剂。比较好的检测方法是只需要通过探针的光谱对比就能高效快速地检测。Kazunori Koide 等学者提出了通过化学反应来检测 Pd^0 的荧光探针，探针荧光团上的烯丙基容易与 Pd^0 发生加成反应，在亲核试剂的进攻下，烯丙基部分发生脱落，观察到荧光探针吸收和荧光发射在反应前后发生明显变化(图 4－34)。

11. 铝离子探针

铝元素主要以三价的形式存在，即 Al^{3+}，铝元素及它的离子态 Al^{3+} 广泛分布于空气、水和土壤中，人类可以通过吃食物、饮水、呼吸空气等途径吸收一定量的 Al^{3+}。当 Al^{3+} 在人体中的含量积累到一定程度时，它就会对人体产生毒性。由于铝离子属于比较硬的酸，根据软硬酸碱理论，铝离子一般会与含有 N 素或 O 元素配体的硬碱发生配位作用，而席夫碱一般都是含有 N 元素或 O 元素的富电子配体。因此，席夫碱配体类的荧光探针有很大一部分都是铝离子的荧光探针。虽然铝离子荧光探针的设计是一个重大的挑战，但是近些年来，还是取得了一定的成效，也有不少关于铝离子荧光探针文献的报道。

5.3 温度探针

共聚物聚(NIPAM－co－BODIPY)由 *N*－异丙基丙烯胺(NIPAM)和 BODIPY 单元组成，可作为荧光温度探针在水溶液中使用[242]。聚合物在＜23℃时表现出弱荧光，在温度上升到 35℃时强度增加，能够灵敏地指示在 23～35℃的溶液温度。研究表明在不考虑热或冷过程的情况下，该温度探针有可逆的荧光增加或淬灭，有重复使用的能力。通过研究机制发现，聚合物微黏度的增加可以使聚合物有从混乱到小球状态的相变化，在小球状态的聚合物内部形成相应的黏度区域，阻止了激发态 BODIPY 单元的 meso－吡啶鎓基团的旋转，驱动热诱导荧光增加。

由 *N*－异丙基丙烯酰胺(NIPAM)和硼杂噻吩(BODIPY)单元组成的简单

共聚物聚(NIPAM－co－BODIPY)表现为水中的荧光温度计。该共聚物在<23℃下显示出弱的荧光，但强度随着温度升高到35℃而增加，使得能够在23～35℃准确地指示溶液温度。热诱导的荧光增强是由聚合物微黏度的增加驱动的，这与聚合物从线圈到小球状态的相变相关。在小球状聚合物内部形成的黏性区域抑制激发态BODIPY单元的内消旋-吡啶鎓基团的旋转，导致热诱导的荧光增强。无论加热或冷却，聚合物都显示出可逆的荧光增强或猝灭，并且通过简单地回收过程显示出强的可重复使用性(图5－31)。

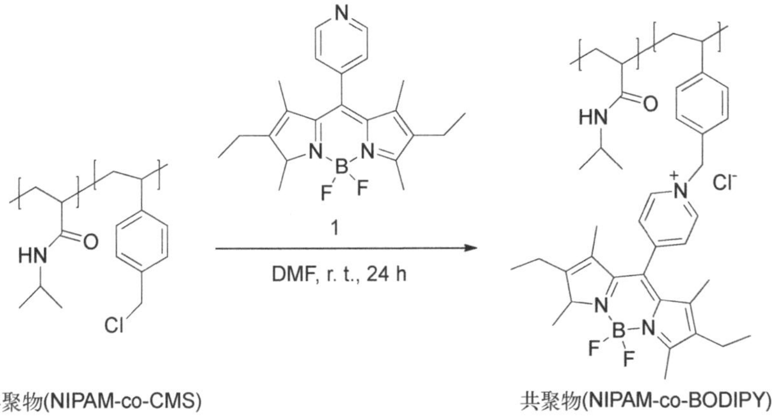

图5－31　聚合物探针的合成和测试

环境敏感荧光探针的荧光发射性质会随环境变化而改变。溶剂的温度、黏度等外部因素的改变，会引起荧光信号的变化。对微环境敏感荧光探针的研究，对环境学、生物学和细胞学等都有着非常重要的意义。

5.4　pH 探针

萤火虫萤光素酶对pH敏感，因为它们的生物发光光谱pH值在酸性处，在较高温度和重金属阳离子存在下显示典型的红移，而其他甲虫萤光素酶则不然，因此其他甲虫萤光素酶被称为对pH不敏感。尽管对萤火虫萤光素酶进行了许多研究，但pH敏感性的起源还远未被了解。鉴于最近的结果，对该主题进行了修订。已经鉴定了一些影响萤火虫萤光素酶中pH敏感性的氨基酸残基取代。序列比较，定点诱变和模拟研究已经显示了一组在pH敏感和

pH 不敏感的萤光素酶之间不同的残基,它们影响生物发光颜色。在两组萤光素酶中显著影响生物发光颜色的一些取代聚集在残基 223～235(Photinus pyralis 序列)之间的环中。发现涉及残基 N229－S284－E311－R337 的氢键和盐桥网络对于影响生物发光颜色很重要。这表明这些结构元素可能影响生物发光颜色的荧光素结合位点的苯并噻唑基侧。实验证据表明,对 pH 敏感的萤光素酶的残余红光发射可能在一些萤火虫物种中具有生物学重要性。此外,pH 敏感性对细胞内生物传感有潜在应用[349](图 5－32)。

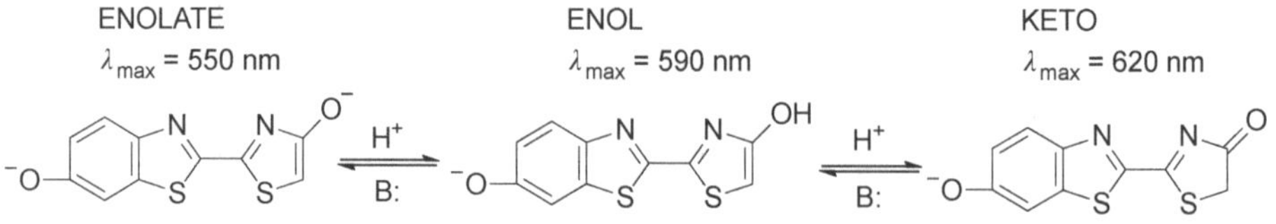

ENOLATE
λmax = 550 nm
ENOL
λmax = 590 nm
KETO
λmax = 620 nm
H+
B:
H+
B:

图 5－32 pH 值探针的反应机理

图 5－33 描述了 pH 响应近红外荧光成像探针 1 和 2 的合成和光物理特性。关键特征是通过炔-叠氮化物环加成反应共轭探针的能力及其在生理 pH 范围内的荧光强度的可逆响应[350]。

1
荧光量子产率 = 0.36
emis. λmax > 720 nm
2
荧光pH开/关
共轭位点

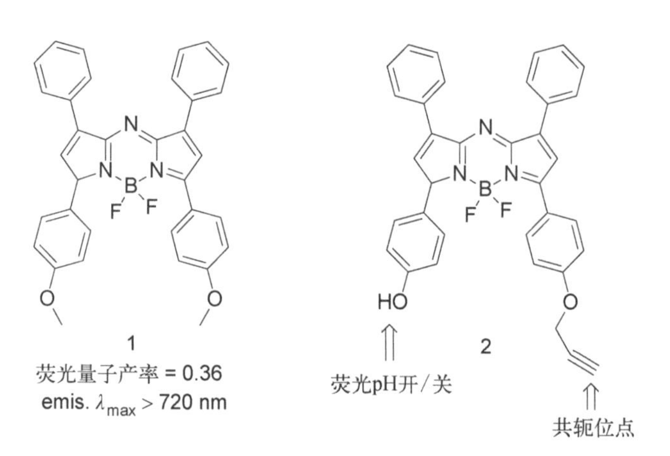

图 5－33 pH 响应近红外荧光成像探针 1 和 2 的分子结构式

5.5 细胞和生物探针

荧光分子技术在环境检测、生物成像领域的应用已受到广泛的关注与认可，并有大量的文献报道。2008 年发展的绿色荧光蛋白(图 5-34)及大量的各种颜色的荧光蛋白体系标记技术，让研究者能够对多种蛋白和细胞进行标记，可实现同时对多个生物学过程进行研究。在临床医学中，已有在肿瘤切除的模拟手术中对肿瘤和包裹在肿瘤中的神经末端进行了双色标记的成功案例。

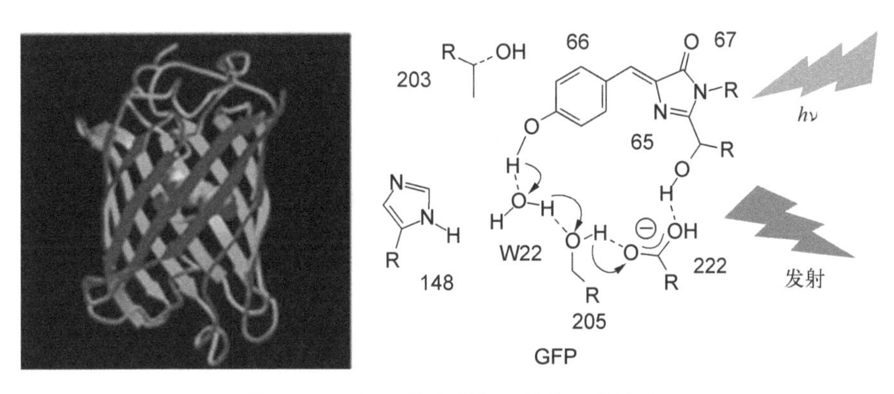

图 5-34 绿色荧光蛋白及其分子结构式

研究荧光分子探针技术所依托的设备超高分辨率荧光显微镜由三位科学家 Eric Betzig、Stefan W. Hell 和 William E. Moerner(2014 年，诺贝尔化学奖)提出。超高分辨率荧光显微镜的诞生超越了普通光学显微镜的物理识别极限。哈佛大学的庄小威教授与前面的几位科学家同时开展了利用超高分辨率荧光显微镜的研究工作，提出了使用成本低、结构简单、尺寸较小的有机小分子发光材料作为大分子荧光蛋白的替代品。图 2-3 中为化合物 1 和化合物 2 的形成及结构，在紫外光照射下，化合物 2 发生解离，恢复成荧光染料 1 的状态，过程是可逆的。

Kim 等人利用荧光团 7-氨基香豆素，合成 α,β-不饱和酮作为中间体，通过 Michael 亲核加成反应合成得到了荧光探针 12(图 2-22)。该探针是一个迅速的反应比例型荧光探针，用于谷胱甘肽的检测。

氨基酸是生物功能大分子蛋白质的基本组成单位，是构成动物营养所需蛋白质的基本物质，在人类的身体中起着非常重要的作用。其中半胱氨酸是生物体中非常重要的三种巯基氨基酸中的一种氨基酸，它对人类的健康有很大影响，如减缓儿童身高的增长、导致头发色素脱失、水肿、嗜睡、肝损伤、肌肉和脂肪的损失、皮肤损害等[351]。

研究者设计合成了一个新的具有氰基乙烯基为识别基团的近红外化学传

感器 PHS。PHS 对 Cys 具有特定的标记功能，其化合物的分子结构式和设计路线如图 5－38 所示。羰基被 NHS 活化后可以与乙烯基发生加成反应，形成多元硫杂环内酰胺，使荧光发生变化，从而实现对 Cys 的识别。PHS 可以选择性地对 Cys 有响应，且输出信号(图 5－35)。

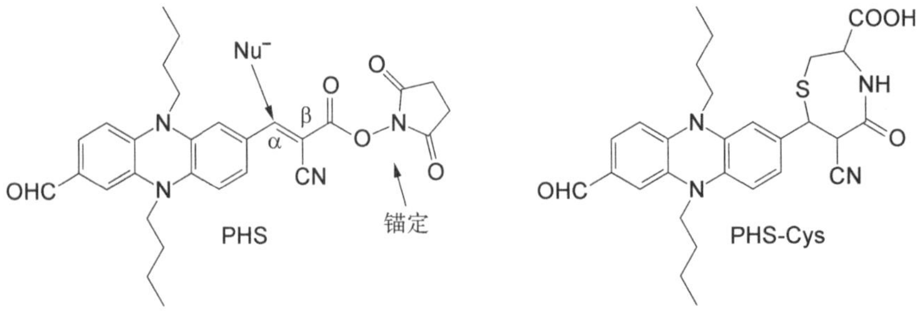

图 5－35　PHS 和其加成产物 PHS－Cys 的分子结构式

5.6　气 体 探 针

荧光分析法是用于医学分析、环境监测和生物体内气体分子检测的重要方法。对环境或者生物体系中气体分子的检测，主要包括空气质量的检测，挥发性有机化合物的检测，临床气体的诊断，有毒试剂的检测，还有来源于工业和汽车引擎中释放的化石燃料燃烧气的监测等[352]。8－(3,4－二氨基苯基)－2,6－双(2－羧乙基)－4,4－二氟－1,3,5,7－四甲基－4－硼－3a,4－二氮杂－*s*－并二苯乙烯(DAMBO－PH)，基于 BODIPY 发色团，是一种一氧化氮的高灵敏度荧光探针。DAMBO－PH 的低值为 0.002，而其 DAMBO－PH 与 NO 反应的产物三唑衍生物(DAMBOPH－T)发出强烈荧光(Φ＝0.74)。发现荧光强度的变化受 PET 机制控制。DAMBO－PH 的开发策略如下：为了设计高灵敏度的 NO 探针，使用 4,5－二氨基荧光素(DAF－2)检测邻苯二胺衍生物作为 NO 反应性部分的反应性[353](图 5－36)。

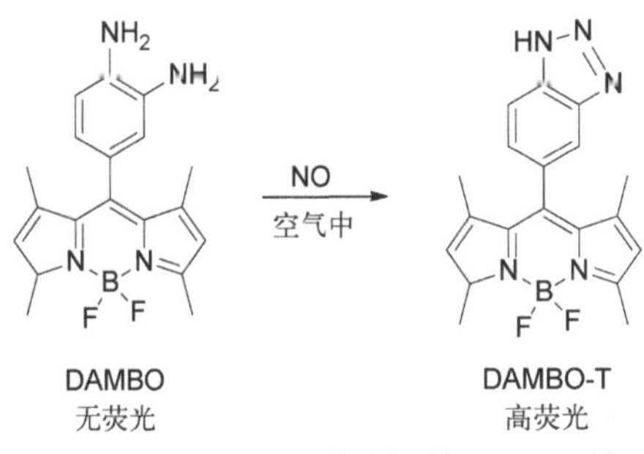

图 5－36　BODIPY 荧光探针 DAMBO 的分子结构式及其检测 NO 机理

5.7 逻辑门

不对称核心延伸的硼-二吡咯甲烷(BDP)染料配备了两个具有不同金属离子偏好的电子金属大环结合单元，作为离子驱动的分子捕获门。将 Na^+ 响应性四氧杂-氮杂冠醚(R2)整合到 BDP 发色团的扩展 p 系统中以引发强分子内电荷转移(ICT2)荧光并保证阳离子诱导的吸收光谱变化。响应 Ag^+ 的二硫杂-氮杂冠(R1)以电子解耦的方式附着在 BDP 的内消旋位置，从而独立地控制淬灭性质的第二 ICT1 过程。双功能分子的设计使得在没有两种输入的情况下，ICT1 不与 ICT2 竞争，并且获得强荧光输出(InA=InB=0!,Out=1)。因此，仅在 R1 处的 Ag^+(InA=1,InB=0)以及两种受体的络合(InA=InB=1)的结合也产生 Out=1。仅在 Na^+ 与 R2 结合且 R1 处于自由状态的情况下才发生淬灭，这是逻辑门 IMPLICATION 所需的 InA=0 和 InB=1!,Out=0 状态的区别特征。布尔运算，如 IF-THEN 或 NOT。

研究者报告了一个单分子系统，作为半减法器的组合逻辑电路。发射特性可以通过化学输入调制，并且当在两个不同波长处跟随时，获得两个功能集成的逻辑门 XOR 和 INHIBIT。两个逻辑门在发射模式下起作用，并且信号强度的差异非常大，能够明确地分配逻辑 0 和逻辑 1[354](图 5-37)。

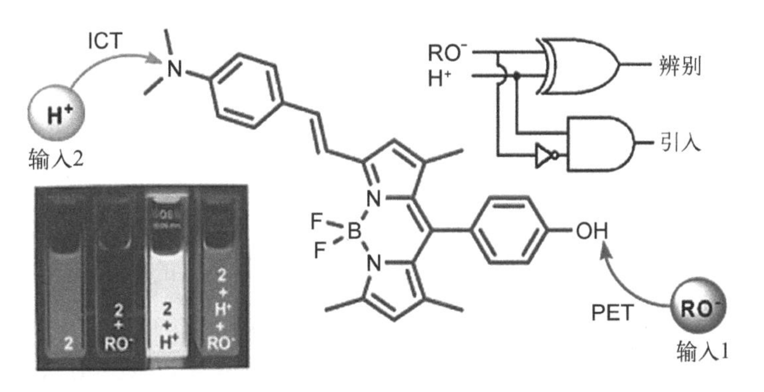

图 5-37 逻辑门

5.8 光动力

与SWNT非共价连接的芘基官能化二苯乙烯基-Bodipy敏化剂在660 nm激发时,用红色LED阵列显示产生单线态氧;这项工作强调了SWNT作为生物活性剂的可行替代载体的潜力,包括作为光动力疗法敏化剂。

光动力疗法是用于治疗恶性肿瘤和年龄相关性黄斑变性的非侵入性方法。还具备在心血管疾病治疗领域的潜力,治疗通常涉及光敏剂的全身给药。由于所谓的增强的渗透和保留(EPR),敏化剂在肿瘤组织中滞留更长时间。然后,用优选红光照射肿瘤组织(由于其较高的组织渗透性)激发敏化剂,敏化剂应该在激发溶解的基态氧之前经历系统间交叉以产生高反应性和细胞毒性单线态氧。虽然卟啉是最常用的PDT敏化剂,但是有许多潜在的候选物具有这种作用,大多数具有令人印象深刻的特性,例如红色对近红外光的强吸收,单线态氧的有效产生,高化学稳定性和纯度,单一异构体状态。最近报道的PDT敏化剂中的两类染料是Bodipy4衍生物和perylenediimides。Bodipy衍生物以其发色团很容易衍生化,适应许多应用,而受到广泛关注。

5.9 单线态氧

研究者合成了各种荧光素衍生物,并检测了它们的荧光特性,以及与通过半经验PM3计算得到的苯甲酸部分的最高占据分子轨道(HOMO)水平之间的关系。结论是荧光素衍生物的荧光性质是通过从苯甲酸部分到环的PET过程来控制的,并且荧光开关转换的阈值对于HOMO水平为−8.9 eV左右。9-[2-(3-羧基-9,10-二甲基)蒽基]-6-羟基-3*H*-黄嘌呤-3-酮(DMAX)作为单线态氧探针,并确认它是目前已知的$^1O_2$最敏感的探针。这种新型荧光探针的9,10-二甲基蒽部分作为$^1O_2$的极快化学陷阱。正如PM3计算所预期的那样,DMAX几乎不发荧光,而DMAX内过氧化物(DMAX-EP)是强荧光的。DMAX可用于检测各种生物系统中的$^1O_2$[355](图5-38)。

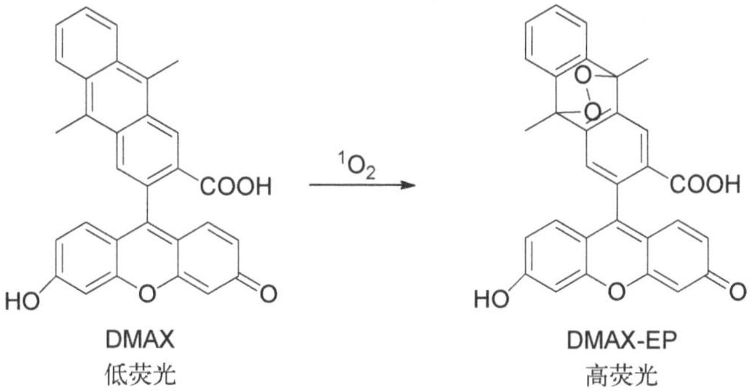

图5-38　DMAX和$^1O_2$的反应机理

5.10　荧光开关

研究者系统地研究了溶剂极性依赖性的机理BODIPY(硼二吡咯甲烷)荧光团的荧光开关阈值和PET。在一系列具有各种取代苯的BODIPY衍生物中在8位的部分,苯部分的氧化电位变得更正和随着溶剂极性降低,BODIPY荧光团的还原电位变得更负。因此,来自苯部分的PET的自由能变化在更非极性中变得更大环境。利用这一发现,设计并合成了一个探针库,其中包含阈值荧光开关切换对应于不同水平的溶剂极性。这些环境敏感探针用于检测牛血清白蛋白(BSA)和活细胞。极性在白蛋白表面与丙酮相似,而内膜的极性相似Hela细胞与二氯甲烷相似[45](图5-39)。

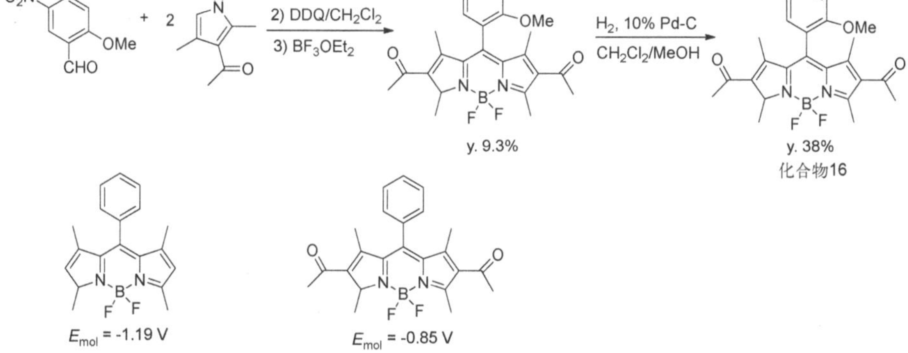

图5-39　环境敏感探针的荧光性能和电化学性能

功能化的萘有机凝胶剂通过协同氢键和 π-π 堆积相互作用设计和合成。该胶凝剂在各种溶剂中表现出优异的胶凝能力，并且可以进行凝胶状态下的可切换荧光。这些化合物的荧光发射很大程度上取决于荧光团的聚集，对温度和化学刺激非常敏感。与原始溶液相比，一个更强大和红移在凝胶状态下发现了发射。系统的凝胶-溶胶转变，如荧光发射，可通过温度变化或替代添加来可逆地控制氟阴离子和质子。结果是氟阴离子对荧光和凝胶溶胶过程的影响通过氟化物阴离子与凝胶剂的脲基团的键合来解析分子间氢键。加入三氟乙酸后，再次将所得溶胶转变为凝胶状态。此外，极化光学显微镜和小角 X 射线散射表明，胶凝剂具有液晶性质显示列阶段[356]（图 5-40）。

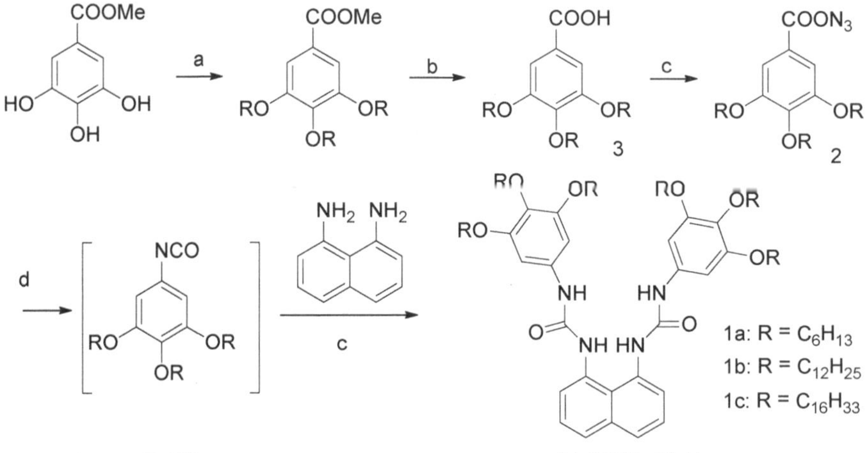

(a) RBr, K_2CO_3, KI, 丙酮, 回流; (b) NaOH, 乙醇,HCl; (c) $SOCl_2$, NaN_3, THF;
(d) 重排; (e) THF, 回流

图 5-40 化合物 1a,化合物 1b 和化合物 1c 的化学结构式和合成路线

5.11 双响应作用探针

Lou 组[64]的探针在铜离子和抗坏血酸钠存在的缓冲溶液中颜色保持无色（探针以螺旋内酰胺形式存在），加入次氯酸盐后，溶液颜色变成品红，能定量检测次氯酸盐的浓度，检测限可以达到 8.1×10^{-7} mol/L，能在实际环境中使用。

图 4-66 中的 BODIPY 传感器，在加入 1eq 的 $CuCl_2$ 后，因为从 BODIPY 单线激发态到束缚了 Cu^{2+} 态的 PET 过程，荧光强度下降为 1/12，寿命下降为

1/30。在缓冲溶液中用过量的 Angeli's salt（小于 50 μmol/L）处理 Cu^{2+}[BOT1]，能产生等摩尔比率的硝酰（HNO）和亚硝酸盐，可以对 HNO 进行快速检测，能观察到荧光发射增加了 4.3 倍。

BODIPY 探针由 Lu 组[357]报道，加入 20 倍的 Hg^{2+} 后，在 513 nm 发射带的强度增加了 32 倍，表明电子转移被抑制在稳定的络合物中，干扰离子对荧光强度没有影响，加入 Al^{3+} 有轻微提高。Rochat 组[358]的 BAPTA 在中性 pH 溶液中与 Ca^{2+} 形成稳定的 1∶1 络合物，荧光被 Ca^{2+} 的络合淬灭，在氟离子出现后，Ca^{2+} 被部分沉淀成 CaF_2，底物的荧光增加。

5.12　近红外荧光分子探针

Buyukcakir 组[359]合成了图 5－41 的近红外染料四面体苯乙烯基染料 42 和 43，二者在氯仿中最大吸收波长在 800 nm，最大发射波长在 835 nm，半峰宽小于 50 nm。

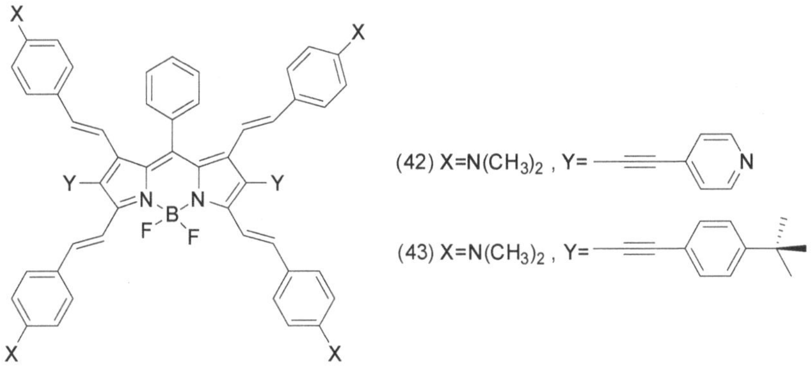

图 5－41　化合物 42 和化合物 43 的结构式

Deniz 组[360]报道了 BODIPY 染料 44 和 45（图 5－42），二者在氯仿中形成绿色溶液，荧光团吸收峰在 700 nm，吡啶基衍生物 45 的吸收峰在 620 nm。

染料 44 和染料 45 都表现出 ICT 染料的特点，在比氯仿极性大的溶剂中吸收光谱表现出与聚集态相关的峰。在氯仿中酸的激发能力被研究，一定量的 TFA 被加到染料 44 的氯仿溶液中，双倍质子物种（44－$2H^{+}$）的光谱被获得，两个不同质子状态（±TFA）产生两个不同状态的吸收和荧光光谱，染料

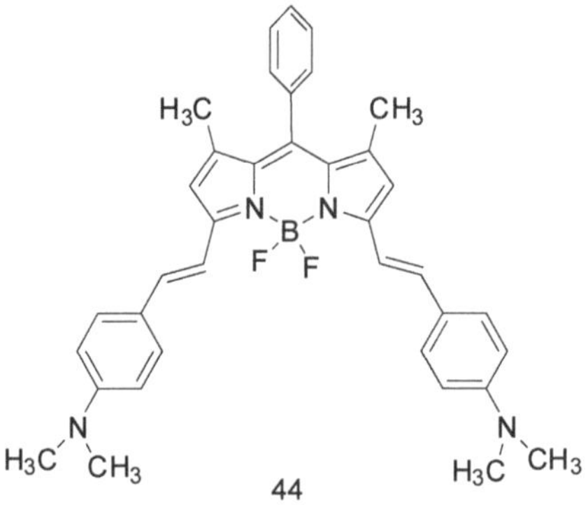

图 5-42 化合物 44 和化合物 45 的结构式

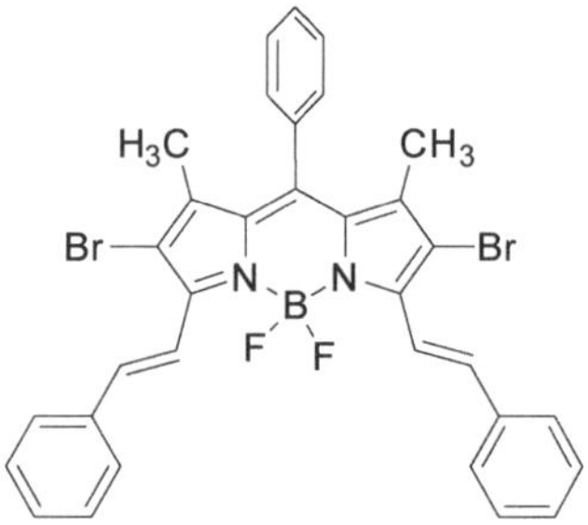

44 和染料 $44-2H^+$ 的相应的发射峰分别是 753 nm 和 630 nm。

随着荧光传感器在生物学、医学领域越来越多地研究，光学穿透深度越来越多地受到研究人员的关注。相对于发射波长较短、光谱位于紫外-可见光区的荧光基团，近红外荧光探针的发射波长位于 650 nm 以后的近红外光区，长波长的近红外光具有信噪比较高、组织穿透力较强、光毒性低及对机体损伤小等优点，因此，受到了广泛的关注。随着化学合成技术的不断发展，许多新型近红外荧光染料不断被设计和合成出来，且广泛应用于不同领域。

例如，吩嗪类染料是一种常见的生物代谢物和金属配合物配体，其吸收与发射都在近紫外区域。2013 年，花建丽教授课题组通过在吩嗪 N 对位引入吸电子的醛基与丙二腈，构建了一个 ICT 型的吩嗪近红外染料体系 3 和 4，都是用于检测 CN^- 的具有高选择性和高灵敏度的探针(图 3-16)。探针 5 和 6 对氰根离子具有高灵敏度，通过引入吲哚单元实现了光谱的大幅红移，是另一系列吩嗪类近红外荧光探针(图 3-17)。

如图 2-23 所示的 1,8-萘二甲酰亚胺是一类具有强 ICT 性质的小分子荧光团，在其 4 位引入给电子单元而衍生出来的新的氮杂冠醚，可以选择性识别钙离子[35]。

5.13 AIE 型荧光探针

2001 年，唐本忠教授发现，一类有机小分子只有当它们聚集在一起的时候才会发出荧光[361]。这些分子的形状像螺旋桨或风车，当它们堆积在一起时就会发出荧光，因为聚集在一起时，旋转受到了抑制，共平面性质得到了一定的改善，这就使得它们因旋转产生的非辐射跃迁降低，而共轭增加则产生了长波的荧光发射。唐本忠教授称这种现象为聚集诱导发光(AIE)，并且定义这些分子为 AIE－gens。

在接下来的几年里，唐教授和他的学生对侧链进行了修饰，引入了氮、氧等元素，现在 AIE－gens 的发光光谱已经覆盖了从紫外光区到近红外光区的整个光谱区域。

AIE 点已被用于给各种组织进行染色，从血管到癌症细胞，再到细胞内的细胞器，如线粒体。2015 年，唐教授等报道了一个 AIE 点，在一种称为光激活的光疗中起到了有益的作用[362]。这个 AIE 点的表面有两个分了：其中一个进入癌细胞，另一个黏到线粒体上。一旦受到外部光源的激发，这个 AIE 点会发出红光，在线粒体附近会产生氧自由基并杀死癌细胞。图 3－30 中的化合物 TPETPEFN 形成的 AIE 点比量子点发出的光要亮 40 倍。

聚集荧光淬灭(ACQ)现象是有机小分子荧光团常见的现象，由于聚集造成的堆积、碰撞淬灭、分子扭曲等行为都会提高染料激发态的非辐射跃迁概率，因此，如何避免聚集荧光淬灭现象一直是有机光功能材料研究领域的重要课题。聚集荧光淬灭效应也被用于荧光探针的研究领域中，如麻省理工学院的 T. Swager 教授、陕西师范大学的房喻教授都在共轭聚合物超淬灭荧光传感器方面取得了重要的研究成果。2001 年，一个与普通荧光染料聚集荧光淬灭现象相反的发光现象被唐本忠教授的课题组揭示，带六个苯基的 Silole 化合物 HPS 在溶液中没有发光的现象，而当它在硅胶板上干燥后，发出了强烈的荧光(图 3－31)。

到目前为止报道的四苯乙烯(TPE)及化合物 17～21 等都是具有 AIE 效应的简单荧光分子结构(图 3－32)。TPE 结构简单、容易合成、荧光稳定性好，且具有良好的 AIE 效应等优点，受到了研究者们高度关注。

如图 3－33 所示，在具有 AIE 特性的四苯乙烯上连接具有可以特异性结合银离子与汞离子的腺嘌呤基团和胸腺嘧啶基团，可以检测银离子与汞离子。

聚集诱导发光材料的显著特性就是在分散相中没有荧光，聚集后能够发出荧光。可以利用这一特性来检测环境中某些挥发性溶剂及其蒸汽(VOC)的存在，这在环境监测中能够起着很大的作用。

具有 AIE 效应的化合物在生物探针方面有很好的应用。在具有聚集诱导发光效应的材料上连接羟基、氨基、磺酸基等亲水性功能团，能够使化合物的水溶性增强，在缓冲液中就会产生荧光淬灭现象，但当其与某些目标分子结合之后就会重新产生荧光，达到检测的作用。图 3－34 中 TPE 的磺酸盐衍生物 28 具有 AIE 特性，对天然牛血清蛋白具有高效的识别作用。

5.14 活性氧(ROS)

活性氧和活性氮在人类体内必不可少，它们在人类的许多生物过程和生命过程中，起着至关重要的作用。人体内由于氧的存在会产生许多的活性物质，然而，过多或者过少产生活性氧，却可能引起不同症状的人类疾病[363]。

活性氧有很多种类，包括 H_2O_2、ClO^-、NO、过氧亚硝基阴离子、超氧阴离子、单线态氧等，并且研究者已经设计并合成出许多对活性氧具有选择性的荧光探针。活性氧(ROS)在人体内的疾病产生和健康防护中，有着非常重要的地位，研究活性氧有着非常重要的意义。

5.14.1 次氯酸根荧光探针

文献报道的无荧光的双通道荧光探针化合物 31，可应用于中性、酸性及碱性溶液中，并且成功在活体动物的黏膜中对次氯酸进行了检测[129]。该部分内容可参见第 3 章。

Chang Young－Tae 课题组设计并合成了第一个用于 HClO 检测的双光子荧光探针 33 及其衍生物 34～37[130]，这些探针不仅能揭露细胞中次氯酸的分布，而且在细胞和组织系统中，能够作为开发次氯酸潜在功能的优秀工具。

如图 4－61 所示，以 BODIPY 为母体的荧光探针 38，与次氯酸反应后生成的化合物能发出绿色的荧光，可以用来显示巨噬细胞和次氯酸选择性结合的成像，在缓冲液和含酶系统中对次氯酸具有高灵敏度和选择性[225]。

5.14.2 双氧水荧光探针

图 3－68 中化合物 43 与苯硼酸发生氧化反应，之后发生水解，接着与醌甲基化物发生 1,6－消除反应生成化合物 44，产生荧光。

图3－69中磺酸盐化学传感器45，对过氧化氢表现出的高选择性高于其他活性氧，基于双氧水作介质水解后有荧光增强。

5.14.3　其他ROS/RNS荧光探针

活性氧(ROS)在多种生命过程中起着不可缺少的作用[364]。例如，通过致癌性转化过程，在癌细胞内会产生高水平的活性氧[365]。

作为高度反应性的分子，分子氧的激发态单线态氧($^1O_2$)对生物系统存在潜在的破坏性。单线态氧可以氧化的各种生物分子如DNA，蛋白质和脂质，主要机制是基于内过氧化物的形成和蒽环组成的$^1O_2$诱导1,4-环加成反应。如图3－70所示，唐教授和合作者报道了一个利用$^1O_2$诱导1,4-环加成反应机理合成的花菁染料46，与$^1O_2$反应后，咪唑基团被氧化，PET作用被抑制，花菁荧光团的荧光恢复，并且其可应用于检测活细胞中$^1O_2$浓度的变化。

超氧阴离子(O^{2-})是分子氧的一价电子还原产物，具有较短的半衰期，参与如肌肉疲劳、缺血和炎症等生物体的各种生理过程。因此，在生理条件下对O^{2-}实行实时监控变得越来越重要。如图3－71所示，化合物47在细胞内与O^{2-}发生氧化反应生成荧光化合物48。

在生物学上，NO作为内皮衍生的松弛因子可以促进血管平滑肌松弛和在循环系统调节血管扩张，并且使大脑中的长时程增强。但是，作为一个双原子自由基，微量NO可以触发活性氮物种的形成，导致神经变性疾病和癌变。因此，设计实时检测NO的化学传感器的选择性和敏感性是非常重要的。如图3－72所示，化合物49是一个NO选择性的化学传感器，产生的荧光增强700倍。

生物体内的一氧化氮和超氧负离子可以形成过氧亚硝酰($ONOO^-$)。有文献报道，通过芳基醚键与二氯荧光素基连接的酮单元化合物50，可以与$ONOO^-$反应得到强荧光产物51(图3－73)。

第6章 进 展

由于在设计的可行性、合成方便及可控性,有机小分子荧光染料在生物传感方面的应用得以快速的发展。荧光技术已被广泛用于开发、检测分析和理解体内外复杂生物过程的非侵入性方法。研究者已经探索了多种荧光探针,有机发色团,荧光蛋白和最近开发的基于有机半导体分子或共轭聚合物的有机点,以完成具有期望的具有挑战性的检测和成像应用。

6.1 荧光技术在生物成像技术上的应用

生物成像技术在生命科学,以及医学研究领域和临床诊断过程中有着非常重要的作用。生物成像技术研究的主要是成像对象、空间分辨率、组织成像深度、成像的灵敏度和应用领域,一般分为体外成像和体内成像。但光学成像的使用因为光在组织中穿透深度有限、生物体系自发荧光干扰等因素而受到局限。生物成像主要有两个方向:首先是在微观细胞上和其他组织中的追踪成像,其次就是在活体动物以及人体层次上的分子影像成像技术。

在不同的成像技术中,荧光成像具有高灵敏度、良好的时间分辨率、大的体外和体内通量,以及灵活的成像仪器等优点。然而荧光显微成像技术是需要具有荧光效率高、光稳定性好、Stokes 位移大的荧光生色团。在之前的研究中经常用到的荧光探针主要有传统荧光染料、无机半导体量子点、硅基探针、共轭有机半导体探针等。然而这些常用的荧光染料都有一些缺点,如疏水性、易聚集淬灭、光漂白、自身毒性,还有些容易受到源背景荧光干扰、信噪比低、易受环境的影响等。而在固态时常规有机染料分子通常具有浓度聚集荧光淬灭的效应，开发具有独特的光致发光特性，以及聚集诱导荧光增强的效应，可以避免这些问题。在有机光电子的纳米和微米结构中 π-共轭有机分子染料则提供了有吸引力的平台。通过简单的自组装过程制备纳米结构，可以实现在生物学成像或其他光学研究中的应用。

6.2　荧光技术偶联生物缀合技术的应用

荧光探针偶联生物缀合技术已广泛用于化学和生命科学中的高级荧光检测，如荧光显微镜、流式细胞术、多功能生物测定和生物传感器。在众多的生物成像技术中，荧光技术的生物相容性较好，价格便宜且容易获得成像试剂，以及有更多可操作的仪器方面具有优势，这些仪器可以在细胞水平提供更高分辨率的图像。为了以非侵入性和实时方式有效追踪活细胞，研究人员已经投入大量精力开发新的荧光探针。为阐明荧光探针或药物的生物学功能，重要的是要获得细胞内分布（局部浓度）的详细图片以及它们随时间演变的情况。目前已经研发出各种成像方法，包括荧光、拉曼散射、磁共振、光声、光热、光动力、超声、X 射线及正电子发射断层成像，其中，荧光成像方法由于其简单、无创性、高灵敏度和高时空分辨率等优点而被广泛应用。

荧光成像已成为监测生物分子在细胞水平上的数量，定位和运动的强大技术。小分子荧光探针在化学、生物学、临床诊断和药物发现等多个领域得到广泛应用。目前广泛使用的荧光显微镜主要有宽场荧光显微镜、单光子及双光子激光扫描共聚焦显微镜和全内反射荧光显微镜。单光子的扫描共聚焦显微镜的使用是通过它与荧光能量共振转移（FRET）、荧光漂白的修复、荧光活化、荧光寿命的成像等实验方法相结合完成的，为生物医学研究提供了重要的方法。不过，单光子扫描共聚焦显微镜会有细胞的光损伤较大、自身背景荧光、荧光染料容易产生光漂白，以及成像深度有限等这些缺点。为避免以上缺点，在实验探索中需要提高成像深度，同时还要解决短波长的光散射、光漂白等问题，结合双光子激光技术和激光扫描共聚焦显微镜，就是实验室所用到的双光子荧光共聚焦显微镜，该技术渐渐成为新的生物学成像研究对象。双光子成像是在较高光子密度的情况下激发的，分子同时吸收吸收两个较长波长的光子，然后经过一个短的激发态寿命激发之后，能够快速发射出一个较短波长的光子。双光子成像技术是具有长波长发射的近红外光的光，而且长波长的光对体外细胞或者活体的毒性更小，因此比单光子激光共聚焦显微镜能更适宜观察较厚的标本、体外细胞及活体的成像。

生物成像在应用上有非常重要的意义，生物荧光探针的标记在生物传感技术中有非常重要的应用，荧光生物探针标记容易受到生物体系内背景荧光的干扰、灵敏度相对较低，并且信号也容易受到环境的影响。荧光成像技术是生物分析和生物医学成像中最常用的方法之一，因为它们具有可比较的易用性、高灵敏度和高信息含量，同时能够检测多种分析物特异性的量，即使在复杂的生物系统中也是如此。荧光成像可以在环境条件下探测标本的更深层，并且还可以用光谱诊断化学敏感性，作为一种非侵入性技术提供了高时空分辨率。所有基于荧光的方法都是荧光标记或报告基因，例如作为靶标探针或传感器分子中的信号传导单元，它们可以用普通的商业仪器激发和检测。选择合适荧光团的重要特征是高亮度、优异的长期稳定性、可忽略的毒性，以及与复杂生物基质的最小非特异性相互作用。此外，人们对荧光团的兴趣越来越浓厚，它可以同时多重检测或传感和成像应用中的多种分析物或靶标。通常情况下，生物测定和生物成像信息含量的增加可以通过利用可在相同波长激发并通过其不同发射光谱区分的染料来实现，或者，可以使用供体-受体染料的组合，荧光成像受到深组织自体荧光的普遍限制。将背景自发荧光与目标荧光信号分开的一种策略是开发和使用具有近红外(NIR)波长的发射的荧光团。然而，常见的有机近红外 NIR 染料通常表现出较小的位移，重新吸收发射的光子，导致有较弱的发射和背景干扰发生。采用 FRET 策略来解决这个问题。虽然这些探测系统有效，但结构更复杂，需要更多的合成工作。

荧光探针结合生物技术已广泛用于化学和生命科学中的高级荧光检测，如荧光共聚焦显微镜、流式细胞术、多功能生物检测和生物传感器。由于常规有机染料显示出有限的亮度和较差的光稳定性，因此需要开发一些更明亮、稳定性更强的荧光探针。荧光方法的核心是荧光标记或信号分子，例如作为靶向探针或传感器分子中的信号传导单元，可以用普通的商业仪器激发和检测。合适的荧光团的重要特征是荧光量子产率高、性能稳定、毒性小，以及复杂生物基质的最小非特异性相互作用。探针中的荧光团承担了重要角色，要满足能够同时实现多重检测中或传感和成像应用中的多种分析物或靶标的检测。生物检测和生物成像中信息含量的增加是通过利用可激发的染料在相同的波长上，不同的发射光谱来区分的，或者可以使用供体-受体染料组合。

荧光光谱法和显微镜的最新发展加上荧光标记技术的生物偶联技术的发展，促使化学和生命科学的领域的高级荧光技术的快速发展。特别是基于荧光的探测单分子水平上的生物分子相互作用的方法已经在对各种生物化学过程的理解方面取得了重大进展。荧光成像技术最关键的因素是荧光材料，已知在文献中报道过的应用于生物成像的荧光探针材料主要包括无机量子点、金属(铱)配合物、荧光蛋白、有机荧光染料，以及稀土上转换荧光纳米材料等。因此，有机染料由于具有较好的光稳定性、较低的细胞或活体毒性、较高发光效率的较好的发光材料成为生物成像探针领域研究的最主要目标。一般来说，即使是最先进的超分辨率显微镜，如果没有设计良好的荧光标签探针，也无法提供对亚细胞基质的生物学检测。

生物学发展日益受到化学发展的推动，其中一个突出的例子是小型化。分子荧光探针不仅可以进行细胞水平成像，还可以进行亚细胞成像。大部分化学生物学事件发生在细胞器内，研究人员利用荧光技术可以将注意力转向这些子结构。

有机染料在生物成像中的应用中受到限制，主要是因为它们具有比较差的耐光性及弱的水溶性等问题。近几年来，广泛应用在生物成像领域中的无机量子点荧光探针尽管具有较高亮度、较好的光稳定性以及良好水溶性的优势，但它们对体外细胞和生物活体则有较大的毒性，从而影响了它们在生物学上的进一步应用。因此，结合目前的研究进展，对有机小分子的荧光团，通过对有机小分子的表面进行改性，优化它们的配体，或者将有机荧光分子通过其他方法制备成水溶性纳米材料，同时可以避免各种缺陷，又可以优化在生物成像中的广泛应用。将有机荧光染料制备成纳米材料，既结合了有机荧光染料的优良特性，又结合了无机量子点的性质，通过一定的方法制备，使之具有优良的光学特性、良好的生物相容性、比较低的体内外的细胞毒性和较好的化学惰性。作为有广泛研究特性的有机小分子荧光染料，它们能更好地应用在生物成像中的有机小分子荧光染料的研究进展中。

本书总结了化学生物学事件的现有荧光探针，在描述和强调已有策略的基础上，旨在激发新一代荧光探针的设计，展望化学生物学进一步发展的未来前景。

参考文献

[1] Lehn J-M. Supramolecular Chemistry: Concepts and Perspectives[M]. Weinheim · New York: 1995.

[2] Fischer E. Synthesen in der Zuckergruppe II[J]. European Journal of Inorganic Chemistry. 2010, 27(3): 3189 - 232.

[3] Wu Y, Chen S J, Yang Y H, et al. A novel gated photochromic reactivity controlled by complexation/dissociation with BF_3[J]. Chemical Communications. 2012, 48(4): 528 - 530.

[4] Kuruvilla E, Nandajan P C, Schuster G B, et al. Acridine-Viologen Dyads: Selective Recognition of Single-Strand DNA through Fluorescence Enhancement[J]. Organic Letters. 2008, 10(19): 4295 - 8.

[5] 夏之宁. 光分析化学[M]. 重庆: 重庆大学出版社, 2004.

[6] Berezin M Y, Achilefu S. Fluorescence Lifetime Measurements and Biological Imaging[J]. Chemical Reviews. 2010, 110(5): 2641 - 2684.

[7] 陈国珍, 黄贤智, 郑朱梓, 等. 荧光分析法[M]. 2 版. 北京: 科学出版社, 1990.

[8] 李斌, 苗蔚荣. 过氧草酸酯类化学发光激发荧光[J]. 化学通报. 1996, 000(6): 32 - 36.

[9] Duong T Q, Kim J S. Fluoro- and chromogenic chemodosimeters for heavy metal ion detection in solution and biospecimens[J]. Chemical Reviews. 2010, 110(10): 6280 - 6301.

[10] Yang Y K, Yook K J, Tae J. A Rhodamine-Based Fluorescent and Colorimetric Chemodosimeter for the Rapid Detection of Hg^{2+} Ions in Aqueous Media[J]. Journal of the American Chemical Society. 2005, 127(48): 16760 - 16761.

[11] Song F, Watanabe S, Floreancig P E, et al. Oxidation-Resistant Fluorogenic Probe for Mercury Based on Alkyne Oxymercuration[J]. Journal of the American Chemical Society. 2008, 130(49): 16460 - 16461.

[12] Suksai C, Tuntulani T. Chromogenic anion sensors[J]. Chemical Society Reviews. 2003, 32(4): 192 - 202.

[13] Martínez-Máñez R, Sancenón F. Fluorogenic and Chromogenic Chemosensors and Reagents for Anions[J]. Chemical Reviews. 2003, 103(11): 4419 - 4476.

[14] Pu L. Fluorescence of Organic Molecules in Chiral Recognition [J]. Chemical

Reviews. 2004, 104(3): 1687 - 1716.

[15] Metzger A, Anslyn E V. A Chemosensor for Citrate in Beverages[J]. Angewandte Chemie International Edition. 2010, 37(5): 649 - 652.

[16] Zhong Z L, Anslyn E V. A Colorimetric Sensing Ensemble for Heparin[J]. Journal of the American Chemical Society. 2002, 124(31): 9014 - 9015.

[17] 赵连城. 分子荧光探针和光量子光纤器件研究[J]. 功能材料信息. 2011,008(2): 8 - 14.

[18] Vaughan J C, Dempsey G T, Sun E, et al. Phosphine Quenching of Cyanine Dyes as a Versatile Tool for Fluorescence Microscopy[J]. Journal of the American Chemical Society. 2013, 135(4): 1197 - 1200.

[19] Lakowicz J R. Principles of Fluorescence Spectroscopy[M]. Springer New York, NY, 1983.

[20] 吴世康. 超分子光化学导论——基础与应用[M]. 北京: 科学出版社,2007.

[21] 赵璇. 金纳米及硼酸与染料的荧光共振能量转移作用的研究[D]. 山西: 山西大学, 2012.

[22] 姜月顺,杨文胜. 化学中的电子过程[M]. 北京: 科学出版社,2004.

[23] Kim J S, Quang D T. Calixarene-Derived Fluorescent Probes[J]. Chemical reviews. 2007, 107(9): 3780 - 3799.

[24] Acikgoz S, Aktas G, Inci M N, et al. FRET between BODIPY Azide Dye Clusters within PEG-Based Hydrogel: A Handle to Measure Stimuli Responsiveness [J]. Journal of Physical Chemistry B. 2010, 114(34): 10954 - 10960.

[25] Kar C, Adhikari M D, Ramesh A, et al. NIR- and FRET-Based Sensing of Cu^{2+} and S^{2-} in Physiological Conditions and in Live Cells[J]. Inorganic Chemistry. 2013, 52 (2): 743 - 752.

[26] Hush N S. Homogeneous and heterogeneous optical and thermal electron transfer[J]. Electrochimica Acta. 1968, 13(5): 1005 - 1023.

[27] Siders P, Marcus R A. Quantum effects for electron-transfer reactions in the "inverted region"[J]. Chemischer Informationsdienst. 1981, 12(21).

[28] Szacilowski K, Macyk W, Drzewiecka-Matuszek A, et al. Bioinorganic Photochemistry: Frontiers and Mechanisms[J]. Chemical Reviews. 2005, 105(6): 2647 - 2694.

[29] Lin L Y, Lin X Y, Lin F, et al. A New Spirobifluorene-Bridged Bipolar System for a Nitric Oxide Turn-On Fluorescent Probe[J]. Organic Letters. 2011, 13(9): 2216 - 2219.

[30] 樊美公,姚建年,佟振合,等. 分子光化学与光功能材料科学[M]. 北京: 科学出版社, 2009.

[31] Hu R, Lager E, Aguilar-Aguilar A, et al. Twisted Intramolecular Charge Transfer and Aggregation-Induced Emission of BODIPY Derivatives [J]. The Journal of Physical Chemistry C. 2009, 113(36): 15845 - 15853.

[32] Chattopadhyay N, Serpa C, Pereira M M, et al. Intramolecular Charge Transfer of p-(Dimethylamino)benzethyne: A Case of Nonfluorescent ICT State[J]. The Journal of

Physical Chemistry A. 2001, 105(44): 10025 - 10030.
[33] Cheng X H, Tang R I, Jia H Z, et al. New Fluorescent and Colorimetric Probe for Cyanide: Direct Reactivity, High Selectivity, and Bioimaging Application[J]. Acs Applied Materials & Interfaces. 2012, 4(8): 4387 - 4392.
[34] Kim G J, Lee K, Kwon H, et al. Ratiometric Fluorescence Imaging of Cellular Glutathione[J]. Organic Letters. 2011, 13(11): 2799 - 2801.
[35] Cosnard F, Wintgens V. A new fluoroionophore derived from 4-amino-N-methyl - 1, 8-naphthalimide[J]. Tetrahedron Letters. 1998, 39(18): 2751 - 2754.
[36] Mula S, Elliott K, Harriman A, et al. Energy Transfer by Way of an Exciplex Intermediate in Flexible Boron Dipyrromethene-Based Allosteric Architectures[J]. Journal of Physical Chemistry A. 2010, 114(39): 10515 - 10522.
[37] Ding L N, Chen X B, Fang W H. Ultrafast Asynchronous Concerted Excited-State Intramolecular Proton Transfer and Photodecarboxylation of Acetylphenylacetic Acid Explored by Combined CASPT2 and CASSCF Studies[J]. Organic Letters. 2009, 11(7): 1495 - 1498.
[38] Ueno T, Urano Y, Setsukinai K I, et al. Rational Principles for Modulating Fluorescence Properties of Fluorescein[J]. Journal of the American Chemical Society. 2004, 126(43): 14079 - 14085.
[39] Lavis L D, Raines R T. Bright ideas for chemical biology[J]. ACS Chemical Biology. 2008, 3(3): 142 - 155.
[40] Treibs A, Kreuzer F H. Difluorboryl-Komplexe von Di- und Tripyrrylmethenen[J]. European Journal of Organic Chemistry. 1968, 718(1): 208 - 223.
[41] Vos de Wael E, Pardoen J A, van Koeveringe J A, et al. Pyrromethene-BF_2 complexes (4, 4′- difluoro - 4 - bora - 3a, 4a-diaza-s-indacenes). Synthesis and luminescence properties[J]. Physical-Organic Chemistry. 1977, 96(12): 306 - 309.
[42] Zhang D K, Wen Y G, Xiao Y, Yu G, Liu Y Q, Qian X H. Bulky 4 - tritylphenylethynyl substituted boradiazaindacene: pure red emission, relatively large Stokes shift and inhibition of self-quenching[J]. Chemical Communications. 2008, 39(39): 4777 - 4779.
[43] Bodin J-B, Gateau J, Coïs J, et al. Biocompatible and Photostable Photoacoustic Contrast Agents as Nanoparticles Based on Bodipy Scaffold and Polylactide Polymers: Synthesis, Formulation, and In Vivo Evaluation[J]. ACS Applied Materials & Interfaces. 2022, 14(36): 40501 - 40513.
[44] Kowada T, Yamaguchi S, Ohe K. Highly Fluorescent BODIPY Dyes Modulated with Spirofluorene Moieties[J]. Organic Letters. 2010, 12(2): 296 - 299.
[45] Sunahara H, Urano Y, Kojima H, et al. Design and synthesis of a library of BODIPY-based environmental polarity sensors utilizing photoinduced electron-transfer-controlled fluorescence ON/OFF switching[J]. Journal of the American Chemical Society. 2007, 129(17): 5597 - 5604.
[46] Erten-Ela S, Yilmaz M D, Icli B, et al. A Panchromatic Boradiazaindacene (BODIPY) Sensitizer for Dye-Sensitized Solar Cells[J]. Organic Letters. 2008, 10

(15): 3299 - 3302.

[47] Yuan M J, Zhou W D, Liu X F, et al. A Multianalyte Chemosensor on a Single Molecule: Promising Structure for an Integrated Logic Gate[J]. Journal of Organic Chemistry. 2008, 73(73): 5008 - 5014.

[48] Chen J, Burghart A, Derecskeikovacs A, et al. 4, 4 - Difluoro - 4 - bora - 3a, 4a-diaza-s-indacene (BODIPY) dyes modified for extended conjugation and restricted bond rotations[J]. Journal of Organic Chemistry. 2000, 65(10): 2900 - 2906.

[49] Kolemen S, Cakmak Y, Erten-Ela S, et al. Solid-State Dye-Sensitized Solar Cells Using Red and Near-IR Absorbing Bodipy Sensitizers[J]. Organic Letters. 2010, 12 (17): 3812 - 3815.

[50] Haefele A, Zedde C, Retailleau P, Ulrich G, et al. Boron asymmetry in a BODIPY derivative[J]. Organic Letters. 2010, 12(8): 1672 - 1675.

[51] Zhao C C, Zhou Y, Lin Q N, et al. Development of an Indole-Based Boron-Dipyrromethene Fluorescent Probe for Benzenethiols [J]. Journal of Physical Chemistry B. 2011, 115(4): 642 - 647.

[52] Tang C W, Vanslyke S A, Chen C H. Electroluminescence of doped organic thin films[J]. Journal of Applied Physics. 1989, 65(9): 3610 - 3616.

[53] Huang X M, Guo Z Q, Zhu W H, et al. A colorimetric and fluorescent turn-on sensor for pyrophosphate anion based on a dicyanomethylene - 4H - chromene framework[J]. Chemical Communications. 2008, 41: 5143 - 5145.

[54] Guo Z Q, Zhu W H, He T. Dicyanomethylene - 4H - pyran chromophores for OLED emitters, logic gates and optical chemosensors[J]. Chemical Communications. 2012, 48(49): 6073 - 6084.

[55] Soh N, Makihara K, Sakoda E, et al. A ratiometric fluorescent probe for imaging hydroxyl radicals in living cells[J]. Chemical Communications. 2000(5): 496 - 497.

[56] Dujols V, Ford F, Czarnik A W. A Long-Wavelength Fluorescent Chemodosimeter Selective for Cu(II) Ion in Water[J]. Journal of the American Chemical Society. 1997, 119(31): 7386 - 7387.

[57] Ji Y K, Yun J J, Lee Y J, et al. A Highly Selective Fluorescent Chemosensor for Pb^{2+}[J]. Journal of the American Chemical Society. 2005, 127(28): 10107 - 10111.

[58] Lin W Y, Long L L, Tan W. A highly sensitive fluorescent probe for detection of benzenethiols in environmental samples and living cells [J]. Chemical Communications. 2010, 46(9): 1503 - 1505.

[59] Albers A E, Okreglak V S, Chang C J. A FRET-Based Approach to Ratiometric Fluorescence Detection of Hydrogen Peroxide[J]. Journal of the American Chemical Society. 2006, 128(30): 9640 - 9641.

[60] De Silva A P, Gunaratne H Q N, Gunnlaugsson T, et al. Signaling Recognition Events with Fluorescent Sensors and Switches[J]. Chemical Reviews. 1997, 97(5): 1515 - 1516.

[61] Yang Y M, Zhao Q, Feng W, et al. Luminescent Chemodosimeters for Bioimaging [J]. Chemical Reviews. 2013, 113(1): 192 - 270.

[62] Xu Q L, Heo C H, Kim G, et al. Development of Imidazoline - 2 - Thiones Based Two-Photon Fluorescence Probes for Imaging Hypochlorite Generation in a Co-Culture System[J]. Angewandte Chemie International Edition. 2015, 54(16): 4890 - 4894.

[63] Wu X M, Sun X R, Guo Z Q, et al. In Vivo and in Situ Tracking Cancer Chemotherapy by Highly Photostable NIR Fluorescent Theranostic Prodrug[J]. Journal of the American Chemical Society. 2014, 136(9): 3579 - 3588.

[64] Lou X D, Zhang Y, Li Q Q, et al. A highly specific rhodamine-based colorimetric probe for hypochlorites: a new sensing strategy and real application in tap water[J]. Chemical Communications. 2011, 47(11): 3189 - 3191.

[65] Yu F B, Li P, Song P, Wang B S, et al. Facilitative functionalization of cyanine dye by an on-off-on fluorescent switch for imaging of H_2O_2 oxidative stress and thiols reducing repair in cells and tissues[J]. Chemical Communications. 2012, 48(41): 4980 - 4982.

[66] Jonnalagadda S B, Pare B K. Oxidation of Toluidine Blue by Chlorite in Acid and Mechanisms of the Uncatalyzed and Ru(III) - Catalyzed Reactions: A Kinetic Approach[J]. Journal of Physical Chemistry A. 2010, 114(46): 12162 - 12167.

[67] Yang L, Li X, Yang J B, et al. Colorimetric and Ratiometric Near-Infrared Fluorescent Cyanide Chemodosimeter Based on Phenazine Derivatives[J]. ACS Applied Materials & Interfaces. 2013, 5(4): 1317 - 1326.

[68] Yang L, Li X, Qu Y, et al. Red turn-on fluorescent phenazine-cyanine chemodosimeters for cyanide anion in aqueous solution and its application for cell imaging[J]. Sensors & Actuators B Chemical. 2014, 203: 833 - 847.

[69] Xu Z C, Xiao Y, Qian X H, et al. Ratiometric and Selective Fluorescent Sensor for Cu(II) Based on Internal Charge Transfer (ICT)[J]. Organic Letters. 2005, 7(5): 889 - 92.

[70] Xu Z C, Qian X H, Cui J A, et al. Exploiting the deprotonation mechanism for the design of ratiometric and colorimetric Zn^{2+} fluorescent chemosensor with a large red-shift in emission[J]. Tetrahedron. 2006, 62(43): 10117 - 10122.

[71] Zhang J F, Lim C S, Bhuniya S, et al. A Highly Selective Colorimetric and Ratiometric Two-Photon Fluorescent Probe for Fluoride Ion Detection[J]. Organic Letters. 2011, 13(5): 1190 - 1193.

[72] Jiang J, Liu W, Cheng J, et al. A sensitive colorimetric and ratiometric fluorescent probe for mercury species in aqueous solution and living cells[J]. Chemical Communications. 2012, 48(67): 8371 - 8373.

[73] Cui L, Zhong Y, Zhu W, et al. A New Prodrug-Derived Ratiometric Fluorescent Probe for Hypoxia: High Selectivity of Nitroreductase and Imaging in Tumor Cell[J]. Organic Letters. 2011, 13(5): 928 - 31.

[74] Liu B, Tian H. A selective fluorescent ratiometric chemodosimeter for mercury ion [J]. Chemical Communications. 2005(25): 3156 - 3158.

[75] Zhu B C, Zhang X L, Li Y M, et al. A colorimetric and ratiometric fluorescent probe

for thiols and its bioimaging applications[J]. Chemical Communications. 2010, 46(31): 5710-5712.

[76] Koreff R. Ueber einige Abkömmlinge des β-Naphtochinons[J]. Berichte Der Deutschen Chemischen Gesellschaft. 1886, 19(1): 176.

[77] Takezawa K, Tsunoda M, Murayama K, et al. Automatic semi-microcolumn liquid chromatographic determination of catecholamines in rat plasma utilizing peroxyoxalate chemiluminescence reaction[J]. Analyst. 2000, 125(2): 293-296.

[78] Wang L, Zhang Y Y, Wang L, et al. Benzofurazan derivatives as antifungal agents against phytopathogenic fungi[J]. European Journal of Medicinal Chemistry. 2014, 80: 535-542.

[79] Kim H J, Ko K C, Lee J H, et al. KCN sensor: unique chromogenic and 'turn-on' fluorescent chemodosimeter: rapid response and high selectivity[J]. Chemical Communications. 2011, 47(10): 2886-2888.

[80] Lee K S, Lee J T, Hong J I, et al. Visual Detection of Cyanide through Intramolecular Hydrogen Bond[J]. Chemistry Letters. 2007, 36(6): 816-817.

[81] Bera M K, Chakraborty C, Singh P K, et al. Fluorene-based chemodosimeter for "turn-on" sensing of cyanide by hampering ESIPT and live cell imaging[J]. Journal of Materials Chemistry. 2014, 2(29): 4733-4739.

[82] Niamnont N, Khumsri A, Promchat A, et al. Novel salicylaldehyde derivatives as fluorescence turn-on sensors for cyanide ion[J]. Journal of Hazardous Materials. 2014, 280: 458-463.

[83] Dvivedi A, Rajakannu P, Ravikanth M. meso-Salicylaldehyde substituted BODIPY as a chemodosimetric sensor for cyanide anions[J]. Dalton transactions. 2015, 44(9): 4054-4062.

[84] Goswami S, Manna A, Paul S, et al. Resonance-assisted hydrogen bonding induced nucleophilic addition to hamper ESIPT: ratiometric detection of cyanide in aqueous media[J]. Chemical Communications. 2013, 49(28): 2912-2914.

[85] Li K, Qin W, Ding D, et al. Photostable fluorescent organic dots with aggregation-induced emission (AIE dots) for noninvasive long-term cell tracing[J]. Scientific Reports. 2013, 3(1): 1150.

[86] Tang B Z, Zhan X, Gui Y, et al. Efficient blue emission from siloles[J]. Journal of Materials Chemistry. 2001, 11(12): 2974-2978.

[87] Zeng Q, Li Z, Dong Y, et al. Fluorescence enhancements of benzene-cored luminophors by restricted intramolecular rotations: AIE and AIEE effects[J]. Chemical Communications. 2007(1): 70-72.

[88] Liu L, Zhang G, Xiang J, Zhang D, Zhu D. Fluorescence "Turn On" Chemosensors for Ag^{+} and Hg^{2+} Based on Tetraphenylethylene Motif Featuring Adenine and Thymine Moieties[J]. Organic Letters. 2008, 10(20): 4581-4584.

[89] Hong Y, Feng C, Yu Y, et al. Quantitation, Visualization, and Monitoring of Conformational Transitions of Human Serum Albumin by a Tetraphenylethene Derivative with Aggregation-Induced Emission Characteristics[J]. Analytical

Chemistry. 2010, 82(16): 7035 - 7043.

[90] Park S, Kim H J. Highly activated Michael acceptor by an intramolecular hydrogen bond as a fluorescence turn-on probe for cyanide[J]. Chemical Communications. 2010, 46(48): 9197 - 9199.

[91] Sun Y, Wang Y, Cao D, et al. 3 - Amidocoumarins as chemodosimeters to trap cyanide through both Michael and intramolecular cyclization reaction[J]. Sensors & Actuators B Chemical. 2012, 174: 500 - 505.

[92] Lee H, Kim H J. Highly selective sensing of cyanide by a benzochromene-based ratiometric fluorescence probe[J]. Tetrahedron Letters. 2012, 53(40): 5455 - 5457.

[93] Kim C Y, Park S, Kim H-J. Indocyanine based dual optical probe for cyanide in HEPES buffer[J]. Dyes & Pigments. 2016, 130: 251 - 255.

[94] Li J, Wei W, Qi X, et al. Highly selective colorimetric/fluorometric dual-channel sensor for cyanide based on ICT off in aqueous solution[J]. Sensors & Actuators B Chemical. 2016, 228: 330 - 334.

[95] Li J, Qi X, Wei W, Zuo G, Wei D. A red-emitting fluorescent and colorimetric dual-channel sensor for cyanide based on a hybrid naphthopyran-benzothiazol in aqueous solution[J]. Sensors & Actuators B Chemical. 2016, 232: 666 - 672.

[96] Cheng G, Fan J, Sun W, et al. A highly specific BODIPY-based probe localized in mitochondria for HClO imaging[J]. Analyst. 2013, 138(20): 6091 - 6096.

[97] Goswami S, Paul S, Manna A. Carbazole based hemicyanine dye for both "naked eye" and 'NIR' fluorescence detection of CN- in aqueous solution: From molecules to low cost devices (TLC plate sticks)[J]. Dalton transactions. 2013, 42(30): 10682 - 10683.

[98] Yang Y, Yin C, Huo F, et al. A new highly selective and turn-on fluorescence probe for detection of cyanide[J]. Sensors & Actuators B Chemical. 2014, 193(31): 220 - 224.

[99] Sun M, Wang S, Yang Q, et al. A new colorimetric fluorescent sensor for ratiometric detection of cyanide in solution, test strips, and in cells[J]. RSC Advances. 2014, 4(16): 8295 - 8299.

[100] Chen Z, Sun M, Yan C, et al. A new colorimetric and fluorescent chemodosimeter for fast detection of cyanide[J]. Sensors & Actuators B Chemical. 2014, 203: 382 - 387.

[101] Mahapatra A K, Maiti K, Maji R, et al. Ratiometric fluorescent and chromogenic chemodosimeter for cyanide detection in water and its application in bioimaging[J]. RSC Advances. 2015, 5(31): 24274 - 24280.

[102] Mahapatra A K, Maiti K, Manna S K, et al. Unique Fluorogenic Ratiometric Fluorescent Chemodosimeter for Rapid Sensing of CN in Water[J]. Chemistry-An Asian Journal. 2014, 9(12): 3623 - 3632.

[103] Huo F, Kang J, Yin C, et al. A turn on fluorescent sensor for cyanide based on ICT off in aqueous and its application for bioimaging[J]. Sensors & Actuators B Chemical. 2015, 215: 93 - 98.

[104] Yue S，Fan S，Lian D，et al. A ratiometric fluorescent probe based on benzo [e] indolium for cyanide ion in water[J]. Sensors & Actuators B Chemical. 2013，185：638－643.

[105] Goswami S，Manna A，Paul S，et al. Highly reactive (<1 min) ratiometric probe for selective 'naked-eye' detection of cyanide in aqueous media[J]. Tetrahedron Letters. 2013，54(14)：1785－1789.

[106] Lee J H，Jeong A R，Shin I S，et al. Fluorescence Turn-On Sensor for Cyanide Based on a Cobalt(II)Coumarinylsalen Complex[J]. Organic Letters. 2010，12(4)：764－767.

[107] Zou Q，Li X，Zhang J，et al. Unsymmetrical diarylethenes as molecular keypad locks with tunable photochromism and fluorescence via Cu^{2+} and CN^{-} coordinations [J]. Chemical Communications. 2012，48(15)：2095－2097.

[108] Liu Y，Lv X，Zhao Y，et al. A Cu(II)－based chemosensing ensemble bearing rhodamine B fluorophore for fluorescence turn-on detection of cyanide[J]. Journal of Materials Chemistry. 2012，22(5)：1747－1750.

[109] Chen X，Nam S W，Kim G H，et al. A near-infrared fluorescent sensor for detection of cyanide in aqueous solution and its application for bioimaging[J]. Chemical Communications. 2010，46(47)：8953－8955.

[110] Yang Y K，Tae J. Acridinium Salt Based Fluorescent and Colorimetric Chemosensor for the Detection of Cyanide in Water[J]. Organic Letters. 2006，8(25)：5721－5723.

[111] Kaur P，Sareen D，Kaur S，et al. An efficacious "naked-eye" selective sensing of cyanide from aqueous solutions using a triarylmethane leuconitrile[J]. Inorganic Chemistry Communications. 2009，12(3)：272－275.

[112] Afkhami A，Sarlak N. A novel cyanide sensing phase based on immobilization of methyl violet on a triacetylcellulose membrane[J]. Sensors & Actuators B. 2007，122(2)：437－441.

[113] Nicoleti C R，Nandi L G，Machado V G. Chromogenic Chemodosimeter for Highly Selective Detection of Cyanide in Water and Blood Plasma Based on Si-O Cleavage in the Micellar System[J]. Analytical Chemistry. 2015，87(1)：362－366.

[114] Ajayaghosh A，Carol P，Sreejith S. A Ratiometric Fluorescence Probe for Selective Visual Sensing of Zn^{2+} [J]. Journal of the American Chemical Society. 2005，127(43)：14962－14963.

[115] Yamaguchi S，Akiyama S，Tamao K. Colorimetric Fluoride Ion Sensing by Boron-Containing π－Electron Systems[J]. Journal of the American Chemical Society. 2001，123(46)：11372－11375.

[116] Zhu B，Jia H，Zhang X，et al. Engineering a subcellular targetable，red-emitting，and ratiometric fluorescent probe for Ca^{2+} and its bioimaging applications [J]. Analytical & Bioanalytical Chemistry. 2010，397(3)：1245－1250.

[117] Xu G，Tarr M A. A novel fluoride sensor based on fluorescence enhancement[J]. Chemical Communications. 2004(9)：1050－1051.

[118] Jiang P, Chen L, Lin J, et al. Novel Zinc Fluorescent Probe Bearing Dansyl and Aminoquinoline Groups[J]. Cheminform. 2002, 33(44): 1424-1425.

[119] Tang B, Huang H, Xu K, et al. Highly sensitive and selective near-infrared fluorescent probe for zinc and its application to macrophage cells[J]. Chemical Communications. 2006(34): 3609-3611.

[120] Komatsu K, Urano Y, Kojima H, et al. Development of an Iminocoumarin-Based Zinc Sensor Suitable for Ratiometric Fluorescence Imaging of Neuronal Zinc[J]. Journal of the American Chemical Society. 2007, 129(44): 13447-13454.

[121] Koide Y, Urano Y, Hanaoka K, et al. Development of an Si-Rhodamine-Based Far-Red to Near-Infrared Fluorescence Probe Selective for Hypochlorous Acid and Its Applications for Biological Imaging[J]. Journal of the American Chemical Society. 2011, 133(15): 5680-5682.

[122] Zhang H, Qu Y, Gao Y, et al. A red fluorescent 'turn-on' chemosensor for Hg^{2+} based on triphenylamine-triazines derivatives with aggregation-induced emission characteristic[J]. Tetrahedron Letters. 2013, 54(8): 909-912.

[123] Tong H, Dong Y, Häussler M, et al. Tunable aggregation-induced emission of diphenyldibenzofulvenes[J]. Chemical Communications. 2006(10): 1133-1135.

[124] Dong Y, Lam J W Y, Qin A, et al. Switching the light emission of (4-biphenylyl) phenyldibenzofulvene by morphological modulation: crystallization-induced emission enhancement[J]. Chemical Communications. 2007(1): 40-42.

[125] Ning Z, Zhao C, Zhang Q, et al. Aggregation-Induced Emission (AIE)-active Starburst Triarylamine Fluorophores as Potential Non-doped Red Emitters for Organic Light-Emitting Diodes and Cl_2 Gas Chemodosimeter [J]. Advanced Functional Materials. 2007, 17(18): 3799-3807.

[126] Dong Y, Lam J W Y, Qin A, et al. Endowing hexaphenylsilole with chemical sensory and biological probing properties by attaching amino pendants to the silolyl core[J]. Chemical Physics Letters. 2007, 446(1-3): 124-127.

[127] Hang Y, Yang L, Qu Y, et al. A new diketopyrrolopyrrole-based near-infrared (NIR) fluorescent biosensor for BSA detection and AIE-assisted bioimaging[J]. Tetrahedron Letters. 2014, 55(51): 6998-7001.

[128] Gogoi A, Mukherjee S, Ramesh A, et al. AIE Active Metal-Free Chemosensing Platform for Highly Selective Turn-ON Sensing and Bioimaging of Pyrophosphate Anion[J]. Analytical Chemistry. 2015, 87(13). 6974-6979.

[129] Xu Q, Lee K A, Lee S, et al. A Highly Specific Fluorescent Probe for Hypochlorous Acid and Its Application in Imaging Microbe-Induced HOCl Production[J]. Journal of the American Chemical Society. 2013, 135(26): 9944-9949.

[130] Yuan L, Wang L, Agrawalla B K, et al. Development of Targetable Two-Photon Fluorescent Probes to Image Hypochlorous Acid in Mitochondria and Lysosome in Live Cell and Inflamed Mouse Model[J]. Journal of the American Chemical Society. 2015, 137(18): 5930-5938.

[131] Chang M C Y, Pralle A, Isacoff E Y, et al. A Selective, Cell-Permeable Optical Probe for Hydrogen Peroxide in Living Cells[J]. Journal of the American Chemical Society. 2004, 126(47): 15392 - 15393.

[132] Dickinson B C, Chang C J. A Targetable Fluorescent Probe for Imaging Hydrogen Peroxide in the Mitochondria of Living Cells[J]. Journal of the American Chemical Society. 2008, 130(34): 11561.

[133] Srikun D, Miller E W, Domaille D W, et al. An ICT-Based Approach to Ratiometric Fluorescence Imaging of Hydrogen Peroxide Produced in Living Cells[J]. Journal of the American Chemical Society. 2008, 130(14): 4596 - 4597.

[134] Chung C, Srikun D, Lim C S, et al. A two-photon fluorescent probe for ratiometric imaging of hydrogen peroxide in live tissue[J]. Chemical Communications. 2011, 47 (34): 9618 - 9620.

[135] Karton-Lifshin N, Segal E, Omer L, et al. A Unique Paradigm for a Turn-ON Near-Infrared Cyanine-Based Probe: Noninvasive Intravital Optical Imaging of Hydrogen Peroxide[J]. Journal of the American Chemical Society. 2011, 133(28): 10960 - 10965.

[136] Xu K, Tang B, Huang H, et al. Strong Red Fluorescent Probes Suitable for Detecting Hydrogen Peroxide Generated by Mice Peritoneal Macrophages [J]. Chemical Communications. 2006, 37(48): 5974 - 5976.

[137] Xu K, Wang L, Qiang M, et al. A selective near-infrared fluorescent probe for singlet oxygen in living cells[J]. Chemical Communications. 2011, 47(26): 7386 - 7388.

[138] Zhao H, Joseph J, Fales H M, et al. Detection and characterization of the product of hydroethidine and intracellular superoxide by HPLC and limitations of fluorescence [J]. Proceedings of the National Academy of Sciences. 2005, 102(16): 5727 - 5732.

[139] Hu X, Wang J, Zhu X, et al. A copper(II) rhodamine complex with a tripodal ligand as a highly selective fluorescence imaging agent for nitric oxide[J]. Chemical Communications. 2011, 47(41): 11507 - 11509.

[140] Yang D, Wang H L, Sun Z N, et al. A Highly Selective Fluorescent Probe for the Detection and Imaging of Peroxynitrite in Living Cells[J]. Journal of the American Chemical Society. 2006, 128(18): 6004 - 6005.

[141] Choi M G, Hwang J, Eor S, et al. Chromogenic and Fluorogenic Signaling of Sulfite by Selective Deprotection of Resorufin Levulinate[J]. Organic Letters. 2010, 12(24): 5624 - 5627.

[142] Chen X, Ko S K, Min J K, et al. A thiol-specific fluorescent probe and its application for bioimaging[J]. Chemical Communications. 2010, 46(16): 2751 - 2753.

[143] Cao X, Lin W, Yu Q. A Ratiometric Fluorescent Probe for Thiols Based on a Tetrakis(4 - hydroxyphenyl) porphyrin-Coumarin Scaffold[J]. Journal of Organic Chemistry. 2011, 76(18): 7423 - 7430.

[144] Zhang M, Yu M, Li F, et al. A Highly Selective Fluorescence Turn-on Sensor for

Cysteine/Homocysteine and Its Application in Bioimaging [J]. Journal of the American Chemical Society. 2007, 129(34): 10322 - 10323.

[145] Jung H S, Ko K C, Kim G-H, et al. Coumarin-Based Thiol Chemosensor: Synthesis, Turn-On Mechanism, and Its Biological Application[J]. Organic Letters. 2011, 13(6): 1498 - 1501.

[146] Sun Y Q, Chen M, Liu J, et al. Nitroolefin-based coumarin as a colorimetric and fluorescent dual probe for biothiols[J]. Chemical Communications. 2011, 47(39): 11029 - 11031.

[147] Ekmekci Z, Yilmaz M D, Akkaya E U. A Monostyryl-boradiazaindacene (BODIPY) Derivative as Colorimetric and Fluorescent Probe for Cyanide Ions [J]. Organic Letters. 2008, 10(3): 461 - 464.

[148] Sukato R, Sangpetch N, Palaga T, et al. New turn-on fluorescent and colorimetric probe for cyanide detection based on BODIPY-salicylaldehyde and its application in cell imaging[J]. Journal of Hazardous Materials. 2016, 314: 277 - 285.

[149] Kwon S K, Kou S, Kim H N, et al. Sensing cyanide ion via fluorescent change and its application to the microfluidic system[J]. Tetrahedron Letters. 2008, 49(26): 4102 - 4105.

[150] Pati P B, Zade S S. Selective Colorimetric and "Turn-on" Fluorimetric Detection of Cyanide Using a Chemodosimeter Comprising Salicylaldehyde and Triphenylamine Groups[J]. European Journal of Organic Chemistry. 2012, 2012(33): 6555 - 6561.

[151] Bozdemir O A, Sozmen F, Buyukcakir O, et al. Reaction-Based Sensing of Fluoride Ions Using Built-In Triggers for Intramolecular Charge Transfer and Photoinduced Electron Transfer[J]. Organic Letters. 2010, 12(7): 1400 - 1403.

[152] Hu R, Feng J, Hu D, et al. A Rapid Aqueous Fluoride Ion Sensor with Dual Output Modes[J]. Angewandte Chemie International Edition. 2010, 122(29): 5035 - 5038.

[153] Lawrence N S, Davis J, Compton R G. Analytical strategies for the detection of sulfide: a review[J]. Talanta. 2000, 52(5): 771 - 784.

[154] Jiang W, Fu Q, Fan H, et al. A Highly Selective Fluorescent Probe for Thiophenols [J]. Angewandte Chemie International Edition. 2007, 46(44): 8445 - 8448.

[155] Frenette M, Hatamimoslehabadi M, Bellinger-Buckley S, et al. Shining Light on the Dark Side of Imaging: Excited State Absorption Enhancement of a Bis-styryl BODIPY Photoacoustic Contrast Agent[J]. Journal of the American Chemical Society. 2014, 136(45): 15853 - 15856.

[156] Liu H-W, Zhang X-B, Zhang J, et al. Efficient Two-Photon Fluorescent Probe with Red Emission for Imaging of Thiophenols in Living Cells and Tissues[J]. Analytical Chemistry. 2015, 87(17): 8896 - 8903.

[157] Jiang W, Cao Y, Liu Y, et al. Rational design of a highly selective and sensitive fluorescent PET probe for discrimination of thiophenols and aliphatic thiols [J]. Chemical Communications. 2010, 46(11): 1944 - 1946.

[158] Shao X, Kang R, Zhang Y, et al. Highly Selective and Sensitive 1 - Amino BODIPY-Based Red Fluorescent Probe for Thiophenols with High Off-to-On

Contrast Ratio[J]. Analytical Chemistry. 2014, 87(1): 399 - 405.

[159] Yu D, Huang F, Ding S, et al. Near-Infrared Fluorescent Probe for Detection of Thiophenolsin Water Samples and Living Cells[J]. Analytical Chemistry. 2014, 86 (17): 8835 - 8841.

[160] Kand D, Mishra P K, Saha T, et al. BODIPY based colorimetric fluorescent probe for selective thiophenol detection: theoretical and experimental studies[J]. Analyst. 2012, 137(17): 3921 - 3924.

[161] Wang Z, Han D M, Jia W P, et al. Reaction-Based Fluorescent Probe for Selective Discrimination of Thiophenols over Aliphaticthiols and Its Application in Water Samples[J]. Analytical Chemistry. 2012, 84(11): 4915 - 4920.

[162] Blanco R, Gómez R, Seoane C, et al. An Ambipolar Peryleneamidine Monoimide-Fused Polythiophene with Narrow Band Gap[J]. Organic Letters. 2007, 9(11): 2171 - 2174.

[163] Gu X, Liu C, Zhu Y C, Zhu Y Z. A Boron-dipyrromethene-Based Fluorescent Probe for Colorimetric and Ratiometric Detection of Sulfite[J]. Journal of agricultural and food chemistry. 2011, 59(22): 11935 - 11939.

[164] Corsaro A, Pistarà V. Conversion of the thiocarbonyl group into the carbonyl group [J]. Tetrahedron. 1998, 54(50): 15027 - 15062.

[165] Boeglin D, Cantel S, Heitz A, et al. Solution and Solid-Supported Synthesis of 3, 4, 5 - Trisubstituted 1, 2, 4 - Triazole-Based Peptidomimetics[J]. Organic Letters. 2003, 5(23): 4465 - 4468.

[166] Wang X, Zheng L, Wei B, et al. Synthesis of 2 - (4 - Methoxylpheny loxyacetylamido) - 5 - aryloxymethyl - 1, 3, 4 - oxadiazoles under Microwave Irradiation[J]. Synthetic Communications. 2002, 32(7): 1097 - 1103.

[167] Hintermann L, Labonne A. Catalytic Hydration of Alkynes and Its Application in Synthesis[J]. Synthesis 2007, 8: 1121 - 1150.

[168] Niu SL, Ulrich G, Ziessel R, et al. Water-Soluble BODIPY Derivatives[J]. Organic Letters. 2009, 11(10): 2049 - 2052.

[169] Chae M, Czarnik A W. Fluorometric chemodosimetry. Mercury(II) and silver(I) indication in water via enhanced fluorescence signaling[J]. Journal of the American Chemical Society. 1992, 114(24): 9704 - 9705.

[170] Zhang G, Zhang D, Yin S, et al. 1,3 - Dithiole - 2 - thione derivatives featuring an anthracene unit: new selective chemodosimeters for Hg(ii) ion[J]. Chemical Communications. 2005(16): 2161 - 2163.

[171] José VR-L, Marcos M D, Mártinez-Máñez R, et al. A Regenerative Chemodosimeter Based on Metal-Induced Dye Formation for the Highly Selective and Sensitive Optical Determination of Hg^{2+} Ions[J]. Angewandte Chemie International Edition. 2005, 44(28): 4405 - 4407.

[172] Cheng Y F, Zhao D T, Zhang M, et al. Azo 8 - hydroxyquinoline benzoate as selective chromogenic chemosensor for Hg^{2+} and Cu^{2+} [J]. Tetrahedron Letters. 2006, 47(36): 6413 - 6416.

[173] Song K, Kim J, Park S, et al. Fluorogenic Hg^{2+} - selective chemodosimeter derived from 8 - hydroxyquinoline[J]. Organic Letters. 2006, 8(16): 3413 - 3416.
[174] Wu J S, Hwang I C, Kim K S, et al. Rhodamine-Based Hg^{2+} - Selective Chemodosimeter in Aqueous Solution: Fluorescent OFF-ON[J]. Organic Letters. 2007, 9(5): 907 - 910.
[175] Lee M H, Cho B K, Yoon J, et al. Selectively Chemodosimetric Detection of Hg(II) in Aqueous Media[J]. Organic Letters. 2007, 9(22): 4515 - 4518.
[176] Santra M, Ryu D, Chatterjee A, et al. A chemodosimeter approach to fluorescent sensing and imaging of inorganic and methylmercury species [J]. Chemical Communications. 2009(16): 2115 - 2117.
[177] Kaur P, Sareen D, Singh K. Selective colorimetric sensing of Cu^{2+} using triazolyl monoazo derivative[J]. Talanta. 2011, 83(5): 1695 - 1700.
[178] Ong T-G, Yap G P A, Richeson D S. Catalytic Construction and Reconstruction of Guanidines: Ti-Mediated Guanylation of Amines and Transamination of Guanidines [J]. Journal of the American Chemical Society. 2003, 125(27): 8100 - 8101.
[179] Lee M H, Lee S W, Kim S H, et al. Nanomolar Hg(II) Detection Using Nile Blue Chemodosimeter in Biological Media[J]. Organic Letters. 2009, 11(10): 2101 - 2104.
[180] Yuan L, Lin W, Chen B, et al. Development of FRET-Based Ratiometric Fluorescent Cu^{2+} Chemodosimeters and the Applications for Living Cell Imaging[J]. Organic Letters. 2012, 14(2): 432 - 435.
[181] Qi J, Han M S, Tung C H. A benzothiazole alkyne fluorescent sensor for Cu detection in living cell[J]. Bioorganic & Medicinal Chemistry Letters. 2012, 22(4): 1747 - 1749.
[182] Lin W, Long L, Chen B, et al. Fluorescence turn-on detection of Cu(2+) in water samples and living cells based on the unprecedented copper-mediated dihydrorosamine oxidation reaction[J]. Chemical Communications. 2010, 46(8): 1311 - 1313.
[183] Wang R, Yu F, Liu P, et al. A turn-on fluorescent probe based on hydroxylamine oxidation for detecting ferric ion selectively in living cells [J]. Chemical Communications. 2012, 48(43): 5310 - 5312.
[184] Chatterjee A, Santra M, Won N, et al. Selective Fluorogenic and Chromogenic Probe for Detection of Silver Ions and Silver Nanoparticles in Aqueous Media[J]. Journal of the American Chemical Society. 2009, 131(6): 2040 - 2041.
[185] Garner A L, Song F, Koide K. Enhancement of a Catalysis-Based Fluorometric Detection Method for Palladium through Rational Fine-Tuning of the Palladium Species[J]. Journal of the American Chemical Society. 2009, 131(14): 5163 - 5171.
[186] Qian F, Zhang C, Zhang Y, et al. Visible Light Excitable Zn^{2+} Fluorescent Sensor Derived from an Intramolecular Charge Transfer Fluorophore and Its in Vitro and in Vivo Application[J]. Journal of the American Chemical Society. 2009, 131(4): 1460 - 1468.

[187] Lee P K, Law H T, Liu H W, et al. Luminescent Cyclometalated Iridium(III) Polypyridine Di - 2 - picolylamine Complexes: Synthesis, Photophysics, Electrochemistry, Cation Binding, Cellular Internalization, and Cytotoxic Activity [J]. Inorganic Chemistry. 2011, 50(17): 8570 - 8579.

[188] Pratihar P, Mondal T K, Patra A K, et al. trans-Dichloro-bis-(arylazoimidazole) palladium(II): Synthesis, Structure, Photoisomerization, and DFT Calculation[J]. Inorganic Chemistry. 2009, 48(7): 2760 - 2769.

[189] Taku H, Imahori H, Kamat P V, et al. Quaternary Self-Organization of Porphyrin and Fullerene Units by Clusterization with Gold Nanoparticles on SnO_2 Electrodes for Organic Solar Cells[J]. Journal of the American Chemical Society. 2003, 125 (49): 14962 - 14963.

[190] Vedamalai M, Wu S P. A BODIPY-Based Highly Selective Fluorescent Chemosensor for Hg^{2+} Ions and Its Application in Living Cell Imaging[J]. European Journal of Organic Chemistry. 2012, 2012(6): 1158 - 1163.

[191] Brisbois E J, Davis R P, Jones A M, et al. Reduction in thrombosis and bacterial adhesion with 7 day implantation of S-nitroso-N-acetylpenicillamine (SNAP)-doped Elast-eon E2As catheters in sheep[J]. Journal of Materials Chemistry B. 2015, 3 (8): 1639 - 1645.

[192] Youming Z, Bingbing S, Peng Z, et al. A highly selective dual-channel Hg^{2+} chemosensor based on an easy to prepare double naphthalene Schiff base[J]. Science China Chemistry. 2013, 056(5): 612 - 618.

[193] Ding L, Wu M, Li Y, et al. New fluoro- and chromogenic chemosensors for the dual-channel detection of Hg^{2+} and F^- [J]. Tetrahedron Letters. 2014, 55(34): 4711 - 4715.

[194] Knake R, Jacquinot P, Hodgson A W E, et al. Amperometric sensing in the gas-phase[J]. Analytica Chimica Acta. 2005, 549(1 - 2): 1 - 9.

[195] Li W, Ye Y, Yuan S, et al. Hierarchical nanocomposites of Co_3O_4/polyaniline nanowire arrays/reduced graphene oxide sheets for amino acid detection[J]. Sensors & Actuators B Chemical. 2014, 203(1): 864 - 872.

[196] Azadbakht R, Almasi T, Keypour H, et al. A new asymmetric Schiff base system as fluorescent chemosensor for Al^{3+} ion[J]. Inorganic Chemistry Communications. 2013, 33: 63 - 67.

[197] Alici O, Erdemir S. A cyanobiphenyl containing fluorescence "turn on" sensor for Al (3+) ion in CH_3CN-water[J]. Sensors & Actuators B Chemical. 2015, 208: 159 - 163.

[198] Dincă M, Yu A F, Long J R. Microporous Metal-Organic Frameworks Incorporating 1, 4 - Benzeneditetrazolate: Syntheses, Structures, and Hydrogen Storage Properties [J]. Journal of the American Chemical Society. 2006, 128(27): 8904 - 8913.

[199] Rurack K, Kollmannsberger M, Resch-Genger U, et al. A Selective and Sensitive Fluoroionophore for Hg^{II}, Ag^{I}, and Cu^{II} with Virtually Decoupled Fluorophore and

Receptor Units[J]. Journal of the American Chemical Society. 2000, 122(5): 968-969.

[200] Baruah M, Qin W, A. L. Vallee R, et al. A Highly Potassium-Selective Ratiometric Fluorescent Indicator Based on BODIPY Azacrown Ether Excitable with Visible Light[J]. Organic Letters. 2005, 7(20): 4377-4380.

[201] Atilgan S, Ozdemir T, Akkaya E U. Selective Hg(II) sensing with improved stokes shift by coupling the internal charge transfer process to excitation energy transfer [J]. Organic Letters. 2010, 12(21): 4792-4795.

[202] Bozdemir O A, Guliyev R, Buyukcakir O, et al. Selective manipulation of ICT and PET processes in styryl-bodipy derivatives: Applications in molecular logic and fluorescence sensing of metal ions[J]. Journal of the American Chemical Society. 2010, 132(23): 8029-8036.

[203] Rurack K, Bricks J L, Schulz B, et al. Substituted 1,5-Diphenyl-3-benzothiazol-2-yl-Δ^2-pyrazolines: Synthesis, X-ray Structure, Photophysics, and Cation Complexation Properties[J]. Journal of Physical Chemistry A. 2000, 104(26): 6171-6188.

[204] Yoon S, Albers A E, Wong A P, et al. Screening Mercury Levels in Fish with a Selective Fluorescent Chemosensor[J]. Journal of the American Chemical Society. 2005, 127(46): 16030-16031.

[205] Vaidya B, Zak J, Bastiaans G J, et al. Chromogenic and Fluorogenic Crown Ether Compounds for the Selective Extraction and Determination of Hg(II)[J]. Analytical Chemistry. 1995, 67(22): 4101-4111.

[206] Prodi L, Bargossi C, Montalti M, et al. An Effective Fluorescent Chemosensor for Mercury Ions[J]. Journal of the American Chemical Society. 2000, 122(28): 6769-6770.

[207] Prodi L, Montalti M, Zaccheroni N, et al. Characterization of 5-chloro-8-methoxyquinoline appended diaza-18-crown-6 as a chemosensor for cadmium[J]. Tetrahedron Letters. 2001, 42(16): 2941-2944.

[208] Sancenón F, Martínez-Máñez R, Soto J. 1,3,5-Triarylpent-2-en-1,5-diones for the colorimetric sensing of the mercuric cation[J]. Chemical Communications. 2001(21): 2262-2263.

[209] Padilla-Tosta Miguel E, Lloris J M, Martínez cmáñez R, et al. Fluorescent Chemosensors for Heavy Metal Ions Based on Bis(terpyridyl) Ruthenium(II) Complexes Containing Aza m² xa and Polyaza Macrocycles[J]. European Journal of Inorganic Chemistry. 2001, 2001(6): 1475-1482.

[210] Cheng T, Xu Y, Zhang S, et al. A Highly Sensitive and Selective OFF-ON Fluorescent Sensor for Cadmium in Aqueous Solution and Living Cell[J]. Journal of the American Chemical Society. 2008, 130(48): 16160-16161.

[211] Li Y P, Liu X M, Zhang Y H, et al. A fluorescent and colorimetric sensor for Al^{3+} based on a dibenzo-18-crown-6 derivative[J]. Inorganic Chemistry Communications. 2013, 33: 6-9.

[212] Qin W, Baruah M, Sliwa M, et al. Ratiometric, Fluorescent BODIPY Dye with Aza Crown Ether Functionality: Synthesis, Solvatochromism, and Metal Ion Complex Formation[J]. Journal of Physical Chemistry A. 2008, 112(27): 6104 - 6114.

[213] Wang J, Qian X. A series of polyamide receptor based PET fluorescent sensor molecules: Positively cooperative Hg^{2+} ion binding with high sensitivity[J]. Organic Letters. 2006, 8(17): 3721 - 3724.

[214] Ju H K, Hwang A R, Chang S K. Hg^{2+} - selective fluoroionophore of p-tert-butylcalix[4]arene-diaza-crown ether having pyrenylacetamide subunits[J]. Tetrahedron Letters. 2004, 45(41): 7557 - 7561.

[215] Guo X, Qian X, Jia L. A Highly Selective and Sensitive Fluorescent Chemosensor for Hg^{2+} in Neutral Buffer Aqueous Solution[J]. Journal of the American Chemical Society. 2004, 126(8): 2272 - 2273.

[216] Guo Z, Zhu W, Shen L, et al. A Fluorophore Capable of Crossword Puzzles and Logic Memory[J]. Angewandte Chemie. 2010, 46(29): 5549 - 5553.

[217] Talanova G G, Elkarim N S A, Talanov V S, et al. A Calixarene-Based Fluorogenic Reagent for Selective Mercury(II) Recognition[J]. Analytical Chemistry. 1999, 71(15): 3106 - 3109.

[218] Chen Q Y, Chen C F. A new Hg^{2+} - selective fluorescent sensor based on a dansyl amide - armed calix[4]- aza-crown[J]. Tetrahedron Letters. 2005, 46(1): 165 - 168.

[219] Zhang X B, Guo C C, Li Z Z, et al. An Optical Fiber Chemical Sensor for Mercury Ions Based on a Porphyrin Dimer[J]. Analytical Chemistry. 2002, 74(4): 821 - 825.

[220] Moon S Y, Cha N R, Kim Y H, et al. New Hg^{2+} - selective chromo- and fluoroionophore based upon 8 - hydroxyquinoline[J]. Journal of Organic Chemistry. 2004, 69(1): 181 - 183.

[221] Zhang H, Han L F, Zachariasse K A, et al. 8 - Hydroxyquinoline benzoates as highly sensitive fluorescent chemosensors for transition metal ions[J]. Organic Letters. 2005, 7(19): 4217 - 4220.

[222] Wang D, Shiraishi Y, Hirai T. A BODIPY-based fluorescent chemodosimeter for Cu(ii) driven by an oxidative dehydrogenation mechanism[J]. Chemical Communications. 2011, 47(9): 2673 - 2075.

[223] Tian H, Li B, Wang H, et al. A nanocontainer that releases a fluorescence sensor for cadmium ions in water and its biological applications[J]. Journal of Materials Chemistry. 2011, 21(28): 10298 - 10303.

[224] Zhou D, Sun C, Chen C, et al. Research of a highly selective fluorescent chemosensor for aluminum(III) ions based on photoinduced electron transfer[J]. Journal of Molecular Structure. 2015, 1079: 315 - 320.

[225] Sun Z N, Liu F Q, Chen Y, et al. A Highly Specific BODIPY-Based Fluorescent Probe for the Detection of Hypochlorous Acid[J]. Organic Letters. 2008, 10(11): 2171 - 2174.

[226] Ashok Kumar S L, Tamilarasan R, Kumar M S, et al. Bisthiocarbohydrazones as Colorimetric and "Turn on" Fluorescent Chemosensors for Selective Recognition of Fluoride[J]. Indengchemres. 2011, 50(22): 12379 - 12383.

[227] Chen X, Wang H, Jin X, et al. Palladium catalyzed bicyclization of 1, 8 - diiodonaphthalene and tertiary propargylic alcohols to phenalenones and their applications as fluorescent chemosensor for fluoride ions [J]. Chemical Communication. 2011, 47(9): 2628 - 2630.

[228] Kim T H, Holmes A B. Synthesis of a conformationally rigid scyllo-inositol polymer as a novel chelating ligand[J]. Journal of the Chemical Society Perkin Transactions. 2001, 20(20): 2524 - 2525.

[229] Filatov M A, Lebedev A Y, Mukhin S N, et al. π - Extended Dipyrrins Capable of Highly Fluorogenic Complexation with Metal Ions[J]. Journal of the American Chemical Society. 2010, 132(28): 9552 - 9554.

[230] Harriman A, Rostron J P, Cesario M, et al. Electron Transfer in Self-Assembled Orthogonal Structures[J]. Journal of Physical Chemistry A. 2006, 110(26): 7994 - 8002.

[231] Rosenthal J, Lippard S J. Direct Detection of Nitroxyl in Aqueous Solution Using a Tripodal Copper(II) BODIPY Complex[J]. Journal of the American Chemical Society. 2010, 132(16): 5536 - 5537.

[232] Au-Yeung H Y, New E J, Chang C J. A selective reaction-based fluorescent probe for detecting cobalt in living cells[J]. Chemical Communications. 2012, 48(43): 5268 - 5270.

[233] Zhang Y, Zhang Z, Yin D, et al. Turn-on Fluorescent InP Nanoprobe for Detection of Cadmium Ions with High Selectivity and Sensitivity[J]. ACS Applied Materials & Interfaces. 2013, 5(19): 9709 - 9713.

[234] Levitt J, Kuimova M, Yahioglu G, et al. Membrane-Bound Molecular Rotors Measure Viscosity in Live Cells via Fluorescence Lifetime Imaging[J]. Journal of Physical Chemistry C. 2009, 113(27): 6672 - 6673.

[235] Alamiry M A H, Benniston A C, Copley G, et al. A Molecular Rotor Based on an Unhindered Boron Dipyrromethene (Bodipy) Dye[J]. Chemistry of Materials. 2008, 20(12): 4024 - 4032.

[236] Liu F, Wu T, Cao J, et al. Ratiometric Detection of Viscosity Using a Two-Photon Fluorescent Sensor[J]. Chemistry. 2013, 19(5): 1548 - 1553.

[237] Wang L, Xiao Y, Tian W, et al. Activatable Rotor for Quantifying Lysosomal Viscosity in Living Cells[J]. Journal of the American Chemical Society. 2013, 135(8): 2903 - 2906.

[238] Kollmannsberger M, Gareis T, Heinl S, et al. Electrogenerated Chemiluminescence and Proton-Dependent Switching of Fluorescence: Functionalized Difluoroboradiaza-s-indacenes[J]. Angewandte Chemie International Edition. 2010, 36(12): 1333 - 1335.

[239] Bura T, Retailleau P, Ulrich G, et al. Highly Substituted Bodipy Dyes with

Spectroscopic Features Sensitive to the Environment[J]. Journal of Organic Chemistry. 2011, 76(4): 1109-1117.

[240] Ozlem S, Akkaya E U. Thinking Outside the Silicon Box: Molecular AND Logic As an Additional Layer of Selectivity in Singlet Oxygen Generation for Photodynamic Therapy[J]. Journal of the American Chemical Society. 2009, 131(1): 48-49.

[241] Descalzo A B, Xu H J, Xue Z L, et al. Phenanthrene-Fused Boron-Dipyrromethenes as Bright Long-Wavelength Fluorophores[J]. Organic Letters. 2008, 10(8): 1581-1584.

[242] Wang D, Miyamoto R, Shiraishi Y, et al. BODIPY-Conjugated Thermoresponsive Copolymer as a Fluorescent Thermometer Based on Polymer Microviscosity[J]. Langmuir the Acs Journal of Surfaces & Colloids. 2009, 25(22): 13176-13182.

[243] Pasparakis G, Cockayne A, Alexander C. Control of Bacterial Aggregation by Thermoresponsive Glycopolymers[J]. Journal of the American Chemical Society. 2007, 129(36): 11014-11015.

[244] Ke G, Wang C, Yun Ge N Z, et al. L-DNA Molecular Beacon: A Safe, Stable, and Accurate Intracellular Nano-thermometer for Temperature Sensing in Living Cells [J]. Journal of the American Chemical Society. 2012, 134(46): 18908-18911.

[245] Matsumoto T, Urano Y, Shoda T, et al. A Thiol-Reactive Fluorescence Probe Based on Donor-Excited Photoinduced Electron Transfer: Key Role of Ortho Substitution[J]. Organic Letters. 2007, 9(17): 3375-3377.

[246] Lin W, Long L, Yuan L, et al. A Ratiometric Fluorescent Probe for Cysteine and Homocysteine Displaying a Large Emission Shift[J]. Organic Letters. 2008, 10(24): 5577-5580.

[247] Huo F J, Sun Y Q, Su J, et al. Colorimetric Detection of Thiols Using a Chromene Molecule[J]. Organic Letters. 2009, 11(21): 4918-4921.

[248] Bi L, Kim D H, Ju J. Design and Synthesis of a Chemically Cleavable Fluorescent Nucleotide, 3′-O-Allyl-dGTP-allyl-Bodipy-FL-510, as a Reversible Terminator for DNA Sequencing by Synthesis[J]. Journal of the American Chemical Society. 2006, 128(8): 2542-2543.

[249] Ojida A, Sakamoto T, Inoue M A, et al. Fluorescent BODIPY-Based Zn(II) Complex as a Molecular Probe for Selective Detection of Neurofibrillary Tangles in the Brains of Alzheimer's Disease Patients[J]. Journal of the American Chemical Society. 2009, 131(18): 6543-6548.

[250] Lee J S, Kang N Y, Yun K K, et al. Synthesis of a BODIPY Library and Its Application to the Development of Live Cell Glucagon Imaging Probe[J]. Journal of the American Chemical Society. 2009, 131(29): 10077-10082.

[251] Nierth A, Kobitski A Y, Nienhaus G U, et al. Anthracene-BODIPY Dyads as Fluorescent Sensors for Biocatalytic Diels-Alder Reactions[J]. Journal of the American Chemical Society. 2010, 132(8): 2646-2654.

[252] Lim S H, Thivierge C, Nowak-Sliwinska P, et al. In Vitro and In Vivo Photocytotoxicity of Boron Dipyrromethene Derivatives for Photodynamic Therapy

[J]. Journal of Medicinal Chemistry. 2010, 53(7): 2865-2874.

[253] Coban O, Burger M, Laliberte M, et al. Ganglioside Partitioning and Aggregation in Phase-Separated Monolayers Characterized by Bodipy GM1 Monomer/Dimer [J] Emission[J]. Langmuir. 2007, 23(12): 6704-6711.

[254] Hapuarachchige S, Montano G, Ramesh C, et al. Design and Synthesis of a New Class of Membrane-Permeable Triazaborolopyridinium Fluorescent Probes[J]. Journal of the American Chemical Society. 2011, 133(17): 6780-6790.

[255] Li Z, Bittman R. Synthesis and Spectral Properties of Cholesterol- and FTY720-Containing Boron Dipyrromethene Dyes[J]. Journal of Organic Chemistry. 2007, 72 (22): 8376-8382.

[256] Lee J J, Lee S C, Zhai D, et al. Bodipy-diacrylate imaging probes for targeted proteins inside live cells[J]. Chemical Communications. 2011, 47(15): 4508-4510.

[257] Prusty D K, Herrmann A. A Fluorogenic Reaction Based on Heavy-Atom Removal for Ultrasensitive DNA Detection[J]. Journal of the American Chemical Society. 2010, 132(35): 12197-12199.

[258] Young D D, Nichols J, Kelly R M, et al. Microwave Activation of Enzymatic Catalysis[J]. Journal of the American Chemical Society. 2008, 130(31): 10048-10049.

[259] Archibald L J, Brown E A, Millard C J, et al. Hydroxamic Acid-Modified Peptide Library Provides Insights into the Molecular Basis for the Substrate Selectivity of HDAC Corepressor Complexes[J]. ACS Chemical Biology. 2022, 17(9): 2572-2582.

[260] Dhara K, Hori Y, Baba R, et al. A fluorescent probe for detection of histone deacetylase activity based on aggregation-induced emission [J]. Chemical Communications. 2012, 48(94): 11534-11536.

[261] Roiban G D, Agudo R, Ilie A, et al. CH-activating oxidative hydroxylation of 1-tetralones and related compounds with high regio- and stereoselectivity[J]. Chemical Communications. 2014, 50(92): 14310-14313.

[262] Zheng F, Guo S, Zeng F, et al. Ratiometric Fluorescent Probe for Alkaline Phosphatase Based on Betaine-Modified Polyethylenimine via Excimer/Monomer Conversion[J]. Analytical Chemistry. 2014, 86(19): 9873-9879.

[263] Gu X, Zhang G, Wang Z, et al. A new fluorometric turn-on assay for alkaline phosphatase and inhibitor screening based on aggregation and deaggregation of tetraphenylethylene molecules[J]. Analyst. 2013, 138(8): 2427-2431.

[264] Lippert A R, New E J, Chang C J. Reaction-Based Fluorescent Probes for Selective Imaging of Hydrogen Sulfide in Living Cells[J]. Journal of the American Chemical Society. 2011, 133(26): 10078-10080.

[265] Montoya L A, Pluth M D. Selective turn-on fluorescent probes for imaging hydrogen sulfide in living cells[J]. Guangzhou Chemical Industry. 2012, 48(39): 4767-4769.

[266] Yu F, Li P, Song P, et al. An ICT-based strategy to a colorimetric and ratiometric

fluorescence probe for hydrogen sulfide in living cells [J]. Chemical Communications. 2012, 48(23): 2852 - 2854.

[267] Bae S K, Heo C H, Choi D T, et al. A Ratiometric Two-Photon Fluorescent Probe Reveals Reduction in Mitochondrial H_2S Production in Parkinson's Disease Gene Knockout Astrocytes[J]. Journal of the American Chemical Society. 2013, 135 (26): 9915 - 9923.

[268] Mao G J, Wei T T, Wang X X, et al. High-Sensitivity Naphthalene-Based Two-Photon Fluorescent Probe Suitable for Direct Bioimaging of H_2S in Living Cells[J]. Analytical Chemistry. 2013, 85(16): 7875 - 7881.

[269] Qian Y, Karpus J, Kabil O, et al. Selective fluorescent probes for live-cell monitoring of sulphide[J]. Nature Communications. 2011, 2: 495 - 500.

[270] Chen Y, Zhu C, Yang Z, et al. A Ratiometric Fluorescent Probe for Rapid Detection of Hydrogen Sulfide in Mitochondria[J]. Angewandte Chemie International Edition. 2013, 52(6): 1688 - 1691.

[271] Wang X, Sun J, Zhang W, et al. A near-infrared ratiometric fluorescent probe for rapid and highly sensitive imaging of endogenous hydrogen sulfide in living cells[J]. Chemical Science. 2013, 4(6): 2551 - 2556.

[272] Sasakura K, Hanaoka K, Shibuya N, et al. Development of a Highly Selective Fluorescence Probe for Hydrogen Sulfide[J]. Journal of the American Chemical Society. 2011, 133(45): 18003 - 18005.

[273] Hou F, Cheng J, Xi P, et al. Recognition of copper and hydrogen sulfide in vitro using a fluorescein derivative indicator[J]. Dalton Transactions. 2012, 41(19): 5799 - 5804.

[274] Choi M G, Cha S, Lee H, et al. Sulfide-selective chemosignaling by a Cu^{2+} complex of dipicolylamine appended fluorescein[J]. Chemical Communications. 2009, 47: 7390 - 7392.

[275] Wang M Q, Li K, Hou J T, et al. BINOL-Based Fluorescent Sensor for Recognition of Cu(II) and Sulfide Anion in Water[J]. Journal of Organic Chemistry. 2012, 77 (18): 8350 - 8354.

[276] Cao X, Lin W, He L. A Near-Infrared Fluorescence Turn-On Sensor for Sulfide Anions[J]. Organic Letters. 2011, 13(17): 4716 - 4719.

[277] Xing M, Liu C, Shan Q, et al. A fluorescein-based probe with high selectivity and sensitivity for sulfite detection in aqueous solution[J]. Sensors & Actuators B Chemical. 2013, B188: 1196 - 1200.

[278] Liu Z, Guo S, Piao J, et al. A reversible fluorescent probe for circulatory detection of sulfites through a redox-based tandem reaction[J]. RSC Advances. 2014, 4(97): 54554 - 54557.

[279] Cheng X, Jia H, Feng J, et al. "Reactive" probe for hydrogen sulfite: Good ratiometric response and bioimaging application [J]. Sensors & Actuators B Chemical. 2013, 184: 274 - 280.

[280] Yang X F, Zhao M, Wang G. A rhodamine-based fluorescent probe selective for

bisulfite anion in aqueous ethanol media[J]. Sensors & Actuators B Chemical. 2011, 152(1): 8-13.

[281] Taylor S L, Higley N A, Bush R K. Sulfites in Foods: Uses, Analytical Methods, Residues, Fate, Exposure Assessment, Metabolism, Toxicity, and Hypersensitivity [J]. Advances in Food and Nutrition Research. 1986, 30: 1-76.

[282] Wang C, Feng S, Wu L, et al. A new fluorescent turn-on probe for highly sensitive and selective detection of sulfite and bisulfite[J]. Sensors & Actuators B Chemical. 2014, 190: 792-799.

[283] Clive D L J, Cheng P. The marinopyrroles[J]. Tetrahedron. 2013, 69(25): 5067-5078.

[284] Kojima H, Urano Y, Kikuchi K, et al. Fluorescent Indicators for Imaging Nitric Oxide Production[J]. Angewandte Chemie International Edition. 1999, 38(21): 3209-3212.

[285] Helmchen F, Denk W. Deep tissue two-photon microscopy[J]. Nature Methods. 2005, 2(12): 932-940.

[286] Dong X, Heo CH, Chen S, et al. Quinoline-Based Two-Photon Fluorescent Probe for Nitric Oxide in Live Cells and Tissues[J]. Analytical Chemistry. 2014, 86(1): 308-311.

[287] Seo E W, Ji H H, Heo C H, et al. A Small-Molecule Two-Photon Probe for Nitric Oxide in Living Tissues[J]. Chemistry. 2012, 18(39): 12388-12394.

[288] Zheng H, Shang G-Q, Yang S-Y, et al. Fluorogenic and Chromogenic Rhodamine Spirolactam Based Probe for Nitric Oxide by Spiro Ring Opening Reaction[J]. Organic Letters. 2008, 10(12): 2357-2360.

[289] Tsuge K, Derosa F, Lim M D, et al. Intramolecular Reductive Nitrosylation: Reaction of Nitric Oxide and a Copper(II) Complex of a Cyclam Derivative with Pendant Luminescent Chromophores[J]. Journal of the American Communication. 2004, 126(21): 6564-6565.

[290] Lv X, Wang Y, Zhang S, et al. A specific fluorescent probe for NO based on a new NO-binding group[J]. Chemical Communications. 2014, 50(56): 7499-7502.

[291] Mao G J, Zhang X B, Shi X L, et al. A highly sensitive and reductant-resistant fluorescent probe for nitroxyl in aqueous solution and serum [J]. Chemical Communications. 2014, 50(43): 5790-5792.

[292] Kawai K, Ieda N, Aizawa K, et al. A Reductant-Resistant and Metal-Free Fluorescent Probe for Nitroxyl Applicable to Living Cells [J]. Journal of the American Communication. 2013, 135(34): 12690-12696.

[293] Zheng K, Lin W, Cheng D, et al. A two-photon fluorescent turn-on probe for nitroxyl (HNO) and its bioimaging application in living tissues [J]. Chemical Communications. 2015, 51(26): 5754-5757.

[294] Zhou Y, Liu K, Li J Y, et al. Visualization of Nitroxyl in Living Cells by a Chelated Copper(II) Coumarin Complex[J]. Organic Letters. 2011, 13(6): 1290-1293.

[295] Cline M R, Toscano J P. Detection of nitroxyl (HNO) by a prefluorescent probe

[J]. Journal of Physical Organic Chemistry. 2011, 24(10): 993 - 998.

[296] Johnson G M, Chozinski T J, Gallagher E S, et al. Glutathione sulfinamide serves as a selective, endogenous biomarker for nitroxyl after exposure to therapeutic levels of donors[J]. Free Radical Biology and Medicine. 2014, 76: 299 - 307.

[297] Bauelos J, Arbeloa F L, Arbeloa T, et al. Photophysical Study of New Versatile Multichromophoric Diads and Triads with BODIPY and Polyphenylene Groups[J]. Journal of Physical Chemistry A. 2008, 112(43): 10816 - 10822.

[298] Saha U C, Dhara K, Chattopadhyay B, et al. A New Half-Condensed Schiff Base Compound: Highly Selective and Sensitive pH-Responsive Fluorescent Sensor[J]. Organic Letters. 2011, 13(17): 4510 - 4513.

[299] Baruah M, Qin W, Basaric N, et al. BODIPY-Based Hydroxyaryl Derivatives as Fluorescent pH Probes[J]. Journal of Organic Chemistry. 2005, 70(10): 4152 - 4157.

[300] Kiyose K, Kojima H, Urano Y, et al. Development of a Ratiometric Fluorescent Zinc Ion Probe in Near-Infrared Region, Based on Tricarbocyanine Chromophore[J]. Journal of the American Chemical Society. 2006, 128(20): 6548 - 6549.

[301] Cao X, Lin W, Yu Q, et al. Ratiometric Sensing of Fluoride Anions Based on a BODIPY-Coumarin Platform[J]. Organic Letters. 2011, 13(22): 6098 - 6101.

[302] Fu L, Jiang F L, Fortin D, et al. A reaction-based chromogenic and fluorescent chemodosimeter for fluoride anions[J]. Chemical Communications. 2011, 47(19): 5503 - 5505.

[303] Rao M R, Mobin S M, Ravikanth M. Boron-dipyrromethene based specific chemodosimeter for fluoride ion[J]. Tetrahedron. 2010, 66(9): 1728 - 1734.

[304] Lu H, Wang Q, Li Z, et al. A specific chemodosimeter for fluoride ion based on a pyrene derivative with trimethylsilylethynyl groups[J]. Organic & Biomolecular Chemistry. 2011, 9(12): 4558 - 4562.

[305] Buckland D, Bhosale S V, Langford S J. A chemodosimer based on a core-substituted naphthalene diimide for fluoride ion detection[J]. Tetrahedron Letters. 2011, 52(16): 1990 - 1992.

[306] Qin W, Leen V, Rohand T, et al. Synthesis, Spectroscopy, Crystal Structure, Electrochemistry, and Quantum Chemical and Molecular Dynamics Calculations of a 3 - Anilino Difluoroboron Dipyrromethene Dye [J]. The Journal of Physical Chemistry A. 2009, 113(2): 439 - 447.

[307] Kaloudi-Chantzea A, Karakostas N, Raptopoulou CP, et al. Coordination-Driven Self Assembly of a Brilliantly Fluorescent Rhomboid Cavitand Composed of Bodipy-Dye Subunits[J]. Journal of the American Chemical Society. 2010, 132(46): 16327 - 16329.

[308] Benniston A C, Copley G, Harriman A, et al. Cofacial Boron Dipyrromethene (Bodipy) Dimers: Synthesis, Charge Delocalization, and Exciton Coupling[J]. The Journal of organic chemistry. 2010, 75(6): 2018 - 2027.

[309] Sartin M M, Camerel F, Ziessel R, et al. Electrogenerated Chemiluminescence of

B8amide: A BODIPY-Based Molecule with Asymmetric ECL Transients[J]. The Journal of Physical Chemistry C. 2008, 112(29): 10833 - 10841.

[310] Lai RY, Bard A J. Electrogenerated Chemiluminescence 71. Photophysical, Electrochemical, and Electrogenerated Chemiluminescent Properties of Selected Dipyrromethene - BF_2 Dyes[J]. Journal of Physical Chemistry B. 2003, 107(21): 5036 - 5942.

[311] Qin W, Leen V, Dehaen W, et al. 3, 5 - Dianilino Substituted Difluoroboron Dipyrromethene: Synthesis, Spectroscopy, Photophysics, Crystal Structure, Electrochemistry, and Quantum-Chemical Calculations[J]. The Journal of Physical Chemistry C. 2009, 113(27): 11731 - 11740.

[312] Krumova K, Cosa G. Bodipy Dyes with Tunable Redox Potentials and Functional Groups for Further Tethering: Preparation, Electrochemical, and Spectroscopic Characterization[J]. Journal of the American Chemical Society. 2010, 132(49): 17560 - 17569.

[313] Vu T T, Badre S, Dumas-Verdes C, et al. New Hindered BODIPY Derivatives: Solution and Amorphous State Fluorescence Properties[J]. Journal of Physical Chemistry C. 2009, 113(27): 11844 - 11855.

[314] Camerel F, Bonardi L, Ulrich G, et al. Self-Assembly of Fluorescent Amphipathic Borondipyrromethene Scaffoldings in Mesophases and Organogels[J]. Revista Mexicana De Biodiversidad. 2006, 18(21): 54 - 865.

[315] Frein S, Camerel F, Ziessel R, et al. Highly Fluorescent Liquid-Crystalline Dendrimers Based on Borondipyrromethene Dyes[J]. Chemistry of Materials. 2009, 21(17): 3950 - 3959.

[316] Camerel F, Bonardi L, Schmutz M, Ziessel R. Highly Luminescent Gels and Mesogens Based on Elaborated Borondipyrromethenes[J]. Journal of the American Chemical Society. 2006, 128(14): 4548 - 4549.

[317] Tomasulo M, Deniz E, Alvarado R J, et al. Photoswitchable Fluorescent Assemblies Based on Hydrophilic BODIPY-spiropyran Conjugates[J]. Journal of Physical Chemistry C. 2008, 112(21): 8038 - 8045.

[318] Boaz N W, Mackenzie E B, Debenham S D, et al. Synthesis and Application of Phosphinoferrocenylaminophosphine Ligands for Asymmetric Catalysis[J]. The Journal of Organic Chemistry. 2005, 70(5): 1872 - 1880.

[319] Mikroyannidis J A, Kabanakis A N, Tsagkournos D V, et al. Bulk heterojunction solar cells based on a low band gap soluble bisazopyrrole and the corresponding BF_2 - azopyrrole complex[J]. Journal of Materials Chemistry. 2010, 20(31): 6464 - 6471.

[320] Huh J O, Do Y, Lee M H. A BODIPY - Borane Dyad for the Selective Complexation of Cyanide Ion[J]. Organometallics. 2008, 27(6): 1022 - 1025.

[321] Bissell R A, De Silva A P, Gunaratne H Q N, et al. Molecular fluorescent signalling with 'fluor-spacer-receptor' systems: approaches to sensing and switching devices via supramolecular photophysics[J]. Chemical Society Reviews. 1992, 21(3): 187 -

190.

[322] Bhat A P, Pomerantz W C K, Arnold W A. Finding Fluorine. Photoproduct Formation during the Photolysis of Fluorinated Pesticides[J]. Environmental Science & Technology. 2022, 56(17): 12336 - 12346.

[323] Jiao L, Yu C, Liu M, et al. Synthesis and Functionalization of Asymmetrical Benzo-Fused BODIPY Dyes[J]. Journal of Organic Chemistry. 2010, 75(17): 6035 - 6038.

[324] Qu Y, Hua J, Tian H. Colorimetric and Ratiometric Red Fluorescent Chemosensor for Fluoride Ion Based on Diketopyrrolopyrrole[J]. Organic Letters. 2010, 12(15): 3320 - 3323.

[325] Kumar S, Luxami V, Kumar A. Chromofluorescent Probes for Selective Detection of Fluoride and Acetate Ions[J]. Organic Letters. 2008, 10(24): 5549 - 5552.

[326] Lin Z-h, Ou S-j, Duan C-y, et al. Naked-eye detection of fluoride ion in water: a remarkably selective easy-to-prepare test paper[J]. Chemical Communications. 2006 (6): 624 - 626.

[327] Long L, Zhou L, Wang L, et al. A ratiometric fluorescent probe for iron(III) and its application for detection of iron(III) in human blood serum[J]. Analytica Chimica Acta. 2014, 812: 145 - 151.

[328] Annie Ho J A, Chang H C, Su W T. DOPA-Mediated Reduction Allows the Facile Synthesis of Fluorescent Gold Nanoclusters for Use as Sensing Probes for Ferric Ions [J]. Analytical Chemistry. 2012, 84(7): 3246 - 3253.

[329] Yang C X, Ren H B, Yan X P. Fluorescent Metal-Organic Framework MIL - 53 (Al) for Highly Selective and Sensitive Detection of Fe^{3+} in Aqueous Solution[J]. Analytical Chemistry. 2013, 85(15): 7441 - 7446.

[330] Şenol A M, Onganer Y, Meral K. An unusual "off-on" fluorescence sensor for iron (III) detection based on fluorescein-reduced graphene oxide functionalized with polyethyleneimine[J]. Sensors and Actuators B: Chemical. 2017, 239: 343 - 351.

[331] Leitch S K, McCluskey A. A High Yielding One-Pot Synthesisof Allylic-Vinylic Alcohols: The Adducts of Tetraallylstannane and α, β - UnsaturatedCarbonyl Compounds[J]. Synlett. 2003(5): 699 - 701.

[332] Ko S K, Yang Y K, Tae J, Shin I. In Vivo Monitoring of Mercury Ions Using a Rhodamine-Based Molecular Probe[J]. Journal of the American Chemical Society. 2006, 128(43): 14150 - 14155.

[333] Xin Q, Jun E J, Li X, et al. New BODIPY Derivatives as OFF-ON Fluorescent Chemosensor and Fluorescent Chemodosimeter for Cu^{2+}: Cooperative Selectivity Enhancement toward Cu^{2+}[J]. Journal of Organic Chemistry. 2006, 71(7): 2881 - 2884.

[334] Nolan E M, Lippard S J. MS4, a seminaphthofluorescein-based chemosensor for the ratiometric detection of Hg(ii)[J]. Journal of Materials Chemistry. 2005, 15(27 - 28): 2778 - 2783.

[335] Rurack K, Resch-Genger U, Bricks J L, et al. Cation-triggered 'switching on' of

the red/near infra-red (NIR) fluorescence of rigid fluorophore-spacer-receptor ionophores[J]. Chemical Communications. 2000, 2(21): 2103 - 2104.

[336] Sancenón F, Martínez-Máñez R, Soto J. Colourimetric detection of Hg^{2+} by a chromogenic reagent based on methyl orange and open-chain polyazaoxaalkanes[J]. Tetrahedron Letters. 2001, 42(26): 4321 - 4323.

[337] Wang H, Li Y, Xu S, et al. Rhodamine-based highly sensitive colorimetric off-on fluorescent chemosensor for Hg^{2+} in aqueous solution and for live cell imaging[J]. Organic & Biomolecular Chemistry. 2011, 9(8): 2850 - 2855.

[338] Liu W-Y, Shen S-L, Li H-Y, et al. Fluorescence turn-on chemodosimeter for rapid detection of mercury (II) ions in aqueous solution and blood from mice with toxicosis [J]. Analytica Chimica Acta. 2013, 791: 65 - 71.

[339] Ma X, Wang J, Shan Q, et al. A "Turn-on" Fluorescent Hg^{2+} Chemosensor Based on Ferrier Carbocyclization[J]. Organic Letters. 2012, 14(3): 820 - 823.

[340] Liu Y, Xin L, Yun Z, et al. A naphthalimide-rhodamine ratiometric fluorescent probe for Hg^{2+} based on fluorescence resonance energy transfer[J]. Dyes and Pigments. 2012, 92(3): 909 - 915.

[341] Sen B, Mukherjee M, Pal S, et al. A water soluble FRET-based ratiometric chemosensor for Hg(Ⅱ) and S^{2-} applicable in living cell staining[J]. RSC Advances. 2014, 4(29): 14919 - 14927.

[342] Strausak D, Mercer J F B, Dieter H H, et al. Copper in disorders with neurological symptoms: Alzheimer's, Menkes, and Wilson diseases[J]. Brain Research Bulletin. 2001, 55(2): 175 - 185.

[343] Ko K C, Wu J S, Kim H J, et al. Rationally designed fluorescence 'turn-on' sensor for Cu(2+)[J]. Chemical Communications. 2011, 47(11): 3165 - 3167.

[344] Zeng L, Miller E W, Pralle A, et al. A Selective Turn-On Fluorescent Sensor for Imaging Copper in Living Cells[J]. Journal of the American Chemical Society. 2006, 128(1): 10 - 11.

[345] Wu Y, Peng X, Guo B, et al. Boron dipyrromethene fluorophore based fluorescence sensor for the selective imaging of Zn(II) in living cells[J]. Organic & Biomolecular Chemistry. 2005, 3(8): 1387 - 1392.

[346] Zou W, Nguyen H N, Zastrow M L. Mutant Flavin-Based Fluorescent Protein Sensors for Detecting Intracellular Zinc and Copper in Escherichia coli[J]. ACS Sensors. 2022, 7(11): 3369 - 3378.

[347] Tang B, Yu F, Li P, et al. A Near-Infrared Neutral pH Fluorescent Probe for Monitoring Minor pH Changes: Imaging in Living HepG2 and HL - 7702 Cells[J]. Journal of the American Chemical Society. 2009, 131(8): 3016 - 3023.

[348] Peng X, Du J, Fan J, et al. A Selective Fluorescent Sensor for Imaging Cd(2+) in Living Cells[J]. Journal of the American Chemical Society. 2007, 129(6): 1500 - 1501.

[349] Masuda T, Fujita Y. Regulation and evolution of chlorophyll metabolism[J]. Photochemical and Photobiological Sciences. 2008, 7(10): 1131 - 1149.

[350] Murtagh J, Frimannsson D O, O'Shea D F. Azide Conjugatable and pH Responsive Near-Infrared Fluorescent Imaging Probes[J]. Organic Letters. 2009, 11(23): 5386 - 5389.

[351] Shahrokhian S. Lead Phthalocyanine as a Selective Carrier for Preparation of a Cysteine-Selective Electrode[J]. Analytical Chemistry. 2001, 73(24): 5972 - 5978.

[352] Zhang X, Lee S, Liu Y, et al. Anion-activated, thermoreversible gelation system for the capture, release, and visual monitoring of CO_2[J]. Scientific Reports. 2014, 4(6179): 4593.

[353] Yu G, Yasuteru U, Kikuchi K, et al. Highly Sensitive Fluorescence Probes for Nitric Oxide Based on Boron Dipyrromethene Chromophore-Rational Design of Potentially Useful Bioimaging Fluorescence Probe[J]. Journal of the American Chemical Society. 2004, 126(10): 3357 - 3367.

[354] Coskun A, Deniz E, Akkaya E U. Effective PET and ICT Switching of Boradiazaindacene Emission: A Unimolecular, Emission-Mode, Molecular Half-Subtractor with Reconfigurable Logic Gates[J]. Organic Letters. 2005, 7(23): 5187 - 5189.

[355] Tanaka K, Miura T, Umezawa N, et al. Rational Design of Fluorescein-Based Fluorescence Probes. Mechanism-Based Design of a Maximum Fluorescence Probe for Singlet Oxygen[J]. Journal of the American Chemical Society. 2001, 123(11): 2530 - 2536.

[356] Yang H, Yi T, Zhou Z, et al. Switchable Fluorescent Organogels and Mesomorphic Superstructure Based on Naphthalene Derivatives[J]. Langmuir. 2007, 23(15): 8224 - 8230.

[357] Lu H, Zhang S S, Liu H Z, et al. Experimentation and Theoretic Calculation of a BODIPY Sensor Based on Photoinduced Electron Transfer for Ions Detection[J]. Journal of Physical Chemistry A. 2009, 113(51): 14081 - 14086.

[358] Rochat S, Severin K. A simple fluorescence assay for the detection of fluoride in water at neutral pH[J]. Chemical Communications. 2011, 47(15): 4391 - 4393.

[359] Buyukcakir O, Bozdemir O A, Kolemen S, et al. Tetrastyryl-Bodipy Dyes: Convenient Synthesis and Characterization of Elusive Near IR Fluorophores[J]. Organic Letters. 2009, 11(20): 4644 - 4647.

[360] Deniz E, Isbasar G C, Bozdemir Ö A, et al. Bidirectional Switching of Near IR Emitting Boradiazaindacene Fluorophores[J]. Organic Letters. 2008, 10(16): 3401 - 3403.

[361] Luo J, Xie Z, Lam J W Y, et al. Aggregation-induced emission of 1 - methyl - 1,2,3,4,5 - pentaphenylsilole[J]. Chemical Communications. 2001(18): 1740 - 1741.

[362] Feng G, Qin W, Hu Q, et al. Cellular and Mitochondrial Dual-Targeted Organic Dots with Aggregation-Induced Emission Characteristics for Image-Guided Photodynamic Therapy[J]. Advanced Healthcare Materials. 2015, 4(17): 2667 - 2676.

[363] Li X, Wang X, Ding J, et al. Engineering Active Surface Oxygen Sites of Cubic

Perovskite Cobalt Oxides toward Catalytic Oxidation Reactions[J]. ACS Catalysis. 2023, 13(9): 6338 - 6350.

[364] Que E L, Domaille D W, Chang C J. Metals in neurobiology: probing their chemistry and biology with molecular imaging[J]. Cheminform. 2008, 39(33): 1517 - 1549.

[365] Shim M S, Xia Y. A Reactive Oxygen Species (ROS) - Responsive Polymer for Safe, Efficient, and Targeted Gene Delivery in Cancer Cells[J]. Angewandte Chemie International Edition. 2013, 125(27): 7064 - 7067.